AutoCAD 2022 中文版实用教程

汤爱君　主编

段　辉　马海龙　副主编

电子工业出版社.

Publishing House of Electronics Industry

北京·BEIJING

内 容 简 介

本书根据 AutoCAD 2022 中文版的功能和绘图特点,通过大量的绘图实例讲解了工程图的设计方法和软件应用技巧,并详细介绍了 AutoCAD 2022 软件的图层管理、基本绘图、精确绘图、图形编辑、文字书写、尺寸标注、三维实体图形绘制、零件图绘制、装配图绘制等内容。

本书在进行知识点讲解的同时,列举了大量的实例,能使读者在理解工具命令的基础上,达到边学边练的目的,同时提升空间想象力。本书在每章的最后都精心安排了课后练习,这样便于读者巩固各章所学的知识。本书旨在帮助读者快速、深入地掌握计算机二维绘图与三维造型技术,相关专业的读者还能有效提升绘图能力。

本书可以作为高等工科院校计算机绘图课程的教材,也可以作为高职高专、函授等院校相应课程的教材及工程技术人员的参考书。

图书在版编目(CIP)数据

AutoCAD 2022 中文版实用教程 / 汤爱君主编. —北京:电子工业出版社,2023.4

ISBN 978-7-121-45198-0

Ⅰ. ①A… Ⅱ. ①汤… Ⅲ. ①AutoCAD 软件—教材 Ⅳ. ①TP391.72

中国国家版本馆 CIP 数据核字(2023)第 043877 号

责任编辑:陈韦凯   特约编辑:田学清
印   刷:天津画中画印刷有限公司
装   订:天津画中画印刷有限公司
出版发行:电子工业出版社
          北京市海淀区万寿路 173 信箱   邮编:100036
开   本:787×1 092   1/16   印张:24   字数:614 千字
版   次:2023 年 4 月第 1 版
印   次:2024 年 7 月第 4 次印刷
定   价:79.00 元

前　言

AutoCAD 2022 是美国 Autodesk 公司推出的集二维绘图、三维设计、参数化设计、协同设计、通用数据库管理和互联网通信功能为一体的计算机辅助绘图软件。它是一款功能强大、性能稳定、兼容性好、扩展性强的绘图软件，在机械、建筑、土木、电气、航天、石油化工和模具制造等领域应用广泛。

本书内容翔实、结构合理、图文并茂、深入浅出，案例丰富、实用，步骤清晰、明确，强调知识的系统性和完整性，突出重点，能有效拓宽读者的知识面。编者在总结了多年计算机绘图培训和教学经验的基础上，选取典型案例，用实际的操作过程来演示软件命令的使用，在实例中融合了国家制图标准和机械制图等知识，体现出本书的特色和创意。

本书的特点如下：

- 专业性强。本书主要针对机械类、近机械类专业的学生及与机械行业相关的从业人员编写，所选实例均来自机械工程实际的需求。本书的编者都是多年从事高校计算机图形教学研究的一线教师，具有丰富的教学实践经验与教材编写经验。

- 讲练结合。本书在编写过程中注重讲与练相结合，避免只讲不练或只练不讲，使讲与练紧密结合，所练的就是所讲的。所讲的和所练的也是经过编者精心选择的、能充分体现操作命令特点的内容与案例。通过本书的学习，读者将逐渐掌握机械零件的绘制步骤和方法。

- 实例引导。本书在精选实例时，与工程图学（工程制图）的教学紧密结合。本书中的很多实例都是工程设计项目案例，在经过编者的精心提炼和改编后，不仅为读者学好知识点提供了保障，帮助读者掌握实际的操作技能，还可以培养读者的工程设计实践能力，对培养创新型人才具有重要意义。

本书的编写获山东建筑大学教材建设基金资助，由山东建筑大学的汤爱君担任主编，段辉和马海龙担任副主编。参加本书编写的还有山东建筑大学的张茹、段冉、华杨，以及菏泽信息工程学校的陈曦、管殿柱、管玥、李文秋等。

为便于教学，本书配有 PPT 课件，读者可登录华信教育资源网（www.hxedu.com.cn）查找本书下载（注册成为会员即可免费下载）。

由于编者水平有限，书中难免存在疏漏和不足之处，敬请各位读者批评指正。

编　者
2022 年 8 月

目　　录

第1章　AutoCAD 2022 入门基础

内容与要求

　　AutoCAD 2022 是由美国 Autodesk 公司推出的最新版本，在性能和功能方面都有较大的增强，同时保证与低版本完全兼容。AutoCAD 是全球著名的专业计算机辅助设计软件，用于二维绘图、详细绘制、设计文档和基本三维设计，广泛应用于机械设计、工业制图、工程制图、土木建筑、装饰装潢、服装加工等多个行业领域。AutoCAD 是业界使用非常广泛的设计软件，支持图形演示、工具渲染、强大的绘图及三维打印功能，同时支持多种硬件设备和操作平台。

　　通过本章的学习，读者应达到如下目标：
- 学会正确安装与启动 AutoCAD 2022
- 掌握 AutoCAD 2022 的命令输入方法
- 掌握 AutoCAD 2022 图形文件的基本操作

1.1　AutoCAD 2022 的安装、启动与退出

　　在学习 AutoCAD 2022 的绘图功能之前，首先要学会在计算机上正确安装该软件。本节主要介绍 AutoCAD 2022 的安装方法，以及常用的几种启动与退出方法。

1.1.1　AutoCAD 2022 的安装

　　打开 AutoCAD 2022 安装程序，按照以下步骤安装该软件。

　　（1）找到安装程序里面名为 setup.exe 的安装文件，双击该文件，将弹出如图 1-1 所示的"法律协议"界面，选择"简体中文-简体中文"选项并勾选"我同意使用条款"复选框后，单击"下一步"按钮。

　　（2）在如图 1-2 所示的"选择安装位置"界面中，单击"下一步"按钮。

　　（3）单击图 1-3 中的"安装"按钮，进入 AutoCAD 2022 的安装过程，如图 1-4 所示，直至安装完毕。

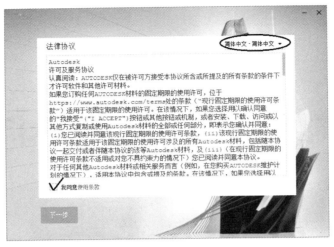

图 1-1 "法律协议"界面

图 1-2 "选择安装位置"界面

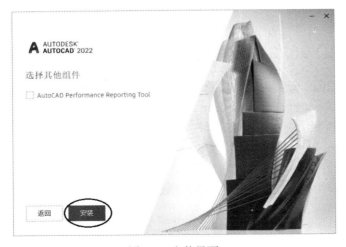

图 1-3 安装界面

图 1-4　　AutoCAD 2022 的安装过程

1.1.2　AutoCAD 2022 的启动

启动 AutoCAD 2022 的方式主要有以下 3 种。

1．双击快捷图标

安装完 AutoCAD 2022 后，桌面上会出现 AutoCAD 2022 的快捷图标，双击桌面上的快捷图标，即可进入 AutoCAD 2022 的工作界面。

2．使用"开始"菜单方式

先单击 Windows 操作系统桌面左下角的"开始"按钮，再单击"开始"→"所有程序"→"Autodesk"→"AutoCAD 2022-简体中文"→"AutoCAD 2022-简体中文"命令，打开 AutoCAD 2022。

3．双击存储的 AutoCAD 文件名

在"此计算机"中找到".dwg"的图形文件，双击文件名即可打开 AutoCAD 2022。

1.1.3　AutoCAD 2022 的退出

AutoCAD 2022 支持多文档操作，也就是说，可以同时打开多个图形文件，同时在多张图纸上进行操作，这对提高工作效率是非常有帮助的。但是，为了节约系统资源，要学会有选择地关闭一些暂时不用的文件。当完成绘制或修改工作，暂时用不到 AutoCAD 2022 时，最好先退出 AutoCAD 2022，再进行其他的操作。

退出 AutoCAD 2022 的方法，与关闭图形文件的方法类似，可以采用以下几种方法。

● 单击 AutoCAD 2022 工作界面右上角的关闭按钮，即使当前的图形文件在之前没有保存过，系统也会给出是否保存的提示，如图 1-5 所示。如果不想保存，则单击　否(N)　按钮；如果需要保存，则单击　是(Y)　按钮。

● 可以先通过单击 AutoCAD 2022 工作界面左上角的"应用程序"下拉按钮 A▾ 打开应用程序菜单，如图1-6所示，然后单击"退出 Autodesk AutoCAD 2022"按钮。

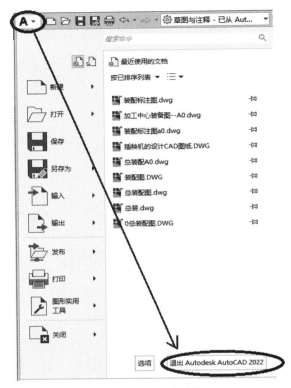

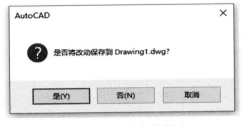

图1-5　是否保存的提示　　　　　　　　　图1-6　应用程序菜单

● 在命令行中输入"EXIT"或"QUIT"命令。
● 单击菜单栏中的"文件（<u>F</u>）"→"退出（<u>X</u>）"命令。
● 双击 AutoCAD 2022 工作界面左上角的图标 A▾ ，也可以退出 AutoCAD 2022。

1.2　AutoCAD 2022 工作界面

启动 AutoCAD 2022 后，即可进入该软件的工作界面，如图1-7所示。在 AutoCAD 2022 工作界面中，可以绘制、观察、编辑图形。该界面主要由应用程序、快速访问工具栏、标题栏、菜单栏、功能区、绘图区、状态栏、命令行窗口、导航栏等组成。

1．应用程序

单击工作界面左上角的"应用程序"下拉按钮 A▾ ，弹出用来管理 AutoCAD 图形文件的应用程序菜单，如图1-8所示。从中可以搜索命令和使用常用的文件操作命令（包含"新建""打开""保存""另存为"等）。在应用程序菜单中，可以使用"最近使用的文档"列表来查看最近打开的文件。应用程序菜单支持对命令的实时搜索，搜索字段显示在应用程序菜单的顶部区域，搜索结果包括菜单命令、基本工具提示和命令提示文字字符串。

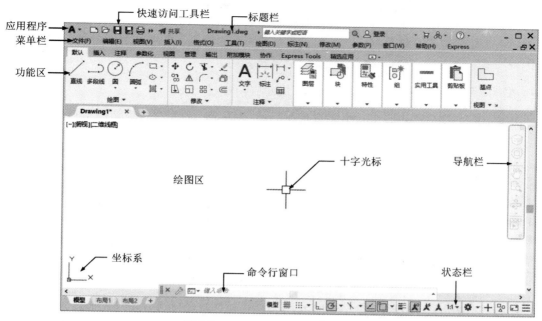

图 1-7　AutoCAD 2022 工作界面

图 1-8　应用程序菜单

2. 快速访问工具栏

快速访问工具栏（见图 1-9）位于"应用程序"下拉按钮的右侧，用于存储经常使用的命令。单击快速访问工具栏左侧的 ▾ 下拉按钮展开下拉菜单，既可以定制快速访问工具栏中要显示的工具，又可以删除已经显示的工具。下拉菜单中被勾选的命令为在快速访问工具栏中显示的，单击已勾选的命令，可以将其勾选取消，此时快速访问工具栏中将不再显示该命令。反之，单击没有勾选的命令，可以将其勾选，在快速访问工具栏中显示该命令。

图 1-9　快速访问工具栏

快速访问工具栏默认放在功能区的上方，也可以单击"自定义快速访问工具栏"中的"在功能区下方显示"命令将其放在功能区的下方。

如果想向快速访问工具栏中添加工具面板中的工具，只需将鼠标指向要添加的工具并右击鼠标，在弹出的快捷菜单中单击"添加到快速访问工具栏"命令即可。如果想移除快速访问工具栏中已经添加的命令，只需右击该工具，在弹出的快捷菜单中单击"从快速访问工具栏中删除"命令即可。

快速访问工具栏的最后一个工具为工作空间列表工具，用于切换用户界面。用户也可以在工作空间工具栏中进行选择和切换。

3．标题栏

标题栏位于工作界面的顶部，如图 1-10 所示，用于显示当前正在运行的程序名和文件名等信息，如果是 AutoCAD 默认的图形文件，则其名称为 "Drawing1.dwg"。单击标题栏右侧的按钮 ＿ □ ✕，可以最小化、最大化或关闭应用程序界面。

图 1-10　标题栏

4．菜单栏

单击快速访问工具栏右侧的下拉按钮，弹出"自定义快速访问工具栏"，如图 1-11 所示。如果单击"显示菜单栏"命令，则在界面上显示菜单栏。

图 1-11　自定义快速访问工具栏

一旦单击"显示菜单栏"命令，标题栏的下方将显示 13 个主菜单，包括"文件""编辑""视图""插入""格式""工具""绘图""标注""修改""参数""窗口""帮助""Express"，如图 1-12 所示。

| 文件(F) | 编辑(E) | 视图(V) | 插入(I) | 格式(O) | 工具(T) | 绘图(D) | 标注(N) | 修改(M) | 参数(P) | 窗口(W) | 帮助(H) | Express |

图 1-12　菜单栏

在菜单栏中，每个主菜单又包含数目不等的子菜单，有些子菜单还包含下一级的子菜单，如图 1-13 所示，这些菜单几乎包含了 AutoCAD 全部的功能和命令。

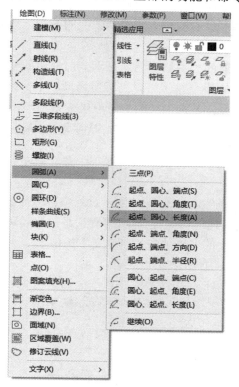

图 1-13　主菜单下的子菜单

AutoCAD 的下拉菜单具有以下特点：

- 右侧有 ❯ 标记的菜单项，表示该菜单项有子菜单。例如，"绘图"下拉菜单中的"圆弧"子菜单，如图 1-13 所示。
- 右侧有…的菜单项，表示选择该菜单项后，系统会弹出一个对话框。
- 右侧没有任何标记的菜单项，表示选择该菜单项后，系统会直接执行相应的命令。

5．功能区

功能区（见图 1-14）由许多面板组成，通过面板中的工具和按钮，可以绘制、编辑图形。功能区面板中包含的很多工具和控件，与工具栏和对话框中的相同。与当前工作空间相关的操作都被单一、简洁地置于功能区中。使用功能区时无须显示多个工具栏，它通过单一、紧凑的界面使应用程序变得简洁、有序，同时使可用的工作区域最大化。单击按钮 可以使功能区最小化为面板标题。

图 1-14　功能区

6．绘图区

在 AutoCAD 中，绘图区是用户绘图的工作区域，所有的绘图结果都反映在这个窗口中。可以根据需要关闭其周围和里面的各个工具栏，以增大绘图空间。如果图纸比较大，需要查看未显示部分时，可以单击窗口右侧与下侧滚动条上的箭头，或者拖动滚动条上的滑块来移动图纸。

在绘图区中除了显示当前的绘图结果，还显示当前使用的坐标系类型和坐标原点，以及 X 轴、Y 轴、Z 轴的方向等。在默认情况下，坐标系为世界坐标系（WCS）。我们可以关闭它，让其不显示，也可以定义一个方便自己绘图的用户坐标系。

绘图窗口的下方有"模型"和"布局"选项卡，单击其标签可以在模型空间和图纸空间之间来回切换。

7．状态栏

状态栏位于工作界面的底部，如图 1-15 所示。状态栏中显示了绘图工具及会影响绘图环境的工具。在默认状态下，状态栏中不会显示所有工具，读者可以根据设计情况增加显示所需的工具，其方法是在状态栏的右侧单击"自定义"按钮 ☰，从打开的"自定义"菜单中选择要显示的工具即可，如图 1-16 所示。

图 1-15　状态栏

图 1-16　"自定义"菜单

8. 命令行窗口与 AutoCAD 文本窗口

命令行窗口位于绘图区的下面,用于接收用户输入的命令,并显示 AutoCAD 的提示信息,如图 1-17 所示。

图 1-17　命令行窗口

在 AutoCAD 2022 中,可以单击"视图"→"显示"→"文本窗口"命令或按〈F2〉键来打开 AutoCAD 文本窗口,该文本窗口记录了对文档进行的所有操作,如图 1-18 所示。文本窗口是记录 AutoCAD 命令的窗口,是放大的命令行窗口,它记录了已执行的命令,也可用于输入新命令。

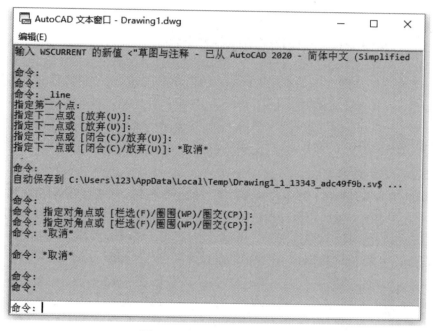

图 1-18　AutoCAD 文本窗口

> 📖 提示:AutoCAD 通过命令行窗口反馈各种信息,包括出错信息。因此,用户要时刻关注在命令行窗口出现的信息提示。

9. 导航栏

导航栏位于绘图区的右侧,如图 1-19 所示。导航栏用于控制图形的缩放、平移、回放、动态观察等功能,一般在二维状态下不用显示导航栏。

"视图"→"显示"→"导航栏"命令可以关闭和打开导航栏;要关闭导航栏,也可以单击导航栏右上角的 ❌ 按钮。

图 1-19　导航栏

1.3　AutoCAD 2022 **命令的执行方式**

　　AutoCAD 2022 的功能大多是通过执行相应的命令来完成的，命令执行的方式是比较灵活的，例如，执行同一个操作命令，可以采用在命令行中输入命令的方式，也可以采用工具按钮的执行形式，还可以采用单击菜单命令的操作形式等。读者可以根据自己的操作习惯灵活选择适合自己的命令执行方式。

　　1．通过功能区执行命令

　　在菜单栏的下方有功能区，其中包含各种类型的命令按钮。单击按钮调用命令的方法形象、直观，是初学者常用的方法。将鼠标指针在按钮处停留数秒，会显示该工具按钮的名称，帮助用户识别。如单击绘图面板中的 按钮，可以调用"圆弧"命令，如图 1-20 所示。有的工具按钮后面有 图标，可以单击此图标，在弹出的下拉列表中选择相应的工具，如图 1-21 所示。

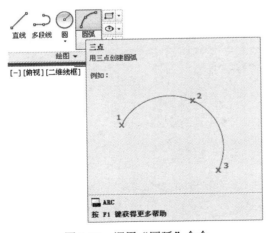

图 1-20　调用"圆弧"命令

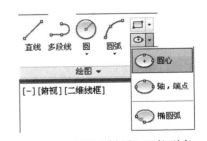

图 1-21　打开"椭圆"下拉列表

　　功能区被划分为不同的类型，包括"默认""插入""注释"等。切换功能区，单击所需的命令，可完成绘图或编辑操作。

2．通过菜单栏执行命令

菜单栏包含大部分的绘图和编辑命令，通过菜单栏执行命令，可以满足基本的绘图和编辑工作，是一种较实用的命令执行方法。例如，单击菜单栏中的"绘图"→"圆弧"→"三点"命令，可以执行通过起点、中间点和结束点绘制圆弧的命令，如图 1-22 所示。由于下拉菜单较多，又包含许多子菜单，所以想要准确地找到菜单命令，需要熟练记忆它们。由于使用下拉菜单的方式单击次数较多，降低了绘图效率，所以较少使用下拉菜单的方式绘图。

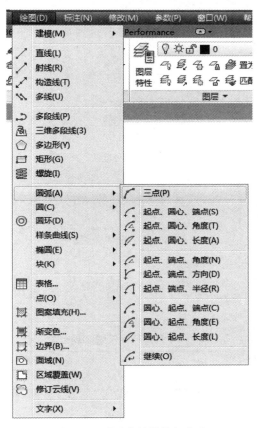

图 1-22　通过菜单栏执行命令

3．通过键盘输入执行命令

先在 AutoCAD 2022 命令行中的命令提示符"命令："后，输入命令名（或快捷键）并按回车键或空格键。然后以命令提示为向导进行操作。AutoCAD 为大部分的命令赋予了快捷键。如"直线"命令，可以输入"LINE"或快捷键"L"，即可调用直线命令。有些命令在输入后，会显示对话框，如图 1-23 所示。利用快捷键绘图可以极大地提高工作效率。

图 1-23　在命令行中输入命令及参数

4．通过右键快捷菜单执行命令

为了更加方便地执行命令，AutoCAD 提供了右键快捷菜单来快速地调用一些命令。用户只需在绘图区右击鼠标，在弹出的快捷菜单中单击相应命令或选项即可激活相应功能。右键快捷菜单如图 1-24 所示。

图 1-24　右键快捷菜单

5．使用快捷键和功能键执行命令

使用快捷键和功能键是执行命令最简单、快捷的方式，常用的快捷键和功能键如表 1-1 所示。

表 1-1　常用的快捷键和功能键

快捷键和功能键	功　　能	快捷键和功能键	功　　能
〈F1〉	AutoCAD 帮助	〈Ctrl+N〉	新建文件
〈F2〉	文本窗口开关	〈Ctrl+O〉	打开文件
〈F3〉/〈Ctrl+F〉	对象捕捉开关	〈Ctrl+S〉	保存文件
〈F4〉	三维对象捕捉开关	〈Ctrl+Shift+S〉	另存文件
〈F5〉/〈Ctrl+E〉	等轴测平面转换	〈Ctrl+P〉	打印文件
〈F6〉/〈Ctrl+D〉	动态 UCS 开关	〈Ctrl+A〉	全部选择图线
〈F7〉/〈Ctrl+G〉	栅格显示开关	〈Ctrl+Z〉	撤销上一步的操作
〈F8〉/〈Ctrl+L〉	正交开关	〈Ctrl+Y〉	重复撤销的操作
〈F9〉/〈Ctrl+B〉	栅格捕捉开关	〈Ctrl+X〉	剪切
〈F10〉/〈Ctrl+U〉	极轴开关	〈Ctrl+C〉	复制
〈F11〉/〈Ctrl+W〉	对象追踪开关	〈Ctrl+V〉	粘贴
〈F12〉	动态输入开关	〈Ctrl+J〉	重复执行上一命令
〈Delete〉	删除选中的对象	〈Ctrl+K〉	超级链接
〈Ctrl+1〉	对象特性管理器开关	〈Ctrl+T〉	数字化仪开/关
〈Ctrl+2〉	设计中心开关	〈Ctrl+Q〉	退出 CAD

6．重复执行命令

在绘图或编辑图形的过程中，经常需要重复执行某个命令。执行完一个命令后，如果还要继续执行该命令，可以直接按回车键或空格键重复执行上一命令。比如执行"CIRCLE"命令绘制了一个圆，接下来还要继续绘制圆，这时可以左手按住空格键，右手用鼠标光标指定绘制圆的圆心，这样将双手都利用起来可以提高绘图速度。或者在绘图区右击鼠标，在弹出的快捷菜单中单击"重复 XX"命令，则重复执行上一次执行的命令。因为绘图时大量重复使用命令，所以这是 AutoCAD 中使用最广的一种调用命令的方式。

使用〈↑〉键和〈↓〉键选择曾经使用过的命令：在使用这种方式时，必须保证最近执行过欲调用的命令，此时可以使用〈↑〉键和〈↓〉键上翻或下翻一个命令，直至所需命令出现，按空格键或回车键执行命令。

7．放弃命令

在绘图过程中经常会发现某个步骤操作失误，可以及时撤销并重新开始。中途撤销命令或取消选中目标的方法主要有如下两种。

- 按〈Esc〉键：〈Esc〉键功能非常强大，无论命令是否完成，都可以通过按〈Esc〉键取消命令，回到命令提示状态下。在编辑图形时，也可以通过按〈Esc〉键取消对已激活对象的选择。
- 使用快捷菜单：在执行命令过程中，右击鼠标，在弹出的快捷菜单中单击"取消"命令，即可结束命令。

如果只是放弃最近执行过的一次操作，回到未执行该命令前的状态，方法如下。

- 单击快速访问工具栏中的 ⬅ 按钮。
- 在命令行中输入命令"UNDO"或"U"，按空格键或回车键。
- 使用快捷键〈Ctrl+Z〉。
- 单击菜单栏中的"编辑"→"放弃"命令。

1.4 图形文件的管理

在使用 AutoCAD 绘图之前，应先掌握 AutoCAD 文件的各种管理方法，如创建新的图形文件、打开已有的图形文件、关闭图形文件及保存图形文件等操作。

1.4.1 创建新的图形文件

单击"文件"→"新建"命令，或者单击快速访问工具栏上的新建按钮 🗔，就会弹出"选择样板"对话框，如图 1-25 所示。

图 1-25 "选择样板"对话框

用户可以在样板列表中选择合适的样板文件，并单击 打开(0) 按钮，这样就可以选定样板，新建一个图形文件。

  📖 "选择样板"对话框中提供了多种类型的样板，可以根据需要选择合适的样板文件，默认选择 acadiso.dwt 样板。

1.4.2 打开已有的图形文件

单击"文件"→"打开"命令，或者单击快速访问工具栏上的打开命令按钮📂，弹出"选择文件"对话框，如图 1-26 所示，在对话框中选择要打开的文件。

选择需要打开的图形文件，在右侧的"预览"框中将显示出该图形的预览图像，如图 1-26 所示。在默认情况下，打开的图形文件的格式为*.dwg。在"文件类型"下拉列表中，用户也可以选择 DXF（*.dxf）、标准（*.dws）、图形样板（*.dwt）的格式文件。

在"选择文件"对话框中选择要打开的文件，并单击 打开(0) 按钮右侧的黑色三角形图标，在下拉列表中可以选择打开图形文件的方式，包括打开、以只读方式打开、局部打开、以只读方式局部打开，如图 1-27 所示。

- 打开：直接打开所选的图形文件。
- 以只读方式打开：选择该选项，表明文件以只读方式打开，以此方式打开的文件可以编辑，但编辑后不能直接以原文件名保存。
- 局部打开：选择该选项，弹出如图 1-28 所示的对话框。如果图样中除了轮廓线、中心线，还有尺寸、文字等内容，且分别属于不同的图层，则采用"局部打开"方式，可以只选择其中某些图层打开图样。在图样文件较大的情况下也可以采用此方式打开，从而提高绘图效率。

- 以只读方式局部打开：以只读方式打开图样的部分图层图样。

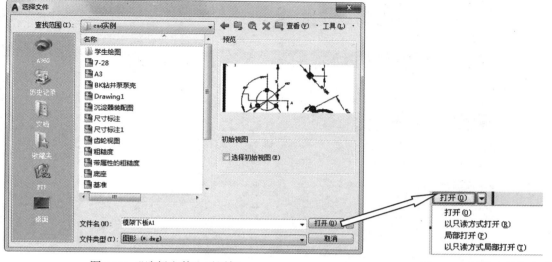

图 1-26 "选择文件"对话框   图 1-27 打开文件的方式

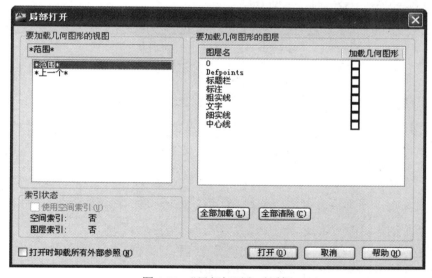

图 1-28 "局部打开"对话框

1.4.3 保存图形文件

在绘图过程中，应随时注意保存图形，以免因死机、停电等意外情况造成图形丢失。如果要绘制新图形或修改原图形而又不想影响原图形，可以用一个新名称保存它。

在 AutoCAD 2022 中，可以使用多种方式将所绘图形以文件形式存入磁盘。

1. 保存（Save）

单击"保存"按钮，弹出"图形另存为"对话框，如图 1-29 所示。在"文件名"文本框中输入要保存文件的名称，在"保存于"下拉列表中选择要保存文件的路径，将这些都设置完成后，单击 保存(S) 按钮，图形文件就会被存放在选择的目录下了，AutoCAD 图样默认的扩展名为.dwg。

图 1-29 "图形另存为"对话框

> 📖 提示：保存图形后，标题栏会有变化，显示当前文件名称和路径。如果继续绘制，再次单击"保存"按钮 时就不会弹出上述的对话框，系统会自动以原名、原目录保存修改后的文件。

保存操作还可以通过"文件"→"保存"命令来实现。如果在上次保存文件后，所做的修改是错误的，可以在关闭文件时不执行保存操作，这样文件仍保存着原来的结果。

2. 另存为（Save as）

当需要对图形文件进行备份时，或者把图形文件放到另一条路径下时，用上面讲的保存方式是完成不了的，这时可以用另一种保存方式——另存为。

单击"文件"→"另存为"命令，弹出"另存为"对话框，其文件名称和路径的设置与上述相同，就不具体介绍了，参照上述进行操作即可。

3. 自动保存

自动保存图形的步骤如下。

单击"工具"→"选项"命令，弹出"选项"对话框。在"选项"对话框中选择"打开和保存"选项卡，勾选"自动保存"复选框，并在"保存间隔分钟数"文本框内输入数值，如图 1-30 所示，单击 确定 按钮完成设置。

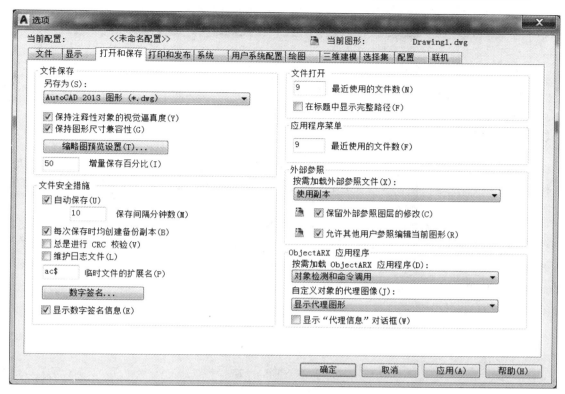

图 1-30　"打开和保存"选项卡

这是 AutoCAD 的一种安全措施，这样每隔指定的间隔时间，系统就会自动地对文件进行一次保存。

1.4.4　关闭文件

在 AutoCAD 2022 中，要关闭图形文件，可以单击菜单栏右侧的"关闭"按钮 ×（如果不显示菜单栏，可以单击文件窗口右上角的关闭按钮×，注意不是应用程序窗口），如果当前的图形文件还没有保存，则 AutoCAD 2022 会给出是否保存的提示信息，如图 1-31 所示，单击 是(Y) 按钮，会弹出"图形另存为"对话框，保存方法与前面讲过的相同，按照前面的步骤进行操作即可。保存后，文件被关闭。如果单击 否(N) 按钮，则不保存文件并退出；如果单击 取消 按钮，则会取消关闭文件操作。

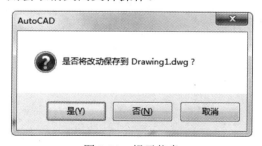

图 1-31　提示信息

1.5 AutoCAD 2022 的坐标系和坐标输入方法

要在 AutoCAD 2022 中绘制一条线段，用户可以通过输入精确的坐标点来绘制（两个对角点坐标），也可以通过输入相对坐标来绘制。

1.5.1 坐标系

坐标系是 AutoCAD 中确定一个对象位置的基本手段，任何物体在空间中的位置都是通过坐标系来定位的。要想正确、高效地进行绘图，在创建图形之前必须先掌握各种坐标系的概念和正确的坐标输入方法。

AutoCAD 中有世界坐标系（WCS）和用户坐标系（UCS）两种坐标系。世界坐标系是固定坐标系，也是坐标系中的基准坐标系。其 X 轴是水平的，方向向右为正；Y 轴是垂直的，方向向上为正；Z 轴垂直于 XY 平面，方向指向用户为正；原点是图形界限左下角 X、Y 和 Z 轴的交点（0,0,0），如图 1-32 所示。

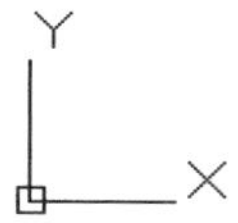

图 1-32　世界坐标系

用户坐标系是一种可移动坐标系，用户可以根据世界坐标系自行定义。实际上，所有的坐标输入都使用当前的用户坐标系。按照坐标值参考点的不同，坐标系可以分为绝对坐标系和相对坐标系；按照坐标轴的不同，坐标系可以分为直角坐标系、极坐标系、球坐标系和柱坐标系。

1.5.2 坐标输入方法

用户在作图的过程中，AutoCAD 2022 经常要求用户输入点的坐标，如直线的端点和圆的圆心坐标等。

在绘图过程中，当 AutoCAD 2022 提示用户指定点的位置时，通常用以下方式确定点。

- 用鼠标在屏幕上拾取点：移动鼠标，使光标移动到相应的位置（AutoCAD 一般会在状态栏中动态地显示光标的当前坐标），并单击拾取键（一般为鼠标左键）。
- 利用对象捕捉功能捕捉特殊点：利用 AutoCAD 提供的对象捕捉功能，可以准确地捕捉到一些特殊点，如圆心、直线端点、终点等（详见 4.2 节）。
- 通过键盘输入点的坐标：用户可以直接通过键盘输入点的坐标，输入时既可以采用绝对坐标的方式，也可以采用相对坐标的方式。而在各坐标形式中，又有直角坐标和极坐标之分，下面将详细介绍各类坐标的含义。

1．绝对直角坐标

绝对直角坐标是用点的 X,Y 坐标值表示的坐标。直接输入 X,Y 坐标值或 X,Y,Z 坐标值（如果是绘制平面图形，Z 坐标值默认为 0，可以不输入），表示相对于当前坐标原点的坐标值。

例如，在命令行中输入点的坐标提示下，输入"150,200"，则表示输入了一个 *X,Y* 坐标值分别为 150,200 的点。此为绝对直角坐标的输入方法，表示该点的坐标是相对于当前坐标原点的坐标值，如图 1-33 所示。

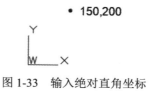

图 1-33　输入绝对直角坐标

📖 注意：坐标值应以英文逗号（也就是半角格式的逗号）分隔。

【例 1-1】：已知矩形一个角点的 X 坐标值为 50，Y 坐标值为 30，用绝对直角坐标方式绘制如图 1-34 所示的矩形。

图 1-34　矩形

本例练习绝对直角坐标的输入方法，操作步骤如下。

❶ 单击状态栏中的"动态输入"按钮 ，关闭动态输入。

❷ 单击直线命令按钮 ，命令行提示如下：

命令：_line
指定第一点：50,30　　　　　　　　　　　//输入点 A 的绝对坐标值；
指定下一点或 [放弃(U)]：50,80　　　　　 //输入点 B 的绝对坐标值；
指定下一点或 [放弃(U)]：150,80　　　　　//输入点 C 的绝对坐标值；
指定下一点或 [闭合(C)/放弃(U)]：150,30　//输入点 D 的绝对坐标值；
指定下一点或 [闭合(C)/放弃(U)]：50,30　 //输入点 A 的绝对坐标值，图形封闭。
指定下一点或 [闭合(C)/放弃(U)]：Enter

2. 相对直角坐标

相对直角坐标是用相对于上一已知点之间的绝对直角坐标值的增量来确定输入点的位置。输入 *X,Y* 偏移量时，在前面必须加"@"。如果输入(@10,20)，则为相对直角坐标的输入方法，表示该点的坐标相对于前一点在 *X,Y* 方向上的坐标差值分别为 10,20，如图 1-35 所示。

图 1-35　输入相对直角坐标

【例 1-2】：已知矩形一个角点的 X 坐标值为 30，Y 坐标值为 20，用相对直角坐标方式绘制如图 1-36 所示的矩形。

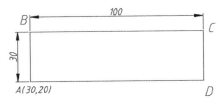

图 1-36　矩形

本例练习相对直角坐标的输入方法，操作步骤如下。

❶ 单击状态栏中的"动态输入"按钮 ，关闭动态输入。

❷ 单击直线命令按钮 ，命令行提示如下：

```
命令：_line
指定第一点：30,20                              //输入点 A 的绝对坐标值；
指定下一点或 [放弃(U)]：@0,30                   //输入点 B 相对于点 A 的坐标值；
指定下一点或 [放弃(U)]：@100,0                  //输入点 C 相对于点 B 的坐标值；
指定下一点或 [闭合(C)/放弃(U)]：@0,-30          //输入点 D 相对于点 C 的坐标值；
指定下一点或 [闭合(C)/放弃(U)]：C                //输入"C"并按回车键，图形封闭。
```

3．绝对极坐标

绝对极坐标是用长度和角度表示的坐标。直接输入"长度<角度"，这里的长度是指该点与坐标原点的距离，角度是指该点和坐标原点的连线与 X 轴正向之间的夹角，逆时针为正，顺时针为负。例如，输入"15<60"，表示该点距离坐标原点长度为 15，该点和原点的连线与 X 轴正向的夹角为 60°，如图 1-37 所示。

图 1-37　绝对极坐标输入

【例 1-3】：用绝对极坐标方式绘制如图 1-38 所示的直角三角形。

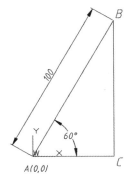

图 1-38　直角三角形

本例练习绝对极坐标的输入方法，操作步骤如下。

❶ 单击状态栏中的"动态输入"按钮 ⊞，关闭动态输入。

❷ 单击直线命令按钮 ✏️，命令行提示如下：

命令：_line	
指定第一点：0,0	//输入点 A 的绝对坐标值；
指定下一点或 [放弃(U)]：100<60	//输入点 AB 连线的长度及与 X 轴正向之间的
夹角 60°；	
指定下一点或 [放弃(U)]：50<0	//输入点 AC 连线的长度及与 X 轴正向之间的
夹角 0°；	
指定下一点或 [闭合(C)/放弃(U)]：C	//输入"C"并按回车键，图形封闭。

4. 相对极坐标

相对极坐标是用距离上一已知点的长度和上一已知点的连线与 X 轴正向之间的夹角来确定输入点的位置。格式为"@长度<角度"。如图 1-39 所示，"@20<45"的线段 AB，表示点 B 距离点 A（10,10）的长度为 20，线段 AB 与 X 轴正向的夹角为 45°。

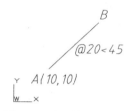

图 1-39　相对极坐标输入

【例 1-4】：用相对极坐标方式绘制如图 1-40 所示的直角三角形。

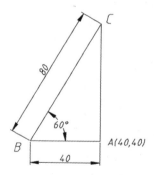

图 1-40　直角三角形

本例练习相对极坐标的输入方法，操作步骤如下。

❶ 单击状态栏中的"动态输入"按钮 ⊞，关闭动态输入。

❷ 单击直线命令按钮 ✏️，命令行提示如下：

命令：_line	
指定第一点：40,40	//输入点 A 的绝对坐标值；
指定下一点或 [放弃(U)]：@40<180	//输入点 B 相对于点 A 的长度及夹角；
指定下一点或 [放弃(U)]：@80<60	//输入点 C 相对于点 B 的长度及夹角；
指定下一点或 [闭合(C)/放弃(U)]：C	//输入"C"并按回车键，图形封闭。

1.5.3　动态坐标输入

动态输入模式是一种实用的且相对高效的输入模式，其优点是在光标附近提供了一个命令界面，可以使用户专注于绘图区。单击状态栏中的"动态输入"按钮 ，或者按〈F12〉功能键，打开系统动态输入功能，可以在屏幕上动态地输入某些参数的数据。当单击直线命令按钮 时，在光标附近会动态地显示"指定第一点"及后面的坐标框，当前显示的是光标所在位置，可以输入数据，两个数据之间用逗号隔开，如图 1-41 所示。指定第一点后，系统动态显示直线的角度，同时要求输入直线的长度，如图 1-42 所示，输入效果与相对极坐标方式相同。

图 1-41　动态输入坐标值

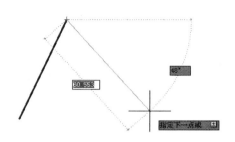

图 1-42　动态输入直线的长度

用户可以对动态输入模式进行设置，方法是：在 AutoCAD 2022 状态栏中的"动态输入"按钮 处右击鼠标，在弹出的快捷菜单中单击"动态输入设置"命令，可以打开 AutoCAD 2022 "草图设置"对话框中的"动态输入"选项卡，如图 1-43 所示。

在该对话框中，"启用指针输入"复选框用于确定是否启用指针输入。启用指针输入后，在工具提示中会动态地显示出光标的坐标值。当 AutoCAD 2022 提示输入点时，用户可以在工具提示中输入坐标值，而不必通过命令行输入。

单击"指针输入"选项组中的"设置"按钮，在 AutoCAD 2022 中弹出"指针输入设置"对话框，如图 1-44 所示。用户可以通过此对话框设置工具提示中点的显示格式及何时显示工具提示（通过"可见性"选项组设置）。

图 1-43　"草图设置"对话框

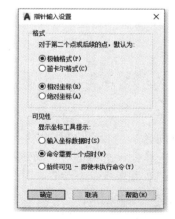

图 1-44　"指针输入设置"对话框

在图 1-43 中的"动态输入"选项卡中，"可能时启用标注输入"复选框用于确定是否启用标注输入。启用标注输入后，当 AutoCAD 2022 提示输入第二个点或距离时，会分别动态显示出标注提示、距离值及角度值的工具提示（见图 1-42）。同样地，此时可以在工具提示中输入对应的值，而不必通过命令行输入。单击"标注输入"选项组中的"设置"按钮，在 AutoCAD 2022 中弹出"标注输入的设置"对话框，如图 1-45 所示，用户可以通过此对话框进行相关设置。

在图 1-43 中的"动态输入"选项卡中，"绘图工具提示外观"按钮用于设置绘图工具提示的外观。单击"绘图工具提示外观"按钮，系统弹出"工具提示外观"对话框，如图 1-46 所示，用户可以通过此对话框设置工具提示的颜色、大小等。

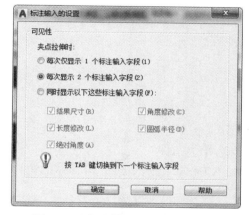

图 1-45 "标注输入的设置"对话框

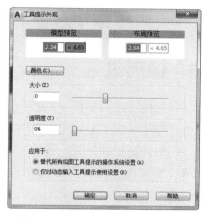

图 1-46 "工具提示外观"对话框

📖 提示：如果同时打开指针输入和标注输入，则标注输入有效时会取代指针输入。

【例 1-5】：用动态输入方式绘制如图 1-47 所示的直角三角形。

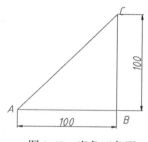

图 1-47 直角三角形

本例练习动态输入功能的用法，操作步骤如下。

❶ 单击状态栏中的"动态输入"按钮 ┺，打开动态输入。

❷ 单击直线命令按钮 ╱，命令行提示如下：

命令：_line
指定第一点：   //在屏幕上选择任一点为点 A，水平向右移动光标，如图 1-48 所示；
指定下一点或 [放弃(U)]：100   //输入 100，垂直于点 B 向上移动光标，如图 1-49 所示；
指定下一点或 [闭合(C)/放弃(U)]：C //输入"C"并按回车键，图形封闭。

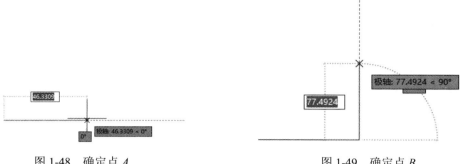

图 1-48　确定点 A　　　　　　　　　图 1-49　确定点 B

1.6　课后练习

1．如何启动、关闭 AutoCAD 2022？

2．简述 AutoCAD 2022 提供了哪几种界面模式。

3．如何新建、打开、保存一个 AutoCAD 2022 图形文件？

4．分别利用相对直角坐标、相对极坐标的输入方法，绘制如图 1-50 所示的图形。

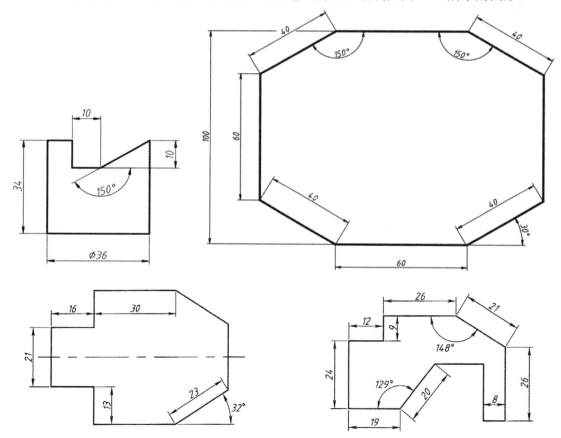

图 1-50　绘制图形

第 2 章　AutoCAD 绘图环境

内容与要求

在绘制 AutoCAD 图形之前，应先设置其绘图环境，包括设置图形单位、图形界限以及建立图层。图层是 AutoCAD 提供的一个管理图形对象的工具，用户可以根据图层对图形的几何对象、文字、标注等进行归类处理。在 AutoCAD 2022 中文版中，所有图形对象都具有图层、颜色、线型和线宽这 4 个基本属性。用户可以使用这些基本属性绘制不同的对象和元素。

通过本章的学习，读者应达到如下目标：
- 掌握 AutoCAD 2022 的图形单位的设置
- 掌握 AutoCAD 2022 的图形界限的设置
- 掌握 AutoCAD 2022 图层的建立和编辑

2.1　绘图基本设置与操作

在绘制 AutoCAD 图形之前，需要进行绘图的一些基本设置，如图形单位、图形界限和工作空间的设置等。

2.1.1　设置图形单位

图形单位主要用于设置长度和角度的类型、精度，以及角度的起始方向。对任何图形而言，都有其大小、精度及所采用的单位。在 AutoCAD 中，在屏幕上显示的只是屏幕单位，但屏幕单位应该对应一个真实的单位，不同的单位其显示格式是不同的。同样地，也可以设定或选择角度类型、精度和方向。

在 AutoCAD 2022 中文版中，用户可以单击菜单栏中的"格式"→"单位"命令，在弹出的"图形单位"对话框中设置绘图时使用的长度单位、角度单位，以及单位的显示格式和精度等参数，如图 2-1 所示。

设置测量单位的当前
类型。该值包括"建筑"
"小数""工程""分数"
"科学"

设置线性测量值显示的
小数位数或分数大小

控制插入当前图形中的
块和图形的测量单位

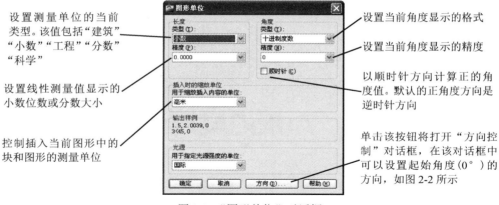

设置当前角度显示的格式

设置当前角度显示的精度

以顺时针方向计算正的角
度值。默认的正角度方向是
逆时针方向

单击该按钮将打开"方向控
制"对话框，在该对话框中
可以设置起始角度(0°)的
方向，如图2-2所示

图 2-1 "图形单位"对话框

图 2-2 "方向控制"对话框

📖 设置图形单位后，AutoCAD 会在状态栏中以相应的坐标、角度显示格式和精度来显示光标的坐标。

2.1.2 设置图形界限

设置图形界限（或称绘图区）就是要标明用户的工作区域和图纸的边界，让用户在设置好的区域内绘图，以避免所绘制的图形超出该边界。

AutoCAD 的绘图区可以被看作一张无穷大的图纸，也就是说，用户可以绘制任意尺寸的图形。如果不想在绘图时被固定在一定的范围内，则在一般情况下没有必要设置图形界限。图形界限就是给定用户绘图区和图纸的边界。设置界限的目的是防止绘制的图形超出界限范围，在默认情况下绘图区不受限制，图形界限无效。

图形界限由两个点确定，即左下角点和右上角点。如果设置一张 A3 图幅大小的图形界限，可以设置图纸的左下角点的坐标为(0,0)，右上角点的坐标为(420,297)。

设置图形界限或使界限生效的最简单的方法是单击"格式"→"图形界限"命令。重新设置模型空间界限，命令行提示如下：

```
指定左下角点或 [开(ON)/关(OFF)] <0.0,0.0>：输入左下角点坐标
指定右上角点 <420.0,297.0>：输入右上角点坐标
```

📖 图形界限的功能分为打开（ON）、关闭（OFF）两种状态，在 ON 状态下绘图元素不能超出边界，否则出错。在 OFF 状态下，AutoCAD 不进行边界检查。

2.1.3 工作空间

AutoCAD 2022 中文版提供了"草图与注释"工作空间、"三维基础"工作空间和"三维建模"3 种工作空间模式。

要在这 3 种工作空间模式中进行切换，可以通过快速访问工具栏右侧的工作空间列表工具来切换，如图 2-3 所示，或者在状态栏中单击"切换工作空间"按钮✿，在弹出的下拉菜单中单击相应的命令即可。无论选择哪种工作空间，都可以在之后对其进行更改。也可以自定义并保存自己的自定义工作空间，当移植 AutoCAD 早期版本中的设置时，系统会显示"AutoCAD 默认"选项。

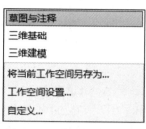

图 2-3 工作空间列表工具

- "草图与注释"工作空间：常用的二维空间，主要是绘制二维图的，里面集成了常用的二维绘图工具和编辑工具，如绘制直线、绘制圆弧、删除工具、复制工具、标注工具等。
- "三维基础"工作空间：显示特定三维建模的基础工具，用于绘制基础的三维模型。
- "三维建模"工作空间：可以更加方便地在三维空间中绘制图形。在"功能区"选项板中集成了"实体""曲面""网格""参数化""渲染"等面板，为绘制三维图形、编辑图形、观察图形、创建动画、设置光源、为三维对象附加材质等操作提供了非常便利的环境。

2.2 设置系统参数

在通常情况下，安装好 AutoCAD 2022 后就可以在其默认状态下绘制图形了，但有时为了使用特殊的定点设备、打印机，或者提高绘图效率，用户需要在绘制图形前对系统参数进行必要的设置。如果不喜欢绘图区黑色的背景颜色，希望重新设置自动捕捉等，则可以单击"工具"→"选项"（OPTIONS）命令，弹出"选项"对话框。在该对话框中包含"文件""显示""打开和保存""打印和发布""系统""用户系统配置""绘图""三维建模""选择集""配置"10 个选项卡，如图 2-4 所示。

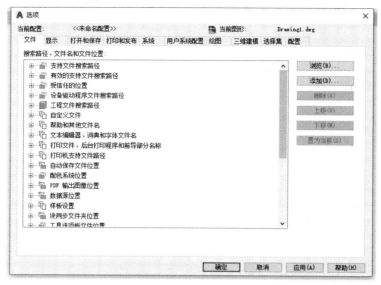

图 2-4 "选项"对话框

1. "文件"选项卡

"文件"选项卡（见图 2-4）列出了 AutoCAD 2022 的搜索支持文件、驱动程序文件、菜单文件及其他文件的文件夹，还列出了用户定义的可选设置，如用于进行拼写检查的目录等。用户可以通过此选项卡指定 AutoCAD 搜索支持文件、驱动程序、菜单文件及其他文件的文件夹，同时可以通过其指定一些可选的用户自定义设置。

2. "显示"选项卡

"显示"选项卡（见图 2-5）用于设置 AutoCAD 2022 的显示，主要包括"窗口元素""布局元素""显示精度""显示性能""十字光标大小""淡入度控制"6 个选项组。

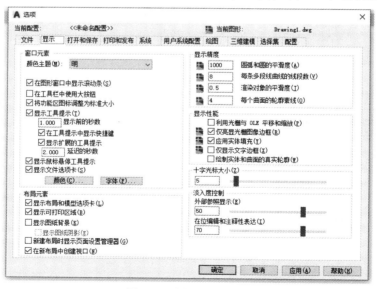

图 2-5 "显示"选项卡

（1）"窗口元素"选项组。

此选项组用于控制绘图环境特有的显示设置。

- "颜色主题"下拉列表：用于确定工作界面中工具栏、状态栏等元素的颜色，有"明"和"暗"两种选择。

- "在图形窗口中显示滚动条"复选框：用于确定是否在绘图区的底部和右侧显示滚动条。

- "在工具栏中使用大按钮"复选框：用于确定是否以 32 像素×30 像素的格式来显示图标（默认显示尺寸为 16 像素×15 像素）。

- "将功能区图标调整为标准大小"复选框：用于确定是否将功能区的图标调整为标准大小。

- "显示工具提示"复选框：用于确定当光标放在工具栏按钮或菜单栏中的菜单项上时，是否显示工具提示，还可用于设置在工具提示中是否显示快捷键及是否显示扩展的工具提示等。

- "显示鼠标悬停工具提示"复选框：用于确定是否启用鼠标悬停工具提示功能。

- "颜色"按钮：用于确定 AutoCAD 2022 工作界面中各部分的颜色。单击该按钮，在 AutoCAD 2022 中会弹出"图形窗口颜色"对话框，如图 2-6 所示。用户可以通过该对话框中的"上下文"列表框选择要设置颜色的项；通过"界面元素"列表框选择要设置颜色的对应元素；通过"颜色"下拉列表设置对应的颜色。

- "字体"按钮：用于设置 AutoCAD 2022 工作界面中命令行窗口内的字体。单击该按钮，AutoCAD 2022 中会弹出"命令行窗口字体"对话框，如图 2-7 所示，用户从中选择即可。

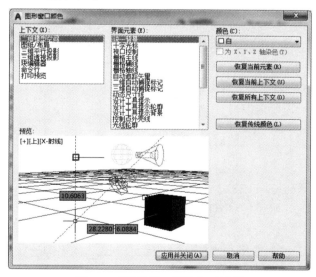

图 2-6 "图形窗口颜色"对话框

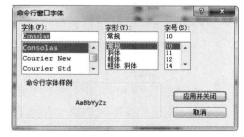

图 2-7 "命令行窗口字体"对话框

（2）"布局元素"选项组。

此选项组（见图 2-8）用于控制现有布局和新布局。布局是一个图纸的空间环境，用户可以在其中设置图形并进行打印。

- "显示布局和模型选项卡"复选框：用于设置是否在绘图区的底部显示"布局"和"模型"选项卡。
- "显示可打印区域"复选框：用于设置是否显示布局中的可打印区域（可打印区域指布局中位于虚线内的区域，其大小由选择的输出设备决定。打印图形时，绘制在可打印区域外的对象将被剪裁或忽略）。
- "显示图纸背景"复选框：用于确定是否在布局中显示所指定的图纸尺寸的背景。
- "新建布局时显示页面设置管理器"复选框：用于设置第一次选择"布局"选项卡时，是否显示页面设置管理器。用户可以通过此对话框设置与图纸和打印相关的选项。
- "在新布局中创建视口"复选框：用于设置创建新布局时是否自动创建单个视口。

（3）"显示精度"选项组。

此选项组（见图 2-9）用于控制对象的显示质量。

图 2-8 "布局元素"选项组

图 2-9 "显示精度"选项组

- "圆弧和圆的平滑度"文本框：用于控制圆、圆弧和椭圆的平滑度。该值越高，对象越平滑，AutoCAD 2022 也因此需要更多的时间来执行重生成圆弧和圆等操作。可以在绘图时先将该选项设置成较低的值（如 100），当渲染时再增加该选项的值，以提高显示质量。圆弧和圆的平滑度的有效值范围为 1～20000，默认值为 1000。
- "每条多段线曲线的线段数"文本框：用于设置每条多段线曲线生成的线段数目，有效值范围为-32767～32767，默认值为 8。
- "渲染对象的平滑度"文本框：用于控制着色和渲染曲面实体的平滑度，有效值范围为 0.01～10，默认值为 0.5。
- "每个曲面的轮廓素线"文本框：用于设置对象上每个曲面的轮廓线数目，有效值范围为 0～2047，默认值为 4。

（4）"显示性能"选项组。

此选项组（见图 2-10）用于控制影响 AutoCAD 2022 性能的显示设置。

- "利用光栅与 OLE 平移和缩放"复选框：用于控制实时平移（PAN）和实时缩放（ZOOM）时光栅图像和 OLE 对象的显示方式。
- "仅亮显光栅图像边框"复选框：用于控制选择光栅图像时的显示方式，如果勾选该复选框，则选中光栅图像时只会亮显图像边框。
- "应用实体填充"复选框：用于确定是否显示对象中的实体填充（与 FILL 命令的功能相同）。
- "仅显示文字边框"复选框：用于确定是否只显示文字对象的边框而不显示文字对象。

- "绘制实体和曲面的真实轮廓"复选框：用于控制是否将三维实体和曲面对象的轮廓曲线显示为线框。

（5）"十字光标大小"选项组。

此选项组用于控制十字光标的尺寸，其有效值范围为 1～100，默认值为 5。将该值设置为 100 时，十字光标的两条线会充满整个绘图窗口。

（6）"淡入度控制"选项组。

为了将不能直接编辑的图形和其他图形区分开，AutoCAD 对一些图形进行了褪色（淡入度）控制，即我们常说的暗显处理。"淡入度控制"选项组如图 2-11 所示。淡入度相当于透明度的设置，最大值为 90，也就是说不能设置为 100，让这些图形完全不显示。默认值通常为 50 或 70，当设置成 0 或负数时，这些图形将不褪色。

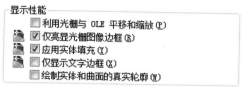

图 2-10 "显示性能"选项组

图 2-11 "淡入度控制"选项组

3."打开和保存"选项卡

此选项卡用于控制 AutoCAD 2022 中与打开和保存文件相关的选项，主要包括"文件保存""文件安全措施""文件打开""应用程序菜单""外部参照""ObjectARX 应用程序"6 个选项组，如图 2-12 所示。

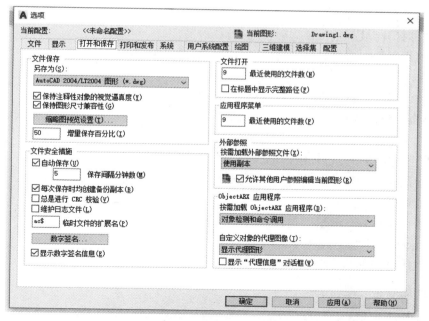

图 2-12 "打开和保存"选项卡

（1）"文件保存"选项组。

此选项组用于控制 AutoCAD 2022 中与保存文件相关的设置。

- "另存为"下拉列表：用于设置用 SAVE、SAVEAS 和 QSAVE 命令保存文件时所采用的有效文件格式。
- "缩略图预览设置"按钮：用于设置保存图形时是否更新缩略图预览。
- "增量保存百分比"文本框：用于设置保存图形时的增量保存百分比。

（2）"文件安全措施"选项组。

此选项组可以避免数据丢失并进行错误检测。

- "自动保存"复选框：用于确定是否按指定的时间间隔自动保存图形，如果勾选该复选框，则可以通过"保存间隔分钟数"文本框设置自动保存图形的时间间隔。
- "每次保存时均创建备份副本"复选框：用于确定保存图形时是否创建图形的备份（创建的备份和图形位于相同的位置）。
- "总是进行 CRC 校验"复选框：用于确定每次将对象读入图形时是否执行循环冗余校验（CRC）。CRC 是一种错误检查机制。如果图形遭到破坏，且怀疑是硬件问题或 AutoCAD 2022 错误造成的，则应选用此选项。
- "维护日志文件"复选框：用于确定是否将文本窗口的内容写入日志文件。
- "临时文件的扩展名"文本框：为当前用户指定扩展名来标识临时文件，其默认扩展名为 ac$。
- "数字签名"按钮：用于提供数字签名和密码选项，保存文件时会调用这些选项。
- "显示数字签名信息"复选框：用于确定打开带有有效数字签名的文件时是否显示数字签名信息。

（3）"文件打开"选项组。

此选项组用于控制与最近使用过的文件及打开过的文件相关的设置。

- "最近使用的文件数"文本框：用于控制在"文件"下拉菜单中列出的最近使用过的文件数目，以便快速访问，其有效值范围为 0～9。
- "在标题中显示完整路径"复选框：用于确定在图形的标题栏中或在 AutoCAD 2022 的标题栏中（图形最大化时）是否显示活动图形的完整路径。

（4）"应用程序菜单"选项组。

此选项组用于确定在"文件"下拉菜单中列出的最近使用过的文件数目。

（5）"外部参照"选项组。

此选项组用于控制与编辑和加载外部参照有关的设置。

（6）"ObjectARX 应用程序"选项组。

此选项组用于控制与 ObjectARX 应用程序及代理图形有关的设置。

4. "打印和发布"选项卡

此选项卡用于控制与打印和发布相关的选项，如图 2-13 所示，主要包括"新图形的默认打印设置""打印到文件""后台处理选项""打印和发布日志文件""自动发布""常规打印选项""指定打印偏移时相对于"等选项组。

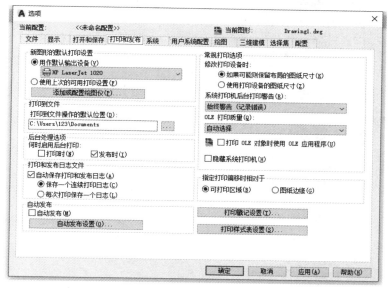

图 2-13 "打印和发布"选项卡

（1）"新图形的默认打印设置"选项组。

此选项组用于控制新图形的默认打印输出设置。

（2）"打印到文件"选项组。

将图形打印到文件时指定其默认保存位置。用户可以直接输入位置，也可以单击位于右侧的按钮，从弹出的对话框中指定保存位置。

（3）"后台处理选项"选项组。

此选项组用于指定与后台打印和发布相关的选项。用户可以使用后台打印启动正在打印或发布的作业，并返回到绘图工作中。这样，用户就可以在绘图的同时打印或发布作业。

（4）"打印和发布日志文件"选项组。

此选项组用于设置是否自动保存打印和发布日志文件，以及是否使用电子表格软件查看日志文件。当勾选"自动保存打印和发布日志"复选框时，可以自动保存日志文件，并且能够设置是保存为一个连续打印的日志文件，还是每次打印时保存一个日志文件。

（5）"自动发布"选项组。

此选项组用于指定是否进行自动发布并控制发布的设置。可以通过"自动发布"复选框确定是否进行自动发布，通过"自动发布设置"按钮进行发布设置。

（6）"常规打印选项"选项组。

此选项组用于控制与基本打印环境（包括图纸尺寸设置、系统打印机警告方式和 AutoCAD 2022 图形中的 OLE 对象）相关的选项。

（7）"指定打印偏移时相对于"选项组。

此选项组用于指定打印区域的偏移是从可打印区域的左下角开始的，还是从图纸的边缘开始的。

（8）"打印戳记设置"按钮。

单击该按钮，可通过弹出的"打印戳记"对话框设置打印戳记信息。

（9）"打印样式表设置"按钮。

单击该按钮，可通过弹出的"打印样式表设置"对话框设置与打印和发布相关的选项。

5."系统"选项卡

此选项卡用于控制 AutoCAD 2022 的系统设置，如图 2-14 所示。

图 2-14 "系统"选项卡

（1）"硬件加速"选项组。

此选项组利用硬件模块替代软件算法以充分利用硬件所固有的快速特性。计算机显示，使用硬件加速会快一些。但在投影或截图时会发现显示区是黑的，这时就要关闭硬件加速。这在 AutoCAD 低版本中效果不明显，在 AutoCAD 2012 以后的版本中效果明显。在计算机配置较低时，AutoCAD 开启硬件加速会卡顿，关闭硬件加速后就会恢复正常。因此是否适合开启硬件加速，要根据个人计算机配置来选择。

（2）"当前定点设备"选项组。

此选项组用于控制与定点设备相关的选项。

（3）"布局重生成选项"选项组。

此选项组用于指定如何在"模型"选项卡和"布局"选项卡上更新显示的列表。对于每一个选项卡，更新显示列表的方法是：切换到该选项卡时重生成图形，或者切换到该选项卡时将显示列表保存到内存中，并只重生成修改的对象等。

（4）"常规选项"选项组。

此选项组用于控制与系统设置相关的基本选项。

（5）"帮助"选项组。

此选项组中的"访问联机内容（A）（如果可用）"复选框用于确定从 Autodesk 网站还是从本地安装的文件中访问相关信息。联机时，可以访问最新的帮助信息和其他联机资源。

（6）"信息中心"选项组。

此选项组中的"气泡式通知"按钮用于控制系统是否启用气泡式通知及如何显示气泡式

通知。

（7）"安全性"选项组。

此选项组用于设置限制加载可执行文件的位置，这有助于可执行文件免受恶意代码的侵害。

（8）"数据库连接选项"选项组。

此选项组用于控制与数据库连接信息相关的选项。

6. "用户系统配置"选项卡

此选项卡用于控制优化工作方式的各个选项，如图 2-15 所示。

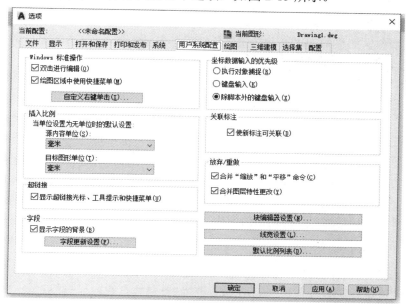

图 2-15 "用户系统配置"选项卡

（1）"Windows 标准操作"选项组。

此选项组用于控制是否允许双击操作及右击定点设备（如鼠标）时的对应操作。其中，"双击进行编辑"复选框用于确定在绘图窗口中双击图形对象时是否进入编辑模式，以便用户进行编辑。"绘图区域中使用快捷菜单"复选框用于确定右击定点设备时，是否在绘图区显示快捷菜单，如果不勾选此复选框，则 AutoCAD 2022 会将右击解释为按回车键。单击"自定义右键单击"按钮，可以通过弹出的"自定义右键单击"对话框来进一步定义如何在绘图区中使用快捷菜单。

（2）"插入比例"选项组。

此选项组用于控制在图形中插入块和图形时使用的默认比例。

（3）"超链接"选项组。

此选项组用于控制与超链接显示特性相关的设置。

（4）"字段"选项组。

此选项组用于设置与字段相关的系统配置。其中，"显示字段的背景"复选框用于确定是否用浅灰色背景显示字段（打印时不会打印背景色）。单击"字段更新设置"按钮，可以通过弹出的"字段更新设置"对话框来进行相应的设置。

（5）"坐标数据输入的优先级"选项组。

此选项组用于控制 AutoCAD 2022 如何优先响应坐标数据的输入，从中选择即可。

（6）"关联标注"选项组。

此选项组用于控制标注尺寸时是创建关联尺寸标注还是创建传统的非关联尺寸标注。对于关联尺寸标注，当所标注尺寸的几何对象被修改时，关联标注会自动调整其位置、方向和测量值。

（7）"放弃/重做"选项组。

"合并'缩放'和'平移'命令"复选框用于控制如何对缩放和平移命令执行放弃和重做操作。如果勾选此复选框，AutoCAD 2022 将会把多个连续的缩放和平移命令合并为单个动作来执行放弃和重做操作。"合并图层特性更改"复选框用于控制如何对图层特性进行更改来执行放弃和重做操作。如果勾选"合并图层特性更改"复选框，AutoCAD 2022 将会把多个连续的图层特性更改合并为单个动作来执行放弃和重做操作。

（8）"块编辑器设置"按钮。

单击该按钮，AutoCAD 2022 中将弹出"块编辑器设置"对话框，用户可以利用它设置块编辑器。

（9）"线宽设置"按钮。

单击该按钮，AutoCAD 2022 中将弹出"线宽设置"对话框，用户可以利用它设置线宽。

（10）"默认比例列表"按钮。

单击该按钮，AutoCAD 2022 中将弹出"编辑比例缩放列表"对话框，该对话框用于更改在"比例列表"区域中列出的现有缩放比例。

7. "绘图"选项卡

此选项卡用于设置各种基本编辑选项，如图 2-16 所示，主要包括"自动捕捉设置""自动捕捉标记大小""对象捕捉选项""AutoTrack 设置""对齐点获取""靶框大小"等选项组。

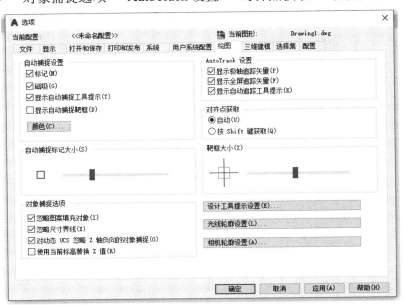

图 2-16　"绘图"选项卡

（1）"自动捕捉设置"选项组。

此选项组用于控制使用对象捕捉功能时所显示的形象化辅助工具的相关设置。

- "标记"复选框：用于控制是否显示自动捕捉标记。该标记是十字光标移动到捕捉点附近时显示出的说明捕捉到对应点的几何符号。
- "磁吸"复选框：用于打开或关闭自动捕捉磁吸。磁吸是指十字光标自动移动并锁定到最近的捕捉点上。
- "显示自动捕捉工具提示"复选框：用于控制 AutoCAD 2022 捕捉到对应的点时，是否通过浮出的小标签给出对应的提示。
- "显示自动捕捉靶框"复选框：用于控制是否显示自动捕捉靶框。靶框是捕捉对象时出现在十字光标内部的方框。
- "颜色"按钮：用于设置自动捕捉标记的颜色。单击该按钮，弹出如图 2-17 所示的对话框，可以更改自动捕捉的颜色设置。

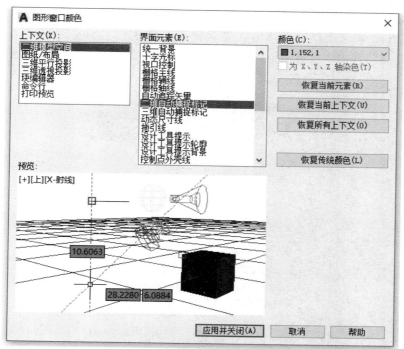

图 2-17 "图形窗口颜色"对话框

（2）"自动捕捉标记大小"选项组。

此选项组通过水平滑块设置自动捕捉标记的大小。

（3）"对象捕捉选项"选项组。

此选项组用于确定对象捕捉时是否忽略填充的图案、尺寸界线等设置。

（4）"AutoTrack 设置"选项组。

此选项组用于控制极轴追踪和对象捕捉追踪时的相关设置。

- "显示极轴追踪矢量"复选框：如果勾选该复选框，则启用极轴追踪时，AutoCAD 2022 会沿指定的角度显示出追踪矢量。利用极轴追踪，用户可以方便地沿追踪方向绘出直线。

- "显示全屏追踪矢量"复选框：用于控制全屏追踪矢量的显示。如果勾选该复选框，AutoCAD 2022 将以无限长的直线显示追踪矢量。
- "显示自动追踪工具提示"复选框：用于控制是否显示自动追踪工具提示。工具提示是一个提示标签，可用于显示沿追踪矢量方向的光标极坐标。

（5）"对齐点获取"选项组。

此选项组用于控制在图形中显示对齐矢量的方法。

- "自动"单选按钮：表示当靶框移到对象捕捉点时，AutoCAD 2022 会自动显示出追踪矢量。
- "按 Shift 键获取"单选按钮：表示当按〈Shift〉键并将靶框移到对象捕捉点上时，AutoCAD 2022 会显示出追踪矢量。

（6）"靶框大小"选项组。

此选项组通过水平滑块设置自动捕捉靶框的显示尺寸。

（7）"设计工具提示设置"按钮。

此按钮用于设置采用动态输入时，工具提示的颜色、大小及透明度。单击此按钮，AutoCAD 2022 中将弹出"工具提示外观"对话框，如图 2-18 所示，通过其设置即可。

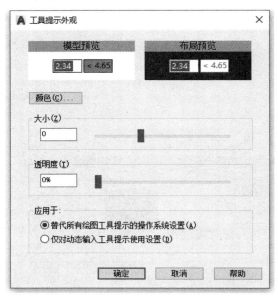

图 2-18 "工具提示外观"对话框

（8）"光线轮廓设置"按钮。

此按钮用于设置光线的轮廓外观，用于三维绘图，这里就不详细说明了。

（9）"相机轮廓设置"按钮。

此按钮用于设置相机的轮廓外观，用于三维绘图，这里就不详细说明了。

8."三维建模"选项卡

此选项卡用于三维建模方面的设置，如图 2-19 所示。

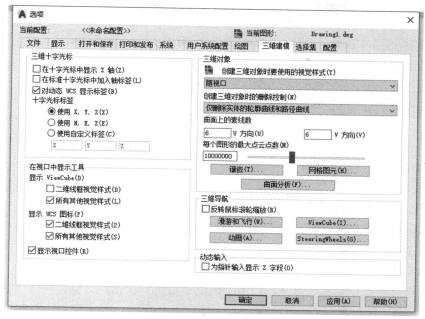

图 2-19 "三维建模"选项卡

由于本书主要针对二维绘图内容进行编写,所以此选项卡在这里就不详细介绍了,直接选用默认选项即可。

9."选择集"选项卡

此选项卡用于设置选择对象时的选项,如图 2-20 所示,主要包括"拾取框大小""选择集模式""功能区选项""夹点尺寸""夹点""预览"选项组。

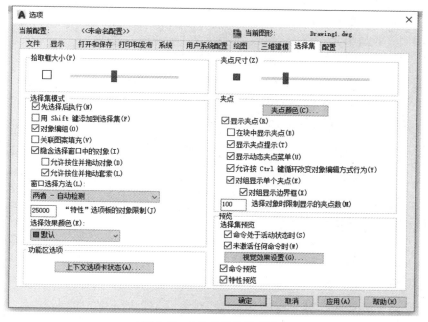

图 2-20 "选择集"选项卡

（1）"拾取框大小"选项组。

此选项组通过滑块控制 AutoCAD 2022 拾取框的大小，该拾取框用于选择对象。

（2）"选择集模式"选项组。

此选项组用于控制与对象选择方法相关的设置。

- "先选择后执行"复选框：允许在启动命令之前先选择对象，再执行对应的命令进行操作。
- "用 Shift 键添加到选择集"复选框：表示选择对象时，是否按下〈Shift〉键才可以向选择集中添加对象或从选择集中删除对象。
- "对象编组"复选框：表示如果设置了对象编组（用 GROUP 命令创建编组），当选择编组中的一个对象时，是否要选择编组中的所有对象。
- "关联图案填充"复选框：用于确定所填充的图案是否与其边界建立关联。
- "隐含选择窗口中的对象"复选框：用于确定是否允许采用隐含窗口（默认矩形窗口）选择对象。
- "允许按住并拖动对象"复选框：用于确定是否允许在指定选择窗口的一点后，仍按住鼠标左键，并将鼠标光标拖到第二点来确定选择窗口。如果未勾选此复选框，则表示应通过拾取点的方式单独确定选择窗口的两点。
- "允许按住并拖动套索"复选框：一种控制窗口的选择方法。如果未勾选此复选框，则可以用定点设备单击并拖动来绘制套索。
- "窗口选择方法"下拉列表：用于确定窗口的选择方法。

（3）"功能区选项"选项组。

单击此选项组中的"上下文选项卡状态"按钮，弹出如图 2-21 所示的对话框，通过对话框设置功能区上下文选项卡的状态。

（4）"夹点尺寸"选项组。

此选项组用于设置夹点操作时的夹点方框的大小。

（5）"夹点"选项组。

此选项组用于控制与夹点相关的设置，选项组中主要项的含义如下。

- "夹点颜色"按钮：单击该按钮，可通过弹出的"夹点颜色"对话框设置夹点在各种状态下的对应颜色，如图 2-22 所示。

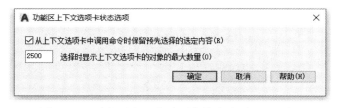
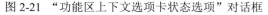

图 2-21　"功能区上下文选项卡状态选项"对话框　　　　图 2-22　"夹点颜色"对话框

- "显示夹点"复选框：用于确定直接选择对象后是否显示对应的夹点。

- "在块中显示夹点"复选框：用于设置块的夹点显示方式。启用该功能，用户选择的块中的各对象均显示其本身的夹点，否则只将插入点作为夹点显示。
- "显示夹点提示"复选框：用于设置光标悬停在支持夹点提示的自定义对象的夹点上时，是否显示夹点的特定提示。
- "显示动态夹点菜单"复选框：用于控制光标在显示出的多功能夹点上悬停时，是否显示动态菜单。样条曲线的夹点就属于多功能夹点。
- "允许按 Ctrl 键循环改变对象编辑方式行为"复选框：用于确定是否允许用〈Ctrl〉键来循环改变对多功能夹点的编辑行为。
- "对组显示单个夹点""对组显示边界框"复选框：分别用于确定是否显示对象组的单个夹点，以及围绕编组对象的范围显示边界框。
- "选择对象时限制显示的夹点数"文本框：使用夹点功能时，当选择了多个对象时，用此文本框设置所显示的最大夹点数，有效值范围为 1～32767，默认值为 100。

（6）"预览"选项组。

此选项组用于确定拾取框在对象上移动时，是否亮显对象。

- "命令处于活动状态时"复选框：表示仅当对应的命令处于活动状态并显示"选择对象："提示时，才会显示选择预览。
- "未激活任何命令时"复选框：表示即使未激活任何命令，也可以显示选择预览。
- "视觉效果设置"按钮：单击该按钮，会弹出"视觉效果设置"对话框，如图 2-23 所示，用于进行"选择区域效果""窗口选择区域颜色""窗交选择区域颜色""选择区域不透明度""选择集预览过滤器"等选项的设置。

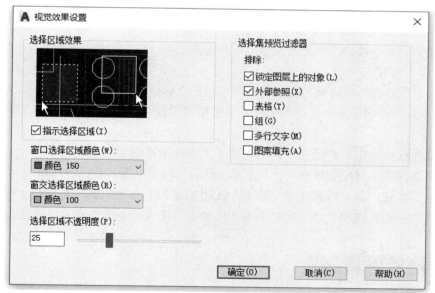

图 2-23 "视觉效果设置"对话框

10. "配置"选项卡

此选项卡用于控制配置的使用，如图 2-24 所示。

图 2-24 "配置"选项卡

- "可用配置"列表框：此列表框用于显示可用配置的列表。
- "置为当前"按钮：将指定的配置设置为当前配置。在"可用配置"列表框中选择对应的配置，单击该按钮即可。
- "添加到列表"按钮：单击该按钮，可利用弹出的"添加配置"对话框，用其他名称保存选定的配置。
- "重命名"按钮：单击该按钮，可利用弹出的"修改配置"对话框，修改选定配置的名称和说明。当想要重命名一个配置但又希望保留其当前设置时，可利用"重命名"按钮实现。
- "删除"按钮：用于删除在"可用配置"列表框中选定的配置。
- "输出"按钮：将配置输出为扩展名为.arg 的文件，以便其他用户共享该文件。
- "输入"按钮：用于输入使用"输出"按钮创建的配置（扩展名为.arg 的文件）。
- "重置"按钮：将在"可用配置"列表框中选定配置的值重置为系统默认设置。

2.3 图层特性管理器

图层是 AutoCAD 的一大特色。用户可以把图层想象为没有厚度的透明片，各层之间完全对齐，一层上的某一基准点准确地对齐于其他各层上的同一基准点，如图 2-25 所示。引入图层后，用户就可以给每个图层指定绘图所用的线型、颜色和状态，并将具有相同线型和颜色的对象放到相应的图层上。这样便于对所有实体的可见性、颜色、线型和线宽进行全面控制。

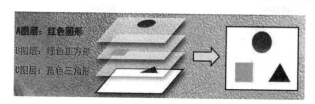

图 2-25　图层

图层的特性是指分配给图层的颜色、线型、线宽和打印样式。每个图层都有它的特性，创建图层时要给图层指定相应的特性。图层本身是无色透明的，图层的颜色、线型、线宽和打印样式是为对象准备的。AutoCAD 的图层在使用过程中具有以下特性。

- 每个图层都有一个名字，即图层名。其中，0 层是 AutoCAD 自动定义的，其余由自己定义，且字母不超过 31 个字符。
- 在一幅图中使用的图层数量不限，每层容纳的实体数量不限。
- 在绘制图形时，只有当前图层起作用，也就是绘制图形时均画在当前图层上。
- 同一图层上的实体处于同一状态，如可见或不可见。一个图层上的对象应该是同一种线型和颜色。
- 各图层具有相同的坐标系、图形界限、显示时的缩放倍数。
- 用户可以对位于不同图层上的对象同时进行编辑操作。

如果不通过图层继承特性，那么可以单独指定对象的特性。但是通常应该尽量使用图层的特性绘制对象，并将不同类型的对象放在不同的图层上，如将中心线、说明文字、标注尺寸等，分别放在不同的图层上，这样才能充分发挥图层的组织和管理作用，提高工作效率，方便绘图工作。

在 AutoCAD 2022 中，使用图层特性管理器可以很方便地创建图层及设置其基本属性。在 AutoCAD 2022 的菜单栏中单击"格式"→"图层"命令或单击工具面板中的"图层特性"命令按钮 ，即可弹出"图层特性管理器"面板，如图 2-26 所示。

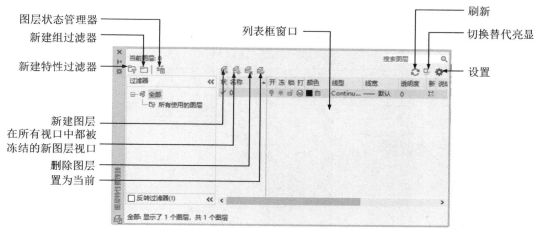

图 2-26　"图层特性管理器"面板

利用该面板可直接设置及改变图层的参数和状态。即设置图层的颜色、线型、可见性，建立新图层，设置当前图层，冻结或解冻图层，锁定或解锁图层，以及列出所有存在的图层名等操作。

2.3.1　新建特性过滤器

在 AutoCAD 2022 中，新建特性过滤器大大简化了在图层方面的操作。图形中包含大量图层时，在"图层特性管理器"面板中单击"新建特性过滤器"按钮，将弹出如图 2-27 所示的"图层过滤器特性"对话框，可以使用此对话框来命名图层过滤器。

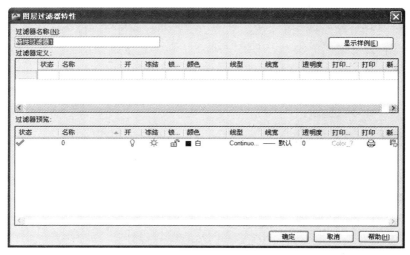

图 2-27　"图层过滤器特性"对话框

2.3.2　新建组过滤器

在 AutoCAD 2022 中，还可以通过新建组过滤器过滤图层。在"图层特性管理器"面板中单击"新建组过滤器"按钮，并在面板左侧过滤器树列表中添加一个"组过滤器 1"（也可以根据需要命名组过滤器），如图 2-28 所示。在过滤器树列表中单击"所有使用的图层"节点或其他过滤器，可以显示对应的图层信息，将需要分组过滤的图层拖动到创建的"组过滤器 1"上即可。

图 2-28　新建组过滤器

在"组过滤器 1"上右击鼠标，在弹出的快捷菜单中单击"选择图层"→"添加"命令，AutoCAD 2022 会切换到图形界面并提示选择对象，选择一个或多个对象，该对象所在的图层就会被添加到组过滤器 1 中。还可以通过快捷菜单中的"选择图层"→"替换"命令，重新定义该组过滤器中的图层。

2.3.3 图层状态管理器

图层设置包括图层状态和图层特性设置。图层状态包括图层是否打开、冻结、锁定、打印和在新视口中自动冻结。图层特性包括颜色、线型、线宽和打印样式。可以选择要保存的图层状态和图层特性。例如，可以选择只保存图形中图层的"冻结/解冻"设置，忽略其他设置。在恢复图层状态时，除了每个图层的冻结或解冻设置，其他设置仍保持当前状态。在 AutoCAD 2022 中，可以使用"图层状态管理器"对话框来管理所有图层的状态，如图 2-29 所示。

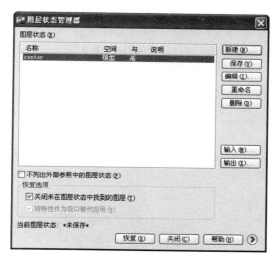

图 2-29 "图层状态管理器"对话框

2.3.4 新建图层

在开始绘制新图形时，AutoCAD 将自动创建一个名为 0 的图层。在默认情况下，该图层将被指定使用 7 号颜色（白色或黑色，由背景色决定）、Continuous 线型、默认线宽等样式，用户不能删除或重命名该图层。在绘图过程中，如果用户想要使用更多的图层来组织图形，就需要先创建新图层。

在"图层特性管理器"面板中单击"新建图层"按钮，可以创建一个名称为图层 1 的新图层。在默认情况下，新建图层与当前图层的状态、颜色、线性、线宽等设置相同。

创建图层后，图层名将显示在图层列表框窗口中。如果想要更改图层名，可以先单击该图层名，然后输入一个新的图层名并按回车键即可。

【例 2-1】：创建名为粗实线的新图层。

本例练习新建图层的操作方法，操作步骤如下。

❶ 单击工具面板中的"图层特性"命令按钮 ，弹出"图层特性管理器"面板，如图 2-30 所示。

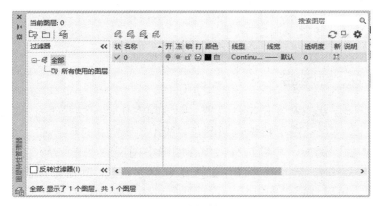

图 2-30　"图层特性管理器"面板

❷ 在"图层特性管理器"面板中单击"新建图层"按钮 ，创建一个新的图层，如图 2-31 所示。

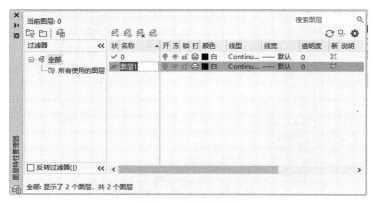

图 2-31　新建图层

❸ 在"图层 1"所示的文本框中输入"粗实线"，即完成了名为粗实线的新图层的创建，如图 2-32 所示。

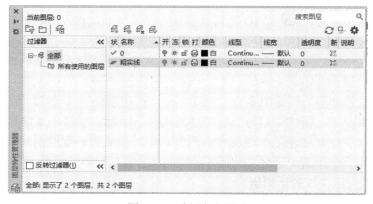

图 2-32　重新命名图层

2.3.5　在所有视口中都被冻结的新图层视口

单击"在所有视口中都被冻结的新图层视口"按钮 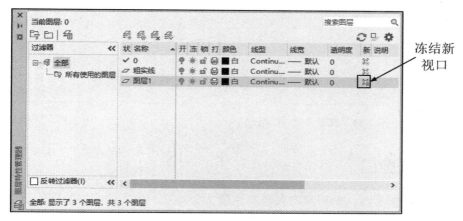，在列表框窗口中将出现一个新图层，如图 2-33 所示。该图层将在所有现有布局视口中都被冻结，可以在"模型"选项卡或"布局"选项卡中访问此图层。同时，列表框窗口中该图层行的最右侧显示为"冻结新视口"。

图 2-33　出现一个新图层

2.3.6　删除图层

在创建图层的过程中，如果新建了多余的图层，可以利用"删除图层"命令按钮将多余的图层删除。删除的方法为：在列表框窗口中选中对应的图层行，并单击"删除图层"命令按钮，即可删除图层。

> 注意：有 4 类图层不能被删除：①图层 0；②当前图层；③包含对象的图层；④依赖外部参照的图层。

2.3.7　置为当前

如果要在某一图层上绘图，必须先将该图层设置为当前图层。在列表框窗口中选择一个图层名，单击"置为当前"按钮，就可以将该图层设置为当前图层。将某图层设置为当前图层后，在列表框窗口中，与"状态"列对应的位置会显示出置为当前图层的符号，同时在"图层特性管理器"面板的左上角显示出"当前图层：粗实线"，如图 2-34 所示。此外，在列表框窗口中某图层行上双击与"状态"列对应的图标，可以直接将该图层置为当前图层。

在实际绘图时，为了便于操作，主要通过"图层"面板的"图层控制"下拉列表来实现图层切换，如图 2-35 所示，这时只需选择要设置为当前图层的图层名即可。此外，"图层"面板的主要选项与"图层特性管理器"面板中的内容相对应，因此它也可以用来设置与管理图层特性。

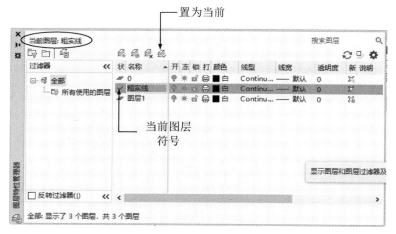

图 2-34　设置为当前图层

图 2-35　"图层"面板

2.3.8　列表框窗口

使用图层绘制图形时，新对象的各种特性默认为随层，由当前图层的默认设置决定。在列表框窗口中，每个图层都包含状态、名称、打开/关闭、冻结/解冻、锁定/解锁、打印样式、颜色、线型和线宽等特性。

1. 打开或关闭图层

在 AutoCAD 中，可以通过"开/关"控制图层的可见性。若某个图层对应的小灯泡的颜色为黄色💡，则表示该图层打开；若小灯泡的颜色为灰色💡，则表示该图层关闭。在默认情况下，图层为打开状态，图层上的实体可见；关闭图层后，该图层上的实体不可见，而且不能被选择、编辑、修改和打印输出。针对复杂的图形，适当关闭一些图层有利于将图形简化。

📖 **注意：** 当前图层可以被关闭。关闭后的当前图层仍然可添加新图形，只是在屏幕上不显示，用于绘制保密图形。

【例 2-2】：关闭图 2-36 中的尺寸线图层。

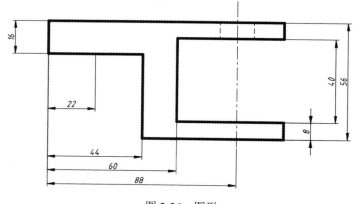

图 2-36　图形

本例练习图层开/关的操作方法，操作步骤如下。

❶ 打开图形文件，单击工具面板中的"图层特性"命令按钮，打开"图层特性管理器"面板，如图 2-37 所示。

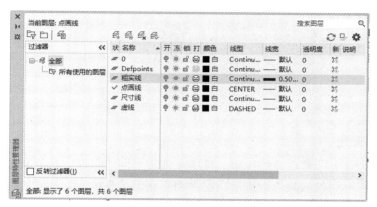

图 2-37　"图层特性管理器"面板

❷ 在"图层特性管理器"面板的列表框窗口中单击"尺寸线"图层的"开/关"按钮，小灯泡颜色变为灰色，如图 2-38 所示。

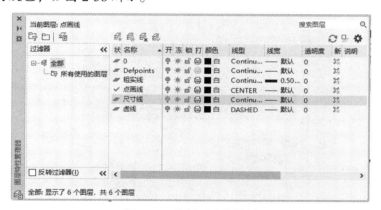

图 2-38　关闭尺寸线图层

❸ 关闭"图层特性管理器"面板，图形中的尺寸标注将全部被隐藏，如图 2-39 所示。

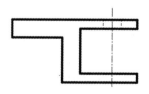

图 2-39　关闭尺寸线图层后的效果

2．冻结或解冻图层

在 AutoCAD 中，可以将长期不需要显示的图层冻结，因为这些图层不会被加载到内存中，所以可以提高系统的运行速度，缩短图形刷新的时间。若是太阳图标，则表示该图层没有被冻结；若是雪花图标，则表示该图层被冻结。图层被冻结后，该图层上的实体不可见且不能被打印。

> 📖 "冻结"与"关闭"的差别是：不能冻结当前图层，不能在冻结的图层上添加图形。

3．锁定或解锁图层

如果某个图层上的对象只需要显示，不需要选择和编辑，则可以锁定该图层。若对应的是关闭的锁图标🔒，则表示该图层被锁定；若对应的是打开的锁图标🔓，则表示该图层非锁定。

> 📖 图层被锁定后，用户只能观察该图层上的图形，不能编辑、修改。该图层相当于背景图案，但可以在该图层上添加新的图形对象。

4．设置图层颜色

颜色在图形中具有非常重要的作用，可用来表示不同的组件、功能和区域。图层的颜色实际上是图层中图形对象的颜色。每个图层都拥有自己的颜色，对不同的图层可以设置相同的颜色，也可以设置不同的颜色，在绘制复杂的图形时就可以很容易地区分出图形的各部分。如果要改变某一图层的颜色，则单击对应的颜色图标■，AutoCAD 就会弹出如图 2-40 所示的"选择颜色"对话框，从中选择所需要的颜色，即可修改该图层上的图形对象颜色。

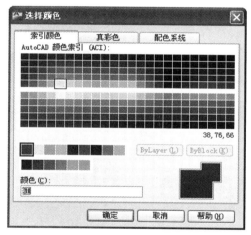

图 2-40 "选择颜色"对话框

5．使用与管理线型

线型是指图形基本元素中线条的组成和显示方式，如实线、中心线、虚线等。线型在工程图样中具有非常重要的作用，根据国际标准或国家标准的规定，不同线型具有不同的含义。AutoCAD 2022 包含了丰富的线型，可以满足不同国家或行业标准的要求。

（1）加载线型。

每个图层都可以设置一个具体的线型，不同的图层线型可以相同，也可以不同。每种线型都有自己的名字，线型名最长不超过 31 个字符。所有新生成的图层上的线型都按默认方式定为 Continuous。下面通过一个实例介绍修改图层线型的方法。

【例 2-3】：将"中心线"图层上的线型修改为点画线样式。

本例练习图层线型的设置方法，操作步骤如下。

❶ 单击工具面板中的"图层特性"命令按钮 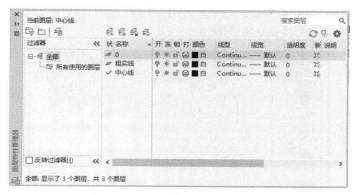，弹出"图层特性管理器"面板，如图 2-41 所示。

图 2-41 "图层特性管理器"面板

❷ 在"图层特性管理器"面板的列表框窗口中单击"中心线"图层的线型"Continu…"，弹出如图 2-42 所示的"选择线型"对话框。

❸ 单击"加载"按钮，弹出如图 2-43 所示的"加载或重载线型"对话框，在"可用线型"列表框中选取 CENTER 线型，单击"确定"按钮。

图 2-42 "选择线型"对话框

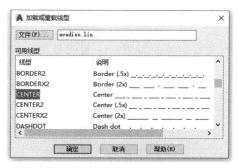

图 2-43 "加载或重载线型"对话框

❹ 返回"选择线型"对话框，如图 2-44 所示，选择 CENTER 线型，单击"确定"按钮。

❺ "图层特性管理器"面板如图 2-45 所示，"中心线"图层上的线型被修改为了点画线样式。

图 2-44 加载线型后的"选择线型"对话框

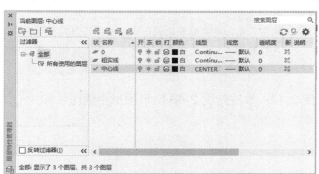

图 2-45 "图层特性管理器"面板

（2）线型管理器。

在 AutoCAD 中绘制图形的时候，需要管理好线型，这就要用"线型管理器"命令。单击菜单栏中的"格式"→"线型"命令，弹出如图 2-46 所示的"线型管理器"对话框，在该对话框中可以设置图形的线型比例，从而改变非连续线型的外观。

图 2-46 "线型管理器"对话框

- "全局比例因子"文本框：用于设置线型的全局比例因子，即设置所有线型的比例因子。在使用各种线型进行绘图时，除连续线外，其他线型一般都是由实线段、空白段和点等组成的序列。线型定义中定义了线型的每一小段的长度，当在屏幕上显示或在图纸上输出的线型比例不合适时，可以通过改变线型比例的方法放大或缩小所有线型的每一小段的长度。对已有线型和新绘图形的线型均可设置全局比例因子。

📖 需要说明的是，改变线型比例后，图形对象的总长度不变。

- "当前对象缩放比例"文本框：用于设置新绘图形对象所用线型的比例因子，通过该文本框设置线型比例后，所绘图形的线型比例均采用此线型比例。图 2-47 所示为缩放比例分别为 1 和 2 时，对虚线的影响。

整体比例=1　　　　　　　　　　　　　　　整体比例=2

图 2-47 不同的当前对象缩放比例对线型的影响

📖 在"当前对象缩放比例"文本框中设置的数值是累计的。如果在"全局比例因子"文本框中设置的数值为 5，在"当前对象缩放比例"文本框中设置的数值为 4，则在当前图形文件中，将要绘制的虚线和点画线的间隔与线段长短比例将放大 20 倍。

【例 2-4】：修改如图 2-48 所示图形中的虚线和中心线比例。

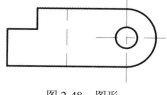

图 2-48 图形

本例练习图层线型管理器的使用方法，操作步骤如下。

❶ 单击菜单栏中的"格式"→"线型"命令，弹出如图 2-49 所示的"线型管理器"对话框。

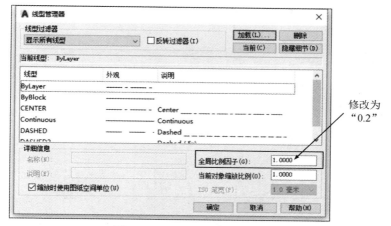

图 2-49　"线型管理器"对话框

❷ 在"线型管理器"对话框中，修改"全局比例因子"文本框中的数值为 0.2，单击"确定"按钮。

❸ 关闭"线型管理器"对话框，如图 2-50 所示，即可完成对中心线和虚线的比例修改。

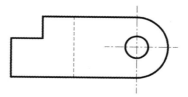

图 2-50　修改比例后的图形

6．设置图层线宽

线宽设置就是改变线条显示的宽度。在 AutoCAD 中，使用不同宽度的线条表现对象的大小或类型，可以提高图形的"表达能力"和可读性。图层线宽的设置为：首先在对话框中选择一个图层名，然后单击"线宽"按钮，弹出如图 2-51 所示的"线宽"对话框，最后在该对话框中选取所需线宽，并单击"确定"按钮，就可以将该图层的线宽设置为所需线宽。

图 2-51　"线宽"对话框

【例 2-5】：将【例 2-1】中建立的粗实线图层的线宽设置为 0.5。

本例练习线宽设置的操作方法，操作步骤如下。

❶ 打开【例 2-1】文件，单击工具面板中的"图层特性"命令按钮 ，弹出"图层特性管理器"面板，如图 2-52 所示。

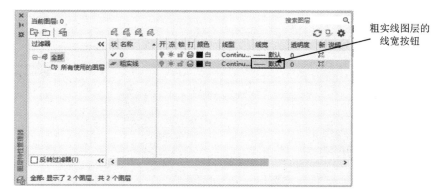

图 2-52 "图层特性管理器"面板

❷ 单击"粗实线"图层的"线宽"按钮，弹出"线宽"对话框，如图 2-53 所示。

图 2-53 "线宽"对话框

❸ 在"线宽"对话框中选择"0.50 mm"选项，并单击"确定"按钮，"图形特性管理器"面板如图 2-54 所示。

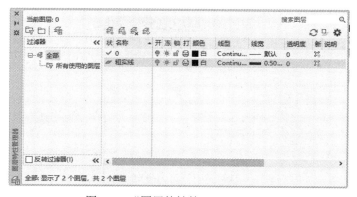

图 2-54 "图层特性管理器"对话框

2.4 "图层"功能区

AutoCAD 在功能区还提供了一个"图层"面板，如图 2-55 所示。用户通过控制面板中的图标，能够更好地管理图层，从而能够更加方便、快捷地使用"图层"面板中的一些命令。

- 图层：用于选择图形中定义的图层和图层设置，以便将其置为当前，单击右侧的黑色三角符号▼，可以打开当前文件建立的所有图层，如图 2-56 所示，并快速地切换当前图层。
- 隔离：根据当前设置，除了选定对象所在的图层，其他图层均将关闭。在当前布局视口中冻结或锁定，保持可见且未被锁定的图层被称为隔离。
- 取消隔离：用于反转之前隔离命令的效果。
- 匹配图层：将选定对象的图层更改为与目标图层相匹配。如果在错误的图层上创建了对象，可以通过选择目标图层上的对象来更改该对象的图层。

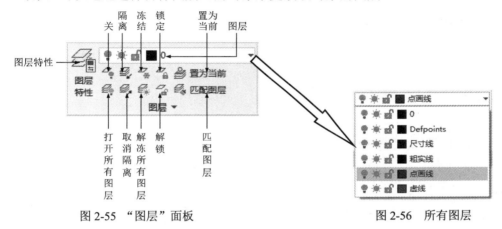

图 2-55 "图层"面板 图 2-56 所有图层

在实际绘图中，如果绘制完某一图形元素，发现该元素并没有绘制在预先设置的图层上，可以选中该图形元素，并在"图层"面板的"图层控制"下拉列表中选择预设图层名，按〈Esc〉键来改变对象所在的图层。

【例 2-6】：将图 2-57 中用点画线绘制的圆切换为粗实线图层。

图 2-57 点画线图层上的圆

本例练习"图层"面板的操作方法，操作步骤如下。

❶ 打开图形文件，单击图 2-57 中的点画线圆，如图 2-58 所示，在圆心和圆上会出现 5 个蓝色的方框，即"夹点"（"夹点"命令将在第 5 章中讲解）。

❷ 在"图层"面板中单击右侧的黑色三角符号▼，打开所有图层，如图2-59所示，选择"粗实线"图层。

❸ 原来的点画线圆如图2-60所示，按〈Esc〉键，退出"夹点"命令，结果如图2-61所示。

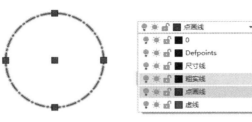

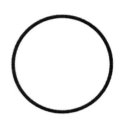

图2-58　夹点　　　　图2-59　所有图层　　　　图2-60　带"夹点"的圆　　图2-61　粗实线的圆

2.5　机械制图幅面和图线线型

机械设计部门用图样表示设计意图，制造部门根据图样进行加工、装配、检验，使用部门也要通过图样了解机器的结构与性能，图样被称为工程界的"技术语言"。在进行机械制图时，图样的绘制也应符合机械制图的国家标准。

2.5.1　机械制图的幅面

图纸以短边作为垂直边时应为横放，以短边作为水平边时应为立式。图纸的基本幅面代号有A0、A1、A2、A3和A4五种，A0～A3图纸宜横放，必要时也可立式使用。在图纸上必须用粗实线画图框，其格式分为不留装订边（见图2-62）和留装订边（见图2-63）两种，图中的尺寸如表2-1所示，但同一产品的图样只能采用一种格式。

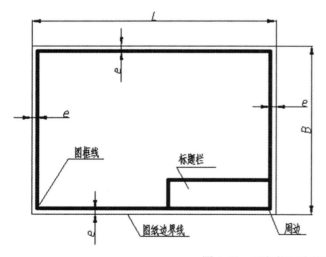
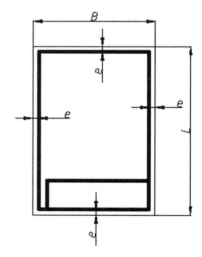

图2-62　不留装订边的图框格式

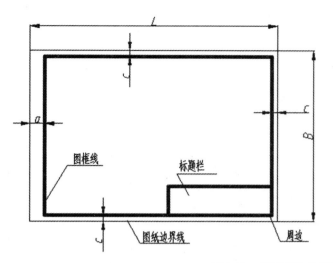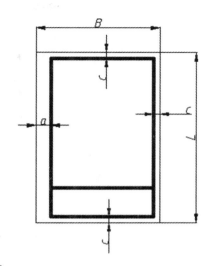

图 2-63　留装订边的图框格式

表 2-1　图纸幅面　　　　　　　　　　　　单位：mm

代　　号	A0	A1	A2	A3	A4
B*L	841*1189	594*841	420*594	297*420	210*297
e	20			10	
c	10			5	
a	25				

2.5.2　机械制图的比例

　　制图比例是指图形与其实际相应要素的线性尺寸之比。为了能从图样上得到实物大小的真实概念，应尽量采用 1∶1 的比例绘图。当表达对象的尺寸较大时，应尽量采用缩小比例，但要保证复杂部位清晰可读；当表达对象的尺寸较小时，应采用放大比例，使各部位清晰可读。绘制图样时一般应采用表 2-2 中规定的比例。

表 2-2　绘图常用比例

种　　类	比　　例				
原值比例	1∶1				
放大比例	2∶1	5∶1	10∶1	（2.5∶1）	（4∶1）
缩小比例	1∶2	1∶5	1∶10	（1∶1.5）	（1∶3）

注：括号里面的比例为第二系列比例，必要时可采用。优先选择非括号的比例。

　　📖　选用比例的原则：有利于图形的最佳"表达"效果和图面的有效利用。

2.5.3　机械制图的线型

　　在进行机械制图时，图线的绘制不仅应符合机械制图的国家标准，还应该符合《机械工程 CAD 制图规则》。《机械工程 CAD 制图规则》中推荐了 8 种常用的线型及相关颜色，如

表 2-3 所示。

表 2-3 常用线型及颜色

图 线 类 型		颜 色
粗实线		绿色
细实线		
波浪线		白色
双折线		
虚线		黄色
细点画线		红色
粗点画线		棕色
双点画线		粉色

2.6 综合实例：设置一幅 A4 图纸的绘图环境

先使用新建图形文件命令创建一个新的图形文件，然后使用单位、图形界限和图层设置命令设置该文件的绘图环境，并保存该文件。

本实例的操作步骤如下。

步骤一 设置图形界限和草图设置

❶ 单击快速访问工具栏中的"新建"按钮▢。系统弹出"选择样板"对话框，如图 2-64 所示，采用常用的样板文件 acadiso.dwt，单击"打开"按钮。

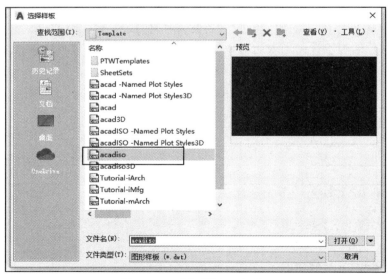

图 2-64 "选择样板"对话框

❷ 单击菜单栏中的"格式"→"图形界限"命令，命令行提示如下：

指定左下角点或 [开(ON)/关(OFF)] <0.0000,0.0000>：回车　　　　//设定图形界限的左下
角端点坐标；

指定右上角点 <420.0000,297.0000>：210,297　　　　　　//设定图形界限右上角
端点坐标。

❸ 再次按回车键，则重复设置模型空间界限命令，命令行提示如下：

指定左下角点或 [开(ON)/关(OFF)] <0.0000,0.0000>：ON　　　　//打开图形界限。

❹ 单击"工具"→"绘图设置"命令，系统弹出"草图设置"对话框，选择"对象捕捉"选项卡。勾选"中点"复选框，如图 2-65 所示，单击"确定"按钮，即可完成对象捕捉模式的设置。

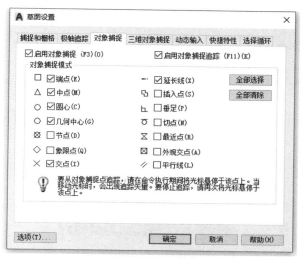

图 2-65 "草图设置"对话框

步骤二 设置图层属性

❶ 单击工具面板中的"图层特性"命令按钮 ，系统弹出"图层特性管理器"面板，如图 2-66 所示。

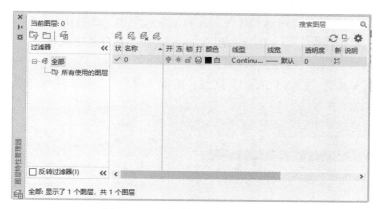

图 2-66 "图层特性管理器"面板

❷ 单击"图层特性管理器"面板中的"新建图层"按钮 ，即可创建一个新的图层，在"图层 1"所在的文本框中输入新的图层名"中心线"，如图 2-67 所示。

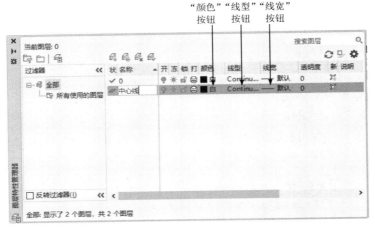

图 2-67 "中心线"图层

❸ 单击"中心线"图层对应的"颜色"按钮，系统弹出"选择颜色"对话框，从中选择"红"，如图 2-68 所示，单击"确定"按钮，即可完成图层颜色的设置。

图 2-68 "选择颜色"对话框

❹ 单击"中心线"图层对应的"线型"按钮，系统弹出"选择线型"对话框，如图 2-69 所示，单击"加载"按钮 加载(L)...，弹出如图 2-70 所示的"加载或重载线型"对话框，在"可用线型"列表框中选取"CENTERX2"线型，单击"确定"按钮 确定。回到"选择线型"对话框，再次选中刚加载的"CENTERX2"线型，单击"确定"按钮，即可完成图层线型的设置。

图 2-69 "选择线型"对话框

图 2-70 加载或重载线型对话框

❺ 单击"中心线"图层对应的"线宽"按钮，系统弹出"线宽"对话框，从中选择"0.25 mm"选项，如图 2-71 所示，单击"确定"按钮，即可完成图层线宽的设置。

❻ 采用同样的方法，可以完成"虚线""粗实线""细实线"等图层的属性设置，此时图层的编辑结果如图 2-72 所示。

图 2-71 "线宽"对话框

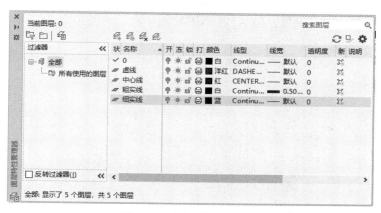

图 2-72 "图层特性管理器"面板

步骤三 保存图形文件

单击"保存"命令按钮 ，弹出"图形另存为"对话框，如图 2-73 所示。在"文件名"文本编辑框中输入要保存文件的名称"图 2-73"，在"保存于"下拉列表中选择要保存文件的路径，在"文件类型"下拉列表中选择文件类型为"AutoCAD 图形样板（*.dwt）"。将这些都设置完成后，单击 保存(S) 按钮，图形文件就会被存放在选择的目录下了。

图 2-73 "图形另存为"对话框

2.7　课后练习

1．图层的创建、编辑与管理有什么作用？

2．如何进行绘图单位的设置？

3．自己设置一幅 A3 图纸的绘图环境，并保存为"A3.dwt"样板文件。

第 3 章　二维绘图命令

📋 **内容与要求**

二维图形是整个 AutoCAD 的绘图基础，是在二维平面空间中绘制的图形，主要是由一些基本的图形对象组成的。本章主要讲述点、直线、圆、圆弧、椭圆、多边形、多线、图案填充等十余个基本绘图命令的用法，读者要熟练地掌握它们的绘制方法和技巧。

通过本章的学习，读者应达到如下目标：

- 掌握 AutoCAD 2022 的基本绘图命令
- 掌握 AutoCAD 2022 的图案填充命令、设置和应用

3.1　点和直线类命令

AutoCAD 2022 在功能区的"默认"选项卡中提供了"绘图"面板，利用"绘图"面板中的工具按钮可以绘制出各种二维基本图形。点和直线是构成图形的最基本的几何元素。

3.1.1　点

在 AutoCAD 2022 中，点对象可以作为辅助和偏移对象的节点和参考点。点可以作为实体，用户可以像创建直线、圆和圆弧一样创建点，也可以对点进行编辑。点对象有单点、多点、定数等分和定距等分 4 种，图 3-1 所示为下拉菜单中的点命令，图 3-2 所示为"绘图"面板中的点命令（框选部分）。

图 3-1　下拉菜单中的点命令

图 3-2　"绘图"面板中的点命令

- 单击菜单栏中的"绘图"→"点"→"单点"命令，可以在绘图窗口中一次指定一个点。

- 单击菜单栏中的"绘图"→"点"→"多点"命令，可以在绘图窗口中一次指定多个点，最后可按〈Esc〉键结束。
- 单击菜单栏中的"绘图"→"点"→"定数等分"命令，可以在指定的对象上绘制等分点或在等分点处插入块。
- 单击菜单栏中的"绘图"→"点"→"定距等分"命令，可以在指定的对象上按指定的长度绘制点或插入块。

在系统默认情况下，点在绘图区中显示为实心小圆点，肉眼几乎不可见，因此在绘制点之前应先给点定义一种比较明显的样式。设置点样式的具体操作步骤如下。

❶ 单击"格式"→"点样式"命令，或者在"默认"选项卡中"实用工具"下拉列表中单击"点样式"按钮，如图3-3所示。

图3-3　单击"点样式"按钮

❷ 弹出如图3-4所示的"点样式"对话框，选择一种点的样式，如选择 ⊕ 样式，单击 确定 按钮，保存并退出。

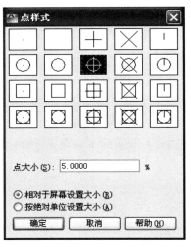

图3-4　"点样式"对话框

【例3-1】：绘制坐标为(300,300)的点。

❶ 单击"绘图"→"点"→"单点"命令，如图3-5所示。

❷ 命令行提示输入点的坐标时，输入(300,300)，结果如图3-6所示。

图 3-5 "单点"命令

图 3-6 创建单点

📖 在输入指定点时,既可以输入坐标,也可以用鼠标光标在屏幕上直接单击指定。

很多机械图形往往都具备一些特定的规律,如齿轮的外齿都是均匀地分布在外圆上,这就要用到 AutoCAD 中的定数等分功能。下面就通过具体的实例来介绍定数等分的操作方法。

【例 3-2】:将一个半径为 60 的圆定数等分为 6 份。

❶ 单击"绘图"面板中的"圆"命令按钮 ⊘,绘制如图 3-7 所示的半径为 60 的圆。

❷ 单击"绘图"面板中的"定数等分"命令按钮 ⚹,命令行提示如下:

命令: _divide

选择要定数等分的对象: //此时,光标变成了一个小矩形,在圆上单击一点,

如图 3-8 所示;

输入线段数目或 [块(B)]: 6   //按回车键。

❸ 结果如图 3-9 所示。

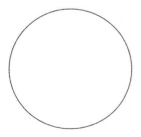

图 3-7 绘制圆

图 3-8 选择定数等分的圆

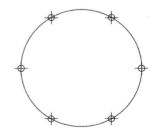

图 3-9 绘制定数等分点

在设计建筑、室内中的楼梯和踏板等时,常常需要绘制一些具有固定间隔长度的图形,这就要用到 AutoCAD 中的定距等分功能。下面就通过具体的实例来介绍定距等分的操作方法。

【例 3-3】：将一条直线以定长 50 等分。

❶ 单击"绘图"面板中的"直线"命令按钮，绘制一条如图 3-10 所示的直线。

❷ 单击"绘图"面板中的"定距等分"命令按钮 ，命令行提示如下：

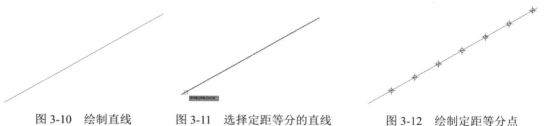

命令：_measure

选择要定距等分的对象：　　　　　//此时，光标变成了一个小矩形，在已有直线上单击
一点，如图 3-11 所示；

指定线段长度或 [块(B)]：50　　　　//按回车键。

❸ 结果如图 3-12 所示。

图 3-10　绘制直线　　　　　图 3-11　选择定距等分的直线　　　　　图 3-12　绘制定距等分点

📖 提示：在选择等分对象时，鼠标光标靠近指定对象的哪一端，等分就从哪一端开始。

3.1.2　直线

直线是各种绘图中最常用、最简单的图形对象之一，只要指定了起点和终点，即可绘制一条直线。在 AutoCAD 2022 中，可以用二维坐标(x,y)或三维坐标(x,y,z)来指定端点，也可以混合使用二维坐标和三维坐标。如果输入二维坐标，AutoCAD 2022 将会用当前的高度作为 Z 轴坐标值，其默认值为 0。

单击"绘图"面板中的"直线"命令按钮 ，或者在命令行中输入"LINE"命令，即可绘制直线。图 3-13 所示为绘制直线时 AutoCAD 2022 的相应提示，由此可以看出，AutoCAD 2022 对于命令的相应提示十分丰富，更方便我们绘图。

图 3-13　绘制直线

【例 3-4】：利用直线命令来绘制如图 3-14 所示的图形（平行四边形）。

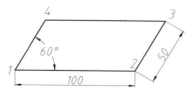

图 3-14　平行四边形

单击"绘图"面板中的"直线"命令按钮，命令行提示如下：

命令：_line
指定第一点：   //确定点 1；
指定下一点或 [放弃(U)]：@100,0   //确定点 2；
指定下一点或 [放弃(U)]：@50<60   //确定点 3；
指定下一点或 [闭合(C)/放弃(U)]：@-100,0   //确定点 4；
指定下一点或 [闭合(C)/放弃(U)]：C   //输入"C"闭合图形，命令会自动结束。

如果要绘制水平或垂直线，可以单击状态栏中的┗┛按钮，使正交状态开启，在确定了直线的起始点后，用光标控制直线的绘制方向，直接输入直线的长度即可。

打开正交工具：在状态栏中┗┛按钮处单击或使用功能键〈F8〉都可以开启正交状态，这时鼠标只能沿水平或竖直方向移动，向右移动光标，确定直线的走向为 X 轴正向，如图 3-15 所示，输入长度值 77 并按回车键。用同样的方法确定其余直线的方向，并输入长度值。

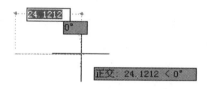

图 3-15   直线延伸方向

【例 3-5】：利用直线命令来绘制如图 3-16 所示的多边形。

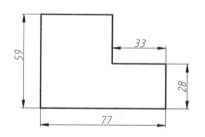

图 3-16   多边形

单击"绘图"面板中的"直线"命令按钮，命令行提示如下：

命令：_line
指定第一点：
指定下一点或 [放弃(U)]：77
指定下一点或 [放弃(U)]：28
指定下一点或 [闭合(C)/放弃(U)]：33
指定下一点或 [闭合(C)/放弃(U)]：31
指定下一点或 [闭合(C)/放弃(U)]：44
指定下一点或 [闭合(C)/放弃(U)]：C

📖 提示：要画的线向哪个方向延伸，就把鼠标向哪个方向拖动，并输入正的长度值即可。

3.1.3　绘制射线

射线为一端固定,另一端无限延伸的直线。单击"绘图"面板中的"射线"命令按钮 ,
或者在命令行中输入"RAY"命令,即可绘制射线。指定射线的起点和通过点即可绘制一条
射线。在 AutoCAD 中,射线主要用于绘制辅助线。

【例 3-6】:绘制一条通过点(0,0)和(100,100)的射线。

单击"绘图"面板中的"射线"命令按钮 ,命令行提示如下:

命令:_ray

指定起点:0,0

指定通过点:100,100

指定通过点:　　　　　　　　　　//按回车键,结果如图 3-17 所示。

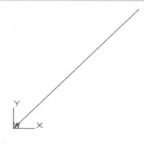

图 3-17　射线

📖　指定射线的起点后,可在"指定通过点:"提示下指定多个通过点,绘制以起点为端点的多条射线,
直到按〈Esc〉键或回车键退出为止。

3.1.4　绘制构造线

构造线为两端可以无限延伸的直线,没有起点和终点,可以放置在三维空间的任何地方,
主要用于绘制辅助线。单击"绘图"面板中的"构造线"命令按钮 ,或者在命令行中输入
"XLINE"命令,即可绘制构造线。

【例 3-7】:利用构造线命令,在半径为 60 的圆的内部绘制一个长是宽的 2 倍的矩形,并且对
角线通过圆心点。

❶　单击"绘图"面板中的"圆"命令按钮 ,绘制一个半径为 60 的圆,如图 3-18 所示。

❷　单击"绘图"面板中的"构造线"命令按钮 ,命令行提示如下:

命令:_xline

指定点或 [水平(H)/垂直(V)/角度(A)/二等分(B)/偏移(O)]:

指定通过点:@2,1　　　　　　　//输入相对圆心的坐标;

指定通过点:　　　　　　　　　//按回车键,退出构造线命令,如图 3-19 所示。

❸　以构造线与圆的交点分别绘制水平直线和垂直直线,结果如图 3-20 所示,得到圆内的
矩形。

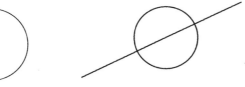

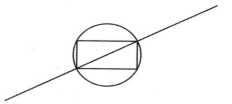

图 3-18　绘制圆　　　　　图 3-19　绘制构造线　　　　　图 3-20　绘制矩形

除了绘制一些基准线、辅助线，构造线还有一个使用频率比较高的功能，就是用来绘制角平分线。在 AutoCAD 中，使用构造线来绘制角平分线是最快速、最方便的方法。下面通过具体的实例详细介绍操作方法。

【例 3-8】：绘制角 *ABC* 的角平分线。

❶ 单击"绘图"面板中的"直线"命令按钮，绘制一个如图 3-21 所示的角 *ABC*。

❷ 单击"绘图"面板中的"构造线"命令按钮，命令行提示如下：

命令：_xline

指定点或 [水平(H)/垂直(V)/角度(A)/二等分(B)/偏移(O)]：B

指定角的顶点：　　　　　//选择点 B；

指定角的起点：　　　　　//选择点 C；

指定角的端点：　　　　　//选择点 A；

指定通过点：　　　　　　//按回车键，退出构造线命令。

❸ 结果如图 3-22 所示。

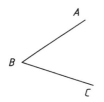

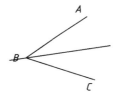

图 3-21　绘制角　　　　　　　　　　图 3-22　绘制角平分线

📖 提示：构造线一般用作辅助绘图，因此，构造线最好在单独的一层，绘图完成后，可将该层关闭或冻结。

3.2　曲线类命令

AutoCAD 2022 中不仅包含直线、射线和构造线等一些直线类的命令，还包含一些多段线和样条曲线等一些曲线类的命令。

3.2.1　多段线

多段线（Polyline）是 AutoCAD 中较为重要的一种图形对象。多段线由首尾相连的、可具有不同宽度的直线段或弧线组成，并作为单一对象被使用。

单击"绘图"面板中的"多段线"命令按钮 ，或者在命令行中输入"PLINE"命令，即可绘制多段线。绘制多段线的命令行提示比较复杂，如下所示：

> 命令：_pline
> 指定起点：
> 当前线宽为 0.0000
> 指定下一个点或 [圆弧(A)/半宽(H)/长度(L)/放弃(U)/宽度(W)]：
> 指定下一点或 [圆弧(A)/闭合(C)/半宽(H)/长度(L)/放弃(U)/宽度(W)]：

现在分别介绍这些选项。

1．圆弧(A)

输入"A"，可以画圆弧方式的多段线。按回车键后重新出现一组命令选项，用于生成圆弧方式的多段线。

指定圆弧的端点或 [角度(A)/圆心(CE)/方向(D)/半宽(H)/直线(L)/半径(R)/第二个点(S)/放弃(U)/宽度(W)]：

在该提示下，可以直接确定圆弧终点，移动十字光标，屏幕上会出现预显线条。选项序列中各项意义如下：

- 角度(A)：用于指定圆弧所对应的圆心角。
- 圆心(CE)：为圆弧指定圆心。
- 方向(D)：用于取消直线与弧相切关系的设置，改变圆弧的起始方向。
- 直线(L)：用于返回绘制直线方式。
- 半径(R)：用于指定圆弧半径。
- 第二个点(S)：用于指定三点画弧。

其他各选项与 PLINE 命令下的同名选项意义相同，下面继续介绍。

2．闭合(C)

该选项自动将多段线闭合，即将选定的最后一点与多段线的起点相连接，并结束命令。

📖 提示：当线宽大于 0 时，若绘制闭合的多段线时，则必须采用 CLOSE 命令。

3．半宽(H)

该选项用于指定多段线的半宽值，AutoCAD 将提示用户输入多段线的起点半宽值与终点半宽值。在绘制多段线的过程中，宽线线段的起点和端点位于宽线的中心。

4．长度(L)

该选项用于定义下一段多段线的长度，AutoCAD 将按照上一段多段线的方向绘制这一段多段线。若上一段是圆弧，将绘制出与圆弧相切的线段。

5．放弃(U)

该选项用于取消刚刚绘制的那一段多段线。

6．宽度(W)

该选项用于设定多段线的宽度值。选择该选项后，将出现如下提示：

指定起点宽度 <0.0000>：5　　　　　　　　　//起点宽度；

指定端点宽度 <5.0000>：0　　　　　　　　　//终点宽度。

📖 提示：起点宽度值均以上一次输入值为默认值，而终点宽度值以起点宽度值为默认值。

用户可以通过不同参数的设定绘制出丰富的多段线形式，如图 3-23 所示。

图 3-23　丰富的多段线形式

【例 3-9】：使用多段线命令绘制如图 3-24 所示的图形。

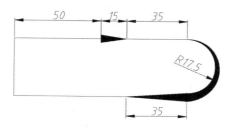

图 3-24　绘制多段线

在"绘图"面板中单击"多段线"命令按钮 ⟲ ，命令行提示如下：

命令：_pline

指定起点：　　　　　　　　　　　　　　　　//指定起点；

当前线宽为 0.0000

指定下一个点或 [圆弧(A)/半宽(H)/长度(L)/放弃(U)/宽度(W)]：@50,0

　　　　　　　　　　　　　　　　　　　　　//指定第二点坐标值；

指定下一点或 [圆弧(A)/闭合(C)/半宽(H)/长度(L)/放弃(U)/宽度(W)]：W

　　　　　　　　　　　　　　　　　　　　　//选择宽度；

指定起点宽度<0.0000>：5　　　　　　　　　//起点宽度为 5；

指定端点宽度 <5.0000>：0　　　　　　　　　//端点宽度为 0；

指定下一点或 [圆弧(A)/闭合(C)/半宽(H)/长度(L)/放弃(U)/宽度(W)]：@15,0

　　　　　　　　　　　　　　　　　　　　　//下一点坐标；

指定下一点或 [圆弧(A)/闭合(C)/半宽(H)/长度(L)/放弃(U)/宽度(W)]：@35,0

　　　　　　　　　　　　　　　　　　　　　//下一点坐标；

指定下一点或 [圆弧(A)/闭合(C)/半宽(H)/长度(L)/放弃(U)/宽度(W)]：A

　　　　　　　　　　　　　　　　　　　　　//选择圆弧；

指定圆弧的端点或 [角度(A)/圆心(CE)/闭合(CL)/方向(D)/半宽(H)/直线(L)/半径(R)/第二个点(S)/放弃(U)/宽度(W)]: W   //选择宽度;

指定起点宽度 <0.0000>:   //起点宽度为0;

指定端点宽度 <0.0000>: 5   //端点宽度为5;

指定圆弧的端点或 [角度(A)/圆心(CE)/闭合(CL)/方向(D)/半宽(H)/直线(L)/半径(R)/第二个点(S)/放弃(U)/宽度(W)]: @0,-35   //圆弧端点坐标;

指定圆弧的端点或 [角度(A)/圆心(CE)/闭合(CL)/方向(D)/半宽(H)/直线(L)/半径(R)/第二个点(S)/放弃(U)/宽度(W)]: L   //选择直线;

指定下一点或 [圆弧(A)/闭合(C)/半宽(H)/长度(L)/放弃(U)/宽度(W)]: W

指定起点宽度 <5.0000>:   //起点宽度为5;

指定端点宽度 <5.0000>: 0   //端点宽度为0;

指定下一点或 [圆弧(A)/闭合(C)/半宽(H)/长度(L)/放弃(U)/宽度(W)]: @-35,0   //端点坐标;

指定下一点或 [圆弧(A)/闭合(C)/半宽(H)/长度(L)/放弃(U)/宽度(W)]: @-65,0   //端点坐标;

指定下一点或 [圆弧(A)/闭合(C)/半宽(H)/长度(L)/放弃(U)/宽度(W)]: C   //选择闭合。

3.2.2 样条曲线

样条曲线是由一组点定义的光滑曲线，是一种拟合曲线。在 AutoCAD 的二维绘图中，样条曲线的类型是非均匀有理 B 样条曲线（NURBS）。绘制样条曲线必须给定 3 个以上的点，想要画出的样条曲线具有更多的波浪，就要给定更多的点。这种类型的曲线一般用来表达具有不规则变化曲率半径的曲线，如机械图形的断面、地形外貌轮廓线、零件图或装配图中的局部剖视图的边界等。

AutoCAD 2022 中提供了两种样条曲线的绘制方式，即拟合点方式和控制点方式，绘制出的曲线分别如图 3-25 和图 3-26 所示。

1. 拟合点方式

通过指定样条曲线必须经过的拟合点来创建 3 阶（三次）B 样条曲线。在公差值大于 0（零）时，样条曲线必须在各个点的指定公差距离内。

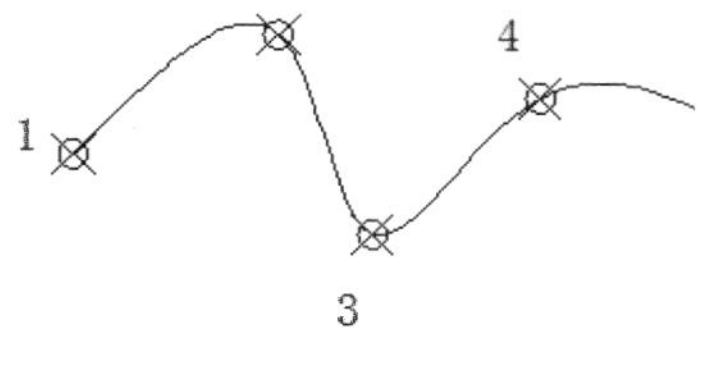

单击"绘图"面板中的"样条曲线拟合点"命令按钮 ，或者单击菜单栏中的"绘图"→"样条曲线"→"拟合点"命令，可以绘制如图 3-25 所示的拟合点样条曲线。命令行提示如下：

图 3-25   拟合点方式的样条曲线

命令：_SPLINE
当前设置：方式=拟合　　节点=弦
指定第一个点或 [方式(M)/节点(K)/对象(O)]：_M
输入样条曲线创建方式 [拟合(F)/控制点(CV)] <拟合>：_FIT
当前设置：方式=拟合　　节点=弦
指定第一个点或 [方式(M)/节点(K)/对象(O)]：　　　　　//指定点 1；
输入下一个点或 [起点切向(T)/公差(L)]：　　　　　//指定点 2；
输入下一个点或 [端点相切(T)/公差(L)/放弃(U)]：　　　　//指定点 3；
输入下一个点或 [端点相切(T)/公差(L)/放弃(U)/闭合(C)]：　　//指定点 4；
输入下一个点或 [端点相切(T)/公差(L)/放弃(U)/闭合(C)]：　　//指定点 5。

执行样条曲线命令后，各选项功能说明如下。

- 节点：用于指定节点参数，它是一种计算方法，用来确定样条曲线中连续拟合点之间的零部件曲线如何过渡。
- 起点切向：用于指定样条曲线起点的切线方向。
- 端点相切：用于指定样条曲线端点的切线方向。
- 公差：用于设置样条曲线的拟合公差值。输入的值越大，绘制的曲线偏离指定点的距离越大。
- 闭合：用于绘制封闭的样条曲线。

2．控制点方式

通过指定控制点创建样条曲线。使用此方法创建 1 阶（线性）、2 阶（二次）、3 阶（三次）直到最高为 10 阶的样条曲线。通过移动控制点调整样条曲线的形状通常可以提供比移动拟合点更好的效果。

单击"绘图"面板中的"样条曲线控制点"命令按钮 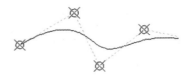，或者单击菜单栏中的"绘图"→"样条曲线"→"控制点"命令，可以绘制如图 3-26 所示的控制点样条曲线。

图 3-26　控制点方式的样条曲线

3．编辑样条曲线

选择绘制好的样条曲线，上面会出现控制句柄，移动鼠标光标到上面，会出现编辑选项，可以选择不同的选项对曲线进行编辑，如图 3-27 所示。

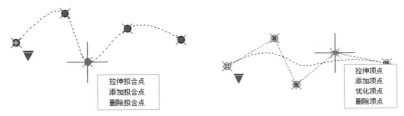

图 3-27　样条曲线编辑选项

【例 3-10】：使用样条曲线命令绘制如图 3-28 所示的局部剖切面的投影线。

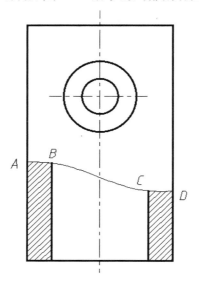

图 3-28　使用样条曲线命令绘制剖切面的投影线

单击"绘图"面板中的"样条曲线拟合点"命令按钮，命令行提示如下：

命令：_SPLINE
当前设置：方式=拟合　　节点=弦
指定第一个点或 [方式(M)/节点(K)/对象(O)]:　　　　　　//指定点 A；
输入下一个点或 [起点切向(T)/公差(L)]:　　　　　　　　//指定点 B；
输入下一个点或 [端点相切(T)/公差(L)/放弃(U)]:　　　　//指定点 C；
输入下一个点或 [端点相切(T)/公差(L)/放弃(U)/闭合(C)]:　//指定点 D；
输入下一个点或 [端点相切(T)/公差(L)/放弃(U)/闭合(C)]:　//按回车键，退出"样条曲线"
命令，结果如图 3-28 所示。

3.3　圆弧类命令

在 AutoCAD 2022 中，圆、圆弧、圆环、椭圆、椭圆弧都属于圆弧类的命令，其绘制方法比直线类对象较复杂，也是使用较频繁的图形对象。

3.3.1　圆

单击"绘图"面板中的"圆"命令按钮，或者在命令行中输入"CIRCLE"命令，即可绘制圆。在 AutoCAD 2022 中，可以使用 6 种方式绘制圆，如图 3-29 所示，以适应各种不同的绘图需要。

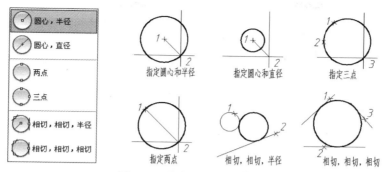

图 3-29　绘制圆的 6 种方式

具体含义如下。

- 圆心，半径：用圆心和半径绘制圆，这是系统默认的绘制圆的方式。
- 圆心，直径：用圆心和直径绘制圆。
- 两点：通过两点绘制圆，系统会提示指定圆直径的第一端点和第二端点。
- 三点：通过三点绘制圆，系统会提示指定第一点、第二点和第三点。
- 相切，相切，半径：通过指定两个其他对象的切点和半径值来绘制圆。系统会提示指定圆的第一切线和第二切线上的点及圆的半径。
- 相切，相切，相切：通过三条切线绘制圆。

在执行圆命令之前，应先判断所要绘制的圆与其他对象的关系，确定圆的已知参数，从而正确地将图形绘制出来，减少出错和修改的次数。

【例 3-11】：绘制如图 3-30 所示的图形。

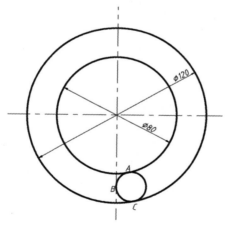

图 3-30　"三点"方式画圆

❶ 将当前图层切换为"中心线"图层，单击"绘图"面板中的"直线"命令按钮，绘制如图 3-31 所示的两条中心线。

❷ 将当前图层切换为"粗实线"图层，单击"绘图"面板中的"圆"命令按钮，绘制两个半径分别为 60 和 40 的同心圆，圆心为图 3-31 两条中心线的交点，如图 3-32 所示。

❸ 单击"绘图"面板中的"圆"→"相切，相切，相切"命令按钮，分别选择点 A、B、C 作为切点绘制小圆，如图 3-33 所示。

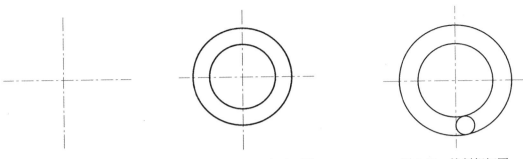

图 3-31　绘制中心线　　　　图 3-32　绘制两个同心圆　　　　图 3-33　绘制相切圆

此外，还可以通过菜单栏中的"绘图"→"圆"子菜单来绘制圆。在确定圆周上的点时，除了可以用坐标定位，还可以用鼠标左键拾取点，若将这种方法与后面讲到的捕捉命令结合使用，绘制圆会很方便。

【例 3-12】：绘制与两条直线都相切，且半径为 30 的圆

❶ 单击"绘图"面板中的"直线"命令按钮 ，绘制如图 3-34 所示的两条直线。

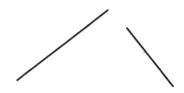

图 3-34　绘制直线

❷ 单击"绘图"面板中的"圆"→"相切，相切，半径"命令按钮 ，命令行提示如下：

> 命令：_circle
> 指定圆的圆心或 [三点(3P)/两点(2P)/切点、切点、半径(T)]：_ttr
> 指定对象与圆的第一个切点：//移动鼠标光标到左边直线上，出现拾取切点符号 时，单击；
> 指定对象与圆的第二个切点：//移动鼠标光标到右边直线上，出现拾取切点符号 时，单击；
> 指定圆的半径 <14.9522>：30 //输入半径值"30"。

❸ 结果如图 3-35 所示。

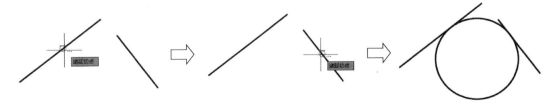

图 3-35　"相切，相切，半径"方式画圆

此外，还可以通过菜单栏中的"绘图"→"圆"→"相切、相切、半径"命令来绘制圆。

📖 如果输入圆的半径过小或过大，系统无法绘制出圆，命令行会给出提示"圆不存在"，并退出绘制命令。

3.3.2 圆弧

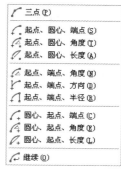

图 3-36 圆弧的绘制方式

在绘图过程中，如果需要绘制一些不规则的图形，很多人都会使用样条曲线命令来绘制。然而，使用样条曲线命令绘图，不仅很难控制，还得不到光滑的曲线效果。其实，正确的方法应该是使用圆弧命令进行绘制。

单击"绘图"面板中的"圆弧"命令按钮 ，或者在命令行中输入"ARC"命令，即可绘制圆弧。AutoCAD 2022 中提供了 11 种绘制圆弧的方式，如图 3-36 所示。

具体含义如下。

- 三点：通过指定三点来绘制圆弧。需要指定圆弧的起点、通过的第二点和端点。
- 起点、圆心、端点：通过指定圆弧的起点、圆心和端点来绘制圆弧。
- 起点、圆心、角度：通过指定圆弧的起点、圆心和圆心角来绘制圆弧。
- 起点、圆心、长度：通过指定圆弧的起点、圆心和弦长来绘制圆弧。
- 起点、端点、角度：通过指定圆弧的起点、端点和圆心角来绘制圆弧。
- 起点、端点、方向：通过指定圆弧的起点、端点和圆弧的起点切向来绘制圆弧。
- 起点、端点、半径：通过指定圆弧的起点、端点和圆弧半径来绘制圆弧。
- 圆心、起点、端点：通过指定圆弧的圆心、起点和端点来绘制圆弧。
- 圆心、起点、角度：通过指定圆弧的圆心、起点和圆心角来绘制圆弧。
- 圆心、起点、长度：通过指定圆弧的圆心、起点和弦长来绘制圆弧。
- 继续：在绘制其他直线或非封闭曲线后，若采用"继续"方式绘制圆弧，系统将自动以刚才绘制的对象终点作为即将绘制的圆弧起点。

📖 提示：在输入圆弧角度时，AutoCAD 都是以逆时针方向为角度的正方向进行绘制的。

虽然 AutoCAD 2022 中提供了很多绘制圆弧的方式，但是经常用到的仅其中的几种而已，在后面的章节中，读者将学到用倒圆角和修剪命令来间接生成圆弧。

【例 3-13】：绘制如图 3-37 所示的月亮。

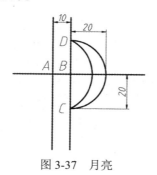

图 3-37 月亮

❶ 单击"绘图"面板中的"直线"命令按钮 ，绘制如图 3-38 所示的三条直线，两条垂直直线的间距为 10。

❷ 单击"绘图"面板中的"圆弧"命令按钮，命令行提示如下：

```
命令：_arc
指定圆弧的起点或 [圆心(C)]: C        //输入"C"，切换到"圆心(C)"选项；
指定圆弧的圆心：                      //选择点 B 作为圆心。
```

❸ 沿着垂直方向向下移动光标，如图 3-39 所示，此时在动态输入框中输入起点距离"20"。

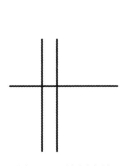

图 3-38　绘制直线

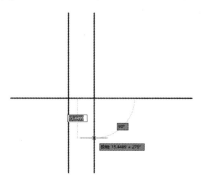

图 3-39　指定圆弧的起点

❹ 向右移动光标，如图 3-40 所示，在动态输入框中输入圆弧端点所在的角度方向"90"，如图 3-41 所示。

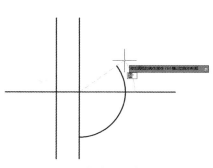

图 3-40　指定圆弧的端点

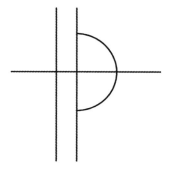

图 3-41　绘制第一段圆弧

❺ 单击"绘图"面板中的"圆弧"→"圆心，起点，端点"命令按钮 ，命令行提示如下：

```
命令：_arc
指定圆弧的起点或 [圆心(C)]:               //选择点 C 作为圆弧的起点；
指定圆弧的圆心：                          //选择点 A 作为圆心；
指定圆弧的端点（按住 Ctrl 键以切换方向）或 [角度(A)/弦长(L)]:
                                        //选择点 D 作为端点，结果如图 3-42 所示。
```

❻ 将图中多余的直线删除，最终效果如图 3-43 所示。

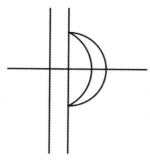

图 3-42　绘制第二段圆弧

图 3-43　最终效果

3.3.3　圆环

圆环是由同一个圆心，不同直径的两个圆组成的。控制圆环的参数是圆心内直径和外直径。在默认情况下，所绘制的圆环为填充的实心图形。另外，当内、外直径相同时，绘制的圆环为简单的圆轮廓线；当内直径为零时，所绘制的圆环就为圆区域全部被填充的圆饼。因此，使用圆环命令可以快速大量创建实心或空心的圆。

单击"绘图"面板中的"圆环"命令按钮◎，或者单击菜单栏中的"绘图"→"圆环"命令，即可绘制圆环。

【例 3-14】：绘制一个内径为 20，外径为 30 的圆环。

单击"圆环"命令按钮◎，命令行提示如下：

命令：_donut

指定圆环的内径 <0.5000>：20

指定圆环的外径 <1.0000>：30

指定圆环的中心点或 <退出>：　　//在绘图区指定圆环的中心点。

结果如图 3-44 所示。

图 3-44　绘制圆环

3.3.4　椭圆与椭圆弧

椭圆是到两定点（焦点）的距离之和为定值的所有点的集合。与圆相比，椭圆的半径长度不一致，形状由定义其长度和宽度的两条轴决定，较长的轴被称为长轴，较短的被称为短轴。

单击"绘图"面板中的"椭圆"命令按钮◎▼，或者在命令行中输入"ELLIPSE"命令，即可绘制椭圆或椭圆弧。图 3-45 所示为"绘图"面板中和菜单栏中的椭圆命令。

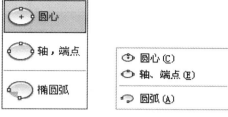

图 3-45　椭圆命令

- "圆心"命令：通过指定椭圆中心、一个轴的端点（主轴）及另一个轴的半轴长度来绘制椭圆。

- "轴，端点"命令：通过指定一个轴的两个端点（主轴）和另一个轴的半轴长度来绘制椭圆。

- "椭圆弧"命令：用于绘制椭圆弧，如图 3-46 所示。

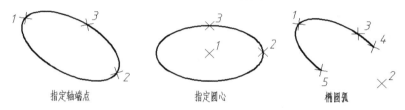

图 3-46　绘制椭圆的几种方式

【例 3-15】：绘制一个长轴长为 80，短轴长为 60 的椭圆。

单击"绘图"面板中的"椭圆"命令按钮，命令行提示如下：

命令：_ellipse
指定椭圆的轴端点或 [圆弧(A)/中心点(C)]：　　　//在绘图区单击一点作为椭圆轴端点；
指定轴的另一个端点：80　　　　　　　　　　　　//输入长轴长度；
指定另一条半轴长度或 [旋转(R)]：30　　　　　　//输入短半轴的长度。

结果如图 3-47 所示。

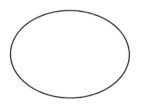

图 3-47　绘制椭圆

椭圆弧是椭圆的一部分。在绘制椭圆弧时，一般需要确定的参数是椭圆弧所在椭圆的两条轴及椭圆弧的起点和端点角度，从而在椭圆中截取一段弧线。因此，在绘制椭圆弧时，需要注意椭圆的整体位置。

【例 3-16】：绘制一个长轴长为 50，短轴长为 20，起点角度为 30°，端点角度为 270°的椭圆弧。

单击"绘图"面板中的"椭圆"命令按钮，命令行提示如下：

命令：_ellipse
指定椭圆的轴端点或 [圆弧(A)/中心点(C)]：A   //绘制椭圆弧；
指定椭圆弧的轴端点或 [中心点(C)]：

                                              //在绘图区单击一点作为椭圆轴端点；
指定轴的另一个端点：50   //输入长轴长度；
指定另一条半轴长度或 [旋转(R)]：10   //输入短半轴的长度；
指定起点角度或 [参数(P)]：30   //输入圆弧起始角度；
指定端点角度或 [参数(P)/夹角(I)]：270   //输入圆弧端点角度。

结果如图 3-48 所示。

图 3-48　绘制椭圆弧

📖 提示：椭圆弧的角度以 X 轴负方向为零度角方向，逆时针为正，如图 3-49 所示。

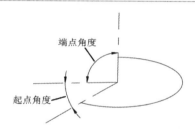

图 3-49　起点角度和端点角度

在很多图形中，圆、圆弧、椭圆等命令都是密不可分的，下面通过一个具体的实例讲解详细的操作方法。

【例 3-17】：绘制如图 3-50 所示的图形。

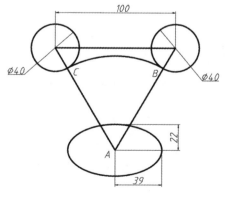

图 3-50　绘制圆弧实例

分别调用圆、圆弧、椭圆命令可以绘制该图形，具体操作步骤如下。

❶ 单击"绘图"面板中的"正多边形"命令按钮 ，绘制一个边长为 100 的等边三角形（正多边形绘制的命令、方法将在 3.4 节中介绍），如图 3-51 所示。

❷ 单击"绘图"面板中的"圆"命令按钮 ，在等边三角形的两个角点绘制两个半径均为 20 的圆，如图 3-52 所示。

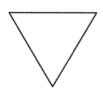

图 3-51　绘制等边三角形

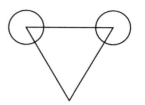

图 3-52　绘制圆

❸ 单击"绘图"面板中的"圆弧"→"圆心，起点，端点"命令按钮 ，选择点 A 作为圆弧的圆心点，点 B 作为圆弧的起点，点 C 作为圆弧的端点，绘制一条圆弧，如图 3-53 所示。

❹ 单击"绘图"面板中的"椭圆"命令按钮 ，选择点 A 作为椭圆的中心点，长半轴长度为 39，短半轴长度为 22，绘制椭圆，如图 3-54 所示。

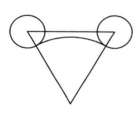

图 3-53　绘制圆弧

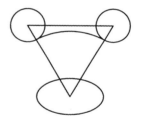

图 3-54　绘制椭圆

3.3.5　螺旋线

通过指定底面半径与顶面半径，可以创建螺旋线。此外，通过在命令行中设置参数，还可以定义螺旋线的圈数、旋转方向等。切换至三维视图，还可以观察螺旋线的三维效果。

在如图 3-55 所示的"绘图"面板中，单击"螺旋线"命令按钮 ，或者在命令行中输入"HELIX"命令，即可绘制螺旋线。

图 3-55　"螺旋线"命令按钮

【例 3-18】：绘制一个底面半径为 10，顶面半径为 2，圈数为 3 的螺旋线。

单击"绘图"面板中的"螺旋线"命令按钮 ，命令行提示如下：

> 命令：_Helix
>
> 圈数 = 5.0000   扭曲=CCW
>
> 指定底面的中心点：   //使用鼠标左键选择中心点；
>
> 指定底面半径或 [直径(D)] <10.0000>：10   //输入底面半径；
>
> 指定顶面半径或 [直径(D)] <10.0000>：2   //输入顶面半径；
>
> 指定螺旋高度或 [轴端点(A)/圈数(T)/圈高(H)/扭曲(W)] <5.0000>：T
>
>   //切换到"圈数(T)"选项；
>
> 输入圈数 <5.0000>：3   //指定圈数；
>
> 指定螺旋高度或 [轴端点(A)/圈数(T)/圈高(H)/扭曲(W)] <5.0000>：
>
>   //按回车键，退出螺旋线命令。

结果如图 3-56 所示。

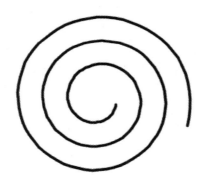

图 3-56   绘制螺旋线

3.4 多边形命令

多边形是由若干条线段（至少 3 条线段）首尾相连构成的封闭图形，这些多边形可以是规则的，也可以是非规则的。AutoCAD 2022 中提供了专门用来创建矩形和其他规则多边形的命令工具，这些规则多边形可以是等边三角形、正方形、正五边形、正六边形等，可以绘制边数为 3 至 1024 的正多边形。

3.4.1 矩形

单击"绘图"面板中的"矩形"命令按钮 ，或者在命令行中输入"RECTANG"命令，即可绘制倒角矩形、圆角矩形、有厚度的矩形等多种矩形，如图 3-57 所示。

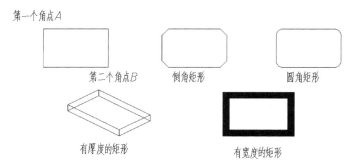

图 3-57　多种矩形

📖 提示：AutoCAD 软件具有记忆功能，即自动保存最近一次命令使用时的设置，故在绘制矩形时，要注意矩形的当前模式，如有需要可对其参数进行重新设置。

【例 3-19】：绘制一个长 50，宽 30，4 个倒角半径均为 8 的圆角的矩形。

单击"矩形"命令按钮□，命令行提示如下：

命令：_rectang
指定第一个角点或 [倒角(C)/标高(E)/圆角(F)/厚度(T)/宽度(W)]：F
　　　　　　　　　　　　　　　//切换到矩形的圆角命令；
指定矩形的圆角半径 <0.0000>：8　　　//指定圆角半径大小；
指定第一个角点或 [倒角(C)/标高(E)/圆角(F)/厚度(T)/宽度(W)]：
　　　　　　　　　　　　　　　//在绘图区指定一点作为第一角点；
指定另一个角点或 [面积(A)/尺寸(D)/旋转(R)]：D
　　　　　　　　　　　　　　　//切换到矩形的尺寸命令；
指定矩形的长度 <10.0000>：50　　　//指定矩形的长度；
指定矩形的宽度 <10.0000>：30　　　//指定矩形的宽度；
指定另一个角点或 [面积(A)/尺寸(D)/旋转(R)]：
　　　　　　　　　　　　　　　//在绘图区移动鼠标光标确定矩形的另一角点。

结果如图 3-58 所示。

图 3-58　绘制矩形

📖 提示：在绘制矩形时，也可以采用坐标的方式快速绘制矩形，命令行提示如下。
　　　指定另一个角点或 [面积(A)/尺寸(D)/旋转(R)]：@50,-30

3.4.2 绘制正多边形

正多边形是各边长和各内角都相等的多边形。使用正多边形命令直接绘制正多边形可以提高绘图效率，且易保证图形的准确性。单击"绘图"面板中的"正多边形"命令按钮⬠，或者在命令行中输入"POLYGEN"命令。图 3-59 所示为绘制正多边形的大体步骤。

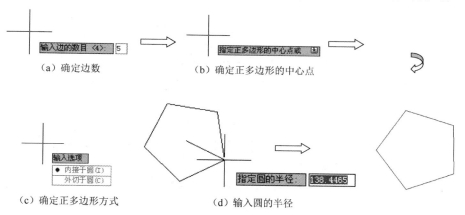

（a）确定边数　　　　　　　　　（b）确定正多边形的中心点

（c）确定正多边形方式　　　　　　（d）输入圆的半径

图 3-59　绘制正多边形的大体步骤

【例 3-20】：绘制如图 3-60 所示的图形。

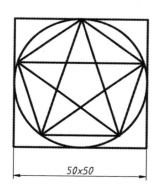

图 3-60　绘制平面图形

❶ 单击"绘图"面板中的"矩形"命令按钮▭，命令行提示如下：

命令：_rectang
指定第一个角点或 [倒角(C)/标高(E)/圆角(F)/厚度(T)/宽度(W)]：
指定另一个角点或 [面积(A)/尺寸(D)/旋转(R)]：@50,50
　　　　　　　　　　　　　　//用相对直角坐标方式给定另一点。

如图 3-61 所示。

❷ 单击"绘图"面板中的"圆"→"相切，相切，相切"命令按钮◯相切, 相切, 相切，分别选择正方形的 3 条边上的点作为相切点，绘制相切圆，如图 3-62 所示。

图 3-61 绘制正方形

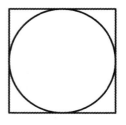

图 3-62 绘制相切圆

❸ 单击"绘图"面板中的"正多边形"命令按钮⬠，命令行提示如下：

命令：_polygon
输入侧面数 <3>：5
指定正多边形的中心点或 [边(E)]：
　　　　　　　　　　　//捕捉圆心点作为正多边形的中心点；
输入选项 [内接于圆(I)/外切于圆(C)] <I>：I
　　　　　　　　　　　//选择"内接于圆(I)"方式绘制正多边形；
指定圆的半径：　　　　//捕捉圆上的一点确定半径长度。

结果如图 3-63 所示。

❹ 单击"绘图"面板中的"直线"命令按钮╱，分别捕捉正五边形的各个角点并连接成五角星的形状，结果如图 3-64 所示。

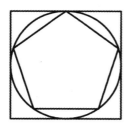

图 3-63 绘制正五边形

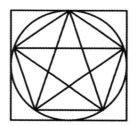

图 3-64 绘制五角星

3.5 多线

多线是由多条平行且连续的直线段复合组成的一种复合线，又称多行，它是由 1～16 条平行线组成的。多线在实际工程设计中的应用非常广泛，如建筑、室内平面图中常用它来绘制墙体。多线显著的优点是提高了绘图效率，保证了图线之间的一致性。

3.5.1 设置多线样式

多线的平行线被称为元素，多线的特性包括：元素的总数和每个元素的位置，每个元素与多线中间的偏移距离，每个元素的颜色和线型，每个顶点出现的被称为 JOINTS 的直线的可见性，使用的端点封口类型，多线的背景填充颜色。

由于绘制多线后，多线的属性无法更改，所以在绘制多线前需先设置多线的样式。新建一个多线样式的方法如下。

❶ 单击菜单栏中的"格式"→"多线样式"命令，弹出如图 3-65 所示的"多线样式"对话框。

图 3-65 "多线样式"对话框

❷ 初始默认的当前多线样式为 STANDARD，如果要修改当前多线样式，可以单击"修改"按钮，弹出如图 3-66 所示的"修改多线样式：STANDARD"对话框。在该对话框中，可以分别设置多线的封口、填充颜色、多线元素的特性（如偏移、颜色、线型），以及说明信息等。

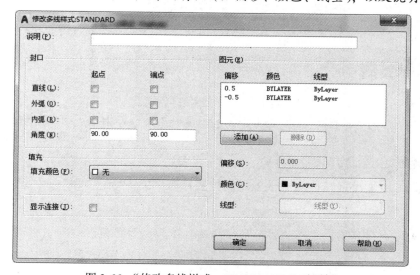

图 3-66 "修改多线样式：STANDARD"对话框

❸ 在图 3-65 的"多线样式"对话框中，单击"新建"按钮，弹出如图 3-67 所示的"创建新的多线样式"对话框，在"新样式名"文本框中输入新的多线样式名称"三线"，单击"继续"按钮，弹出如图 3-68 所示的"新建多线样式：三线"对话框。

图 3-67 "创建新的多线样式"对话框

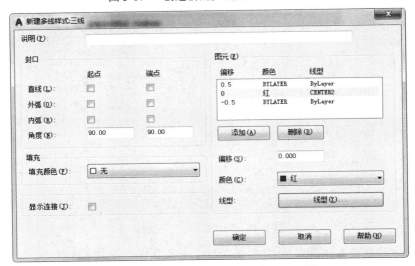

图 3-68 "新建多线样式：三线"对话框

❹ 设置好新多线样式后，单击"确定"按钮，并将新建立的"三线"样式置为当前，关闭"多线样式"对话框。

3.5.2 绘制多线

设置多线样式后，就可以使用当前多线样式绘制多线。

单击菜单栏中的"绘图"→"多线"命令，或者在命令行中输入"MLINE"命令，命令行提示如下：

指定起点或 [对正(J)/比例(S)/样式(ST)]：

- 对正(J)：用于设置光标相对于多线的位置，有"上""无""下"3 种选择，如图 3-69所示。

图 3-69 对正样式

- 比例(S)：用于控制多线的全局宽度。该比例不影响线型比例。这个比例基于在多线样式定义中建立的宽度。当比例因子为 2 时绘制多线，其宽度是样式定义的宽度的两倍。负比例因子将翻转偏移线的次序，即当从左至右绘制多线时，偏移最小的多线绘制在顶部。负比例因子的绝对值会影响比例。当比例因子为 0 时，将使多线变为单一的直线。
- 样式(ST)：用于指定多线的样式。指定已加载的样式名或创建的多线库(MLN)文件中已定义的样式名。

【例 3-16】：使用多线命令绘制如图 3-70 所示的图形。

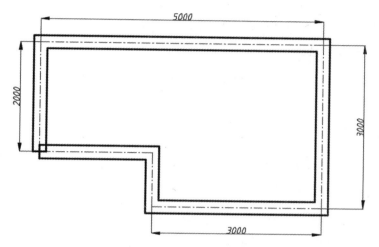

图 3-70　多线图形

❶ 将当前图层切换为"中心线"图层，单击"绘图"面板中的"直线"命令按钮 ⁄，绘制如图 3-71 所示的图形。

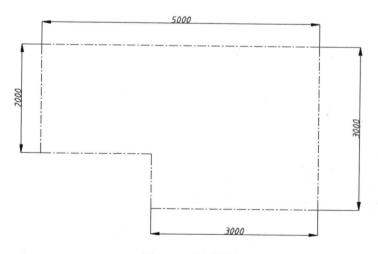

图 3-71　绘制图形

❷ 单击菜单栏中的"格式"→"多线样式"命令，弹出如图 3-72 所示的"多线样式"对话框。

图 3-72 "多线样式"对话框

❸ 在"多线样式"对话框中，单击"新建"按钮，弹出如图 3-73 所示的"创建新的多线样式"对话框，在"新样式名"文本框中输入新的多线样式名称"墙体"，单击"继续"按钮，弹出如图 3-74 所示的"新建多线样式：墙体"对话框，设置参数如图 3-74 所示，单击"确定"按钮。

图 3-73 "创建新的多线样式"对话框

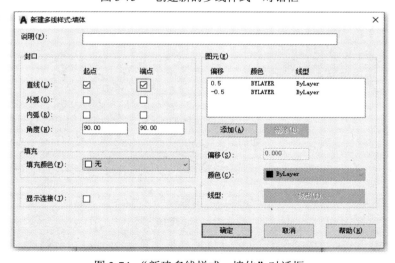

图 3-74 "新建多线样式：墙体"对话框

❹ 在图 3-75 的"多线样式"对话框中，单击"置为当前"按钮，将"墙体"样式置为当前多线样式，单击"确定"按钮。

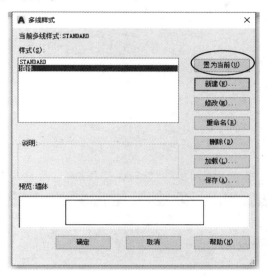

图 3-75 "多线样式"对话框

❺ 将当前图层切换为"粗实线"图层，单击"绘图"下拉菜单中的"多线"命令，根据命令行提示，依次设置对正类型为"无"，设置比例为"240"（墙体的厚度一般为 240），依次连接点 1、2、3、4、5、6、1，如图 3-76 所示。

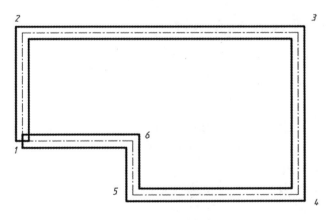

图 3-76 绘制多线

3.5.3 编辑多线

该命令用于编辑多线交点、打断点和顶点。

双击一条已绘制的多线，或者单击如图 3-77 所示的"修改"→"对象"→"多线"命令，可弹出如图 3-78 所示的"多线编辑工具"对话框。

图 3-77 "修改"下拉菜单

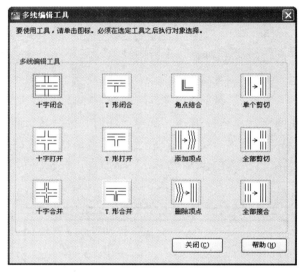

图 3-78 "多线编辑工具"对话框

使用"多线"命令绘制如图 3-79（a）所示的图形，在图 3-78 中进行如下操作。

先单击"十字闭合"图标，然后依次选择水平多线和垂直多线，结果如图 3-79（b）所示。

先单击"十字打开"图标，然后依次选择水平多线和垂直多线，结果如图 3-79（c）所示。

先单击"T 形闭合"图标，然后依次选择水平多线和垂直多线，结果如图 3-79（d）所示。

其他选项用户可自行尝试，这里不再赘述。

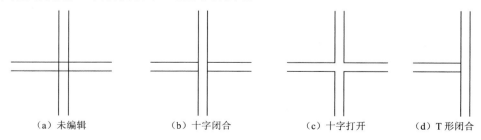

（a）未编辑　　　　　　　（b）十字闭合　　　　　　　（c）十字打开　　　　　　　（d）T 形闭合

图 3-79 多线编辑示例

【例 3-17】：使用多线编辑命令将【例 3-16】中的多线修改为如图 3-80 所示的图形。

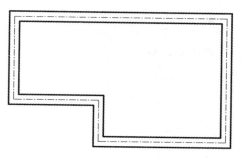

图 3-80　多线编辑图形

❶ 打开【例 3-16】中所绘制的图形。

❷ 单击菜单栏中的"修改"→"对象"→"多线"命令，弹出如图 3-81 所示的"多线编辑工具"对话框，在该对话框中单击"角点结合"图标。

图 3-81　"多线编辑工具"对话框

❸ 根据命令行提示，分别选择第一条多线为图 3-82 中的"线 1"，第二条多线为"线 2"，结果如图 3-80 所示。

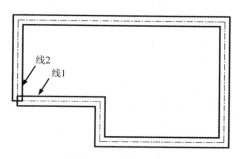

图 3-82　选择多线

3.6 图案填充

在 AutoCAD 中，图案填充是一种使用指定线条图案来填充指定区域的图形对象，常常用于表达剖切面和不同类型物体对象的外观纹理。图案填充的应用非常广泛，例如，在机械或建筑工程图中，可用图案填充表达一个剖切的区域，也可使用不同的图案填充来表达不同的零部件或材料。

3.6.1 设置图案填充

单击"绘图"→"图案填充"（BHATCH）命令，或者在"绘图"面板中单击"图案填充"按钮，功能区将显示"图案填充创建"选项卡，如图 3-83 所示。

图 3-83 "图案填充创建"选项卡

选择一个封闭的图形区域或在封闭图形内拾取点，并设置填充的图案、比例、角度、填充原点等，即可对其进行图案填充。在"图案填充创建"选项卡内单击 **选项 ▼** 后面的按钮 ⬎（或在命令行输入字母"T"并按回车键），系统弹出如图 3-84 所示的"图案填充和渐变色"对话框。

图 3-84 "图案填充和渐变色"对话框

1. 类型和图案

在"类型和图案"选项组中，可以设置图案填充的类型和图案。

例如，在机械图样中，一般选择 预定义 里的 ANSI31 图案作为金属材料剖面图的填充图案。需要其他图案时，用户可根据需要在"预定义""用户定义""自定义"3 个选项中设定。

2. 角度和比例

在"角度和比例"选项组中，可以设置用户定义类型的图案填充的角度和比例等参数。在机械图样中，对于不同方向和间隔的剖面线，可以在此设定。

> 📖 注意：同一个零件的剖面线或断面应使用相同的剖面线，而同材质相邻部件的剖面线应该用角度不同或比例不同的剖面线显示。

3. 图案填充原点

在"图案填充原点"选项组中，可以控制填充图案生成的起始位置。某些图案填充（如砖块图案）需要与图案填充边界上的一点对齐。在默认情况下，所有图案填充原点都对应于当前的 UCS 原点。使用该选项组里的工具，可以调整填充图案原点的位置，如图 3-85 所示。

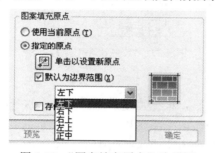

图 3-85 "图案填充原点"选项组

4. 边界

在"边界"选项组中，包括"添加:拾取点""添加:选择对象"等按钮，其功能如下。

- "添加:拾取点"按钮：以拾取点的形式指定填充区域的边界。单击该按钮将切换到"绘图"窗口，可以在需要填充的区域内任意指定一点，系统会自动计算出包围该点的封闭填充边界，同时亮显该边界。如果在拾取点后不能形成封闭的填充边界，则系统会显示错误提示信息。
- "添加:选择对象"按钮：单击该按钮将切换到"绘图"窗口，可以通过选择对象的方式来定义填充区域的边界。

5. 选项

"选项"选项组中各工具的用法和含义如下。

- "注释性"复选框：勾选此复选框，指定对象的注释特性，填充图案的比例根据视口的比例自动调整。
- "关联"复选框：用于设置填充图案和边界的关联特性。勾选此复选框，填充图案和边界有关联，修改边界时，填充图案的边界随之变化，否则，填充图案的边界不随之变化，如图 3-86 所示。

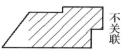

图 3-86　边界和填充图案的关系

- "创建独立的图案填充"复选框：当该复选框处于勾选状态时，使用一次图案填充工具填充的多个独立区域内的填充图案相互独立。当该复选框处于未勾选状态时，使用一次图案填充工具填充的多个独立区域内的填充图案是一个关联的对象。
- "绘图次序"下拉列表：单击 下拉按钮，弹出下拉列表，如图 3-87 所示，从中选择相应的方式设置填充图案和其他图形对象的绘图次序。如果将图案填充"置于边界之后"，则可以更容易地选择图案填充边界。

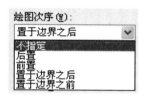

图 3-87　"绘图次序"下拉列表

6．其他选项组

- "继承特性"：单击该工具，根据系统提示在图形区选择源图案进行填充，并选择填充边界，新的填充图案和源填充图案相同。
- "孤岛"：从中选择相应的方式设置外层边界内部图案填充或填充边界的定义方法，对于如图 3-88 所示的图形，在" ⊠ "标志处拾取点。
- "允许的间隙"：用于设定将对象用作图案填充边界时可以忽略的最大间隙。默认值为0，此值指定对象必须是封闭区域且没有间隙。任何小于或等于"允许的间隙"中指定的值的间隙都将被忽略，并将边界视为封闭。
- "继承选项"：如图 3-89 所示，选中"使用当前原点"单选按钮时，根据系统提示在图形区选择源图案进行填充，并选择填充边界，新的填充图案和源填充图案相同且使用当前填充边界的原点；选中"用源图案填充原点"单选按钮时，根据系统提示在图形区选择源图案进行填充，并选择填充边界，新的填充图案和源填充图案相同且使用与源填充图案相同的原点。

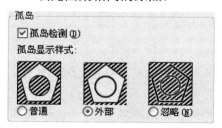

图 3-88　孤岛检测列表

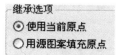

图 3-89　继承选项

【**例 3-18**】：绘制如图 3-90 所示的图形。

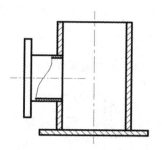

图 3-90　图案填充举例

❶ 创建图层，根据图 3-90 在各对应图层绘制图形，结果如图 3-91 所示（绘图过程略）。

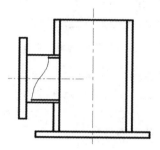

图 3-91　绘制图形

❷ 在"绘图"面板中单击"图案填充"按钮，打开"图案填充"选项板，设置图案类型为 ANSI31，填充图案比例为 0.5，如图 3-92 所示。

图 3-92　图案填充参数

❸ 在"图案填充"选项板中，单击"拾取点"按钮，分别在封闭区域 *A*、*B*、*C* 中单击，按回车键结束命令，填充效果如图 3-93 所示。

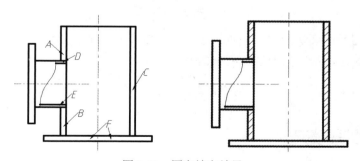

图 3-93　图案填充效果

❹ 重复步骤❷和❸，在"图案填充"选项板中，设置填充图案比例为 0.2，角度为 90，如图 3-94 所示。分别在封闭区域 *D*、*E* 中单击，按回车键结束命令，填充效果如

图 3-95 所示。

图 3-94　图案填充参数

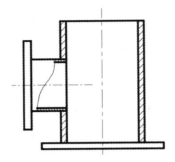

图 3-95　图案填充效果

❺　重复步骤❷和❸，在"图案填充"选项板中，设置填充图案比例为 0.5，角度为 90，如图 3-96 所示。在封闭区域 F 中单击，按回车键结束命令，填充效果如图 3-97 所示。

图 3-96　图案填充参数

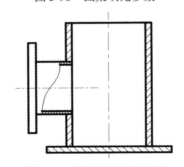

图 3-97　图案填充最终效果

在绘制有剖切面的装配图时，根据国家标准规定，相邻的剖面线方向或间隔要有区别，因此做图案填充时，其中一处要做角度或比例的变化。

📖　说明：图案填充中比例的设置，要根据图像尺寸进行调整，以得到合适的间隔。

3.6.2　编辑图案填充

在创建图案填充后，可以根据需要修改填充图案或修改图案区域的边界。单击已有的图案填充图形，或者单击如图 3-98 所示的"修改"→"对象"→"图案填充"命令，打开"图案填充"选项卡。

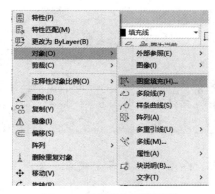

图 3-98　"修改"下拉菜单

下面通过一个具体实例来说明其操作步骤。

【例 3-19】：将如图 3-99（a）所示图形的图案填充修改为如图 3-99（b）所示图形的图案。

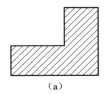 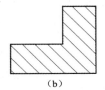

（a）　　　　　　　　　　　　　（b）

图 3-99　编辑图案填充

❶ 单击图案填充对象，功能区显示"图案填充"选项板。

❷ 在功能区"图案填充"选项板的"特性"选项组中输入新的图案填充比例 2 和新的角度 90，如图 3-100 所示，按〈Esc〉键，完成图案填充的编辑，结果如图 3-99（b）所示。

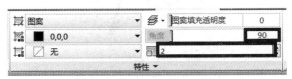

图 3-100　"图案填充"选项卡的"特性"选项组

3.7　综合实例：绘制五角星

【例 3-20】：绘制如图 3-101 所示的五角星。

图 3-101　五角星

❶ 单击"正多边形"命令按钮⬠，命令行提示如下：

```
命令：_polygon
输入侧面数 <4>：5                      //输入侧面数5；
指定正多边形的中心点或 [边(E)]：         //单击一点作为多边形的中心点；
输入选项 [内接于圆(I)/外切于圆(C)] <I>：I  //选择内接于圆；
指定圆的半径：                          //移动鼠标光标指定一点为圆的半径大小；
```

结果如图 3-102 所示。

❷ 单击"直线"命令按钮╱，依次连接各个端点，如图 3-103 所示。

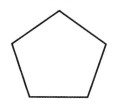

图 3-102　正五边形

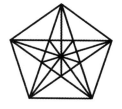

图 3-103　绘制直线

❸ 应用删除和修剪命令（后面章节中将详细讲述这两个命令的用法），将如图 3-103 所示的图形编辑为如图 3-104 所示的图形。

图 3-104　编辑图形

❹ 单击"绘图"→"图案填充"命令按钮▨，切换图层为"图案填充"图层，在"图案填充"选项卡中，设置图案类型为 SOLID，如图 3-105 所示。分别选择需要填充的封闭图形区域，结果如图 3-101 所示。

图 3-105　"图案填充"选项卡

3.8　课后练习

1. 在 AutoCAD 中，系统默认角度的正方向和圆弧的形成方向分别是逆时针还是顺时针？

2. 用正多边形命令绘制正多边形时有两个选择：圆内接和圆外切。试问用这两种方法怎样控制正多边形的方向？

3．绘制如图 3-106 所示的图形。

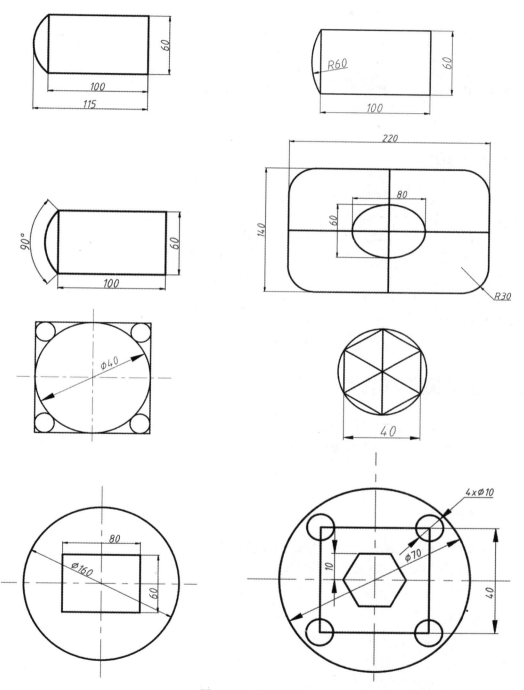

图 3-106　绘制图形

第 4 章　AutoCAD 精确绘图命令工具

内容与要求

在 AutoCAD 中设计和绘制图形时，如果对图形尺寸的比例要求不太严格，可以大致输入图形的尺寸，用鼠标光标在图形区域直接拾取和输入。但是，有的图形对尺寸要求比较严格，必须按给定的尺寸精确绘图。这时可以通过常用的指定点的坐标法来绘制图形，还可以使用系统提供的捕捉、对象捕捉、对象追踪、线宽、动态输入等功能，在不输入坐标的情况下快速、精确地绘制图形。

通过本章的学习，读者应达到如下目标：
- 掌握 AutoCAD 2022 各种精确绘图工具
- 掌握 AutoCAD 2022 图形的显示控制命令

4.1　设置捕捉和栅格

在绘制图形时，虽然可以通过移动光标来指定点的位置，但是很难精确地指定点的某个位置。在 AutoCAD 中，使用捕捉和栅格功能，就像使用坐标纸一样，可以直观地参照距离、位置进行图形的绘制，从而提高绘图效率。

4.1.1　栅格

新建空白文档后，绘图区中会默认显示纵横交错的网格，这个网络就像传统的坐标纸一样，我们将其称为栅格，栅格在绘图和编辑操作中可以提供直观的距离和位置以供参照。

启动栅格命令，绘图区中将出现纵横交错的网格。

1. 打开或关闭栅格

要打开或关闭栅格功能，可以选择以下几种方法。
- 在 AutoCAD 窗口右下角的状态栏中（见图 4-1），单击"栅格"命令按钮▦。
- 按〈F7〉键打开或关闭栅格。
- 单击"工具"→"绘图设置"命令，弹出"草图设置"对话框，如图 4-2 所示，在"捕捉和栅格"选项卡中勾选或取消勾选"启用栅格"复选框。

栅格

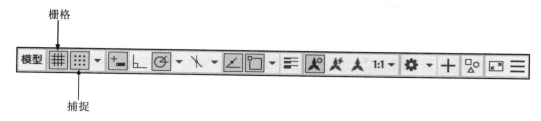

捕捉

图 4-1　状态栏

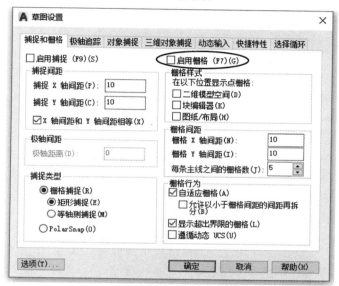

图 4-2　"草图设置"对话框

栅格在绘图区中只起辅助绘图的作用，不会被打印输出。

2. 设置栅格参数

在状态栏中的"栅格"按钮处右击鼠标，在弹出的快捷菜单中单击"设置"命令，或者利用"草图设置"对话框中的"捕捉和栅格"选项卡，可以设置捕捉和栅格的相关参数，如图 4-2 所示。各选项的功能如下。

- "启用栅格"复选框：用于打开或关闭栅格。勾选该复选框，可以启用栅格。
- "栅格间距"选项组：用于设置 X 轴和 Y 轴的栅格间距。
- "栅格行为"选项组：用于设置"视觉样式"下栅格线的显示样式（三维线框除外）。

4.1.2　捕捉

启用捕捉命令后，光标被约束，只能落在栅格的某个节点上，使用户能够高精度地捕捉和选择栅格上的点。捕捉功能配合栅格使用可以方便地创建指定尺寸的图形，其缺点是启用捕捉功能后，移动光标不是很灵活。

1．打开或关闭捕捉

要打开或关闭捕捉功能，可以选择以下几种方法。

● 在 AutoCAD 窗口的状态栏中（见图 4-1），单击"捕捉"命令按钮▦。
● 按〈F9〉键打开或关闭捕捉。
● 单击"工具"→"绘图设置"命令，弹出"草图设置"对话框，如图 4-2 所示。在"捕捉和栅格"选项卡中勾选或取消勾选"启用捕捉"复选框。

📖 提示："捕捉"命令按钮▦显亮时，捕捉模式为打开状态，即该模式为起作用的状态，此时如果移动鼠标指针，指针不会连续、光滑地移动，而是跳跃着移动。

2．设置捕捉参数

在状态栏中的"捕捉"按钮处右击鼠标，在弹出的快捷菜单中单击"捕捉设置"命令，或者利用"草图设置"对话框中的"捕捉和栅格"选项卡，可以设置捕捉和栅格的相关参数，如图 4-2 所示。各选项的功能如下。

● "启用捕捉"复选框：用于打开或关闭捕捉功能。勾选该复选框，可以启用捕捉。
● "捕捉间距"选项组：用于设置捕捉间距，分别设置水平和垂直两个方向的间距。
● "极轴间距"选项组：该选项组只有在"极轴捕捉"类型时才可用。可以在文本框中输入距离值。
● "捕捉类型"选项组：可用于设置捕捉类型和样式，包括栅格捕捉和极轴捕捉两种。
  ➢ "矩形捕捉"：将捕捉样式设定为标准矩形捕捉模式。当捕捉类型被设定为栅格并且打开捕捉模式时，光标将捕捉矩形、捕捉栅格。
  ➢ "等轴测捕捉"：将捕捉样式设定为等轴测捕捉模式。当捕捉类型被设定为栅格并且打开捕捉模式时，光标将捕捉等轴测、捕捉栅格。
  ➢ "PolarSnap"：将捕捉类型设定为 PolarSnap。如果启用了捕捉模式并在极轴追踪打开的情况下指定点，光标将沿着"极轴追踪"选项卡上相对于极轴追踪起点设置的极轴对齐角度进行捕捉。

设置捕捉功能的光标移动间距与栅格的间距相同，这样光标就会自动捕捉到相应的栅格点。

4.2　设置对象捕捉

在绘图的过程中，经常要指定一些对象上已有的点，如端点、圆心和两个对象的交点等。如果只凭观察来拾取点，不可能非常准确地找到这些点。在 AutoCAD 中，可以通过"对象捕捉"工具栏和"工具"→"绘图设置"命令等方式调用对象捕捉功能，迅速、准确地捕捉到某些特殊点，从而精确地绘制图形。

4.2.1　"对象捕捉"工具栏

AutoCAD 中提供了工具栏和快捷菜单两种执行特殊点对象捕捉的方法。

● 单击菜单栏中的"工具"→"工具栏"→"AutoCAD"→"对象捕捉"命令，如图 4-3 所示，可以打开如图 4-4 所示的"对象捕捉"工具栏。在绘图过程中，当要求指定点时，先单击"对象捕捉"工具栏中相应的特征点按钮，再把光标移到要捕捉对象上的特征点附近，即可捕捉到相应的对象特征点。

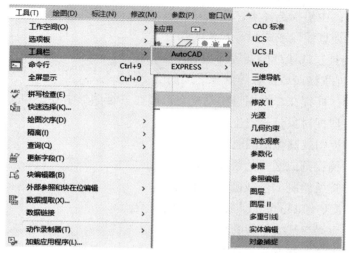

图 4-3　通过"工具"下拉菜单打开"对象捕捉"工具栏

图 4-4　"对象捕捉"工具栏

● 在执行命令的过程中，当命令行提示选择特征点时，按〈Shift〉键或〈Ctrl〉键后，右击鼠标，弹出"对象捕捉"快捷菜单，如图 4-5 所示，启用对象捕捉功能。

图 4-5　"对象捕捉"快捷菜单

下面分别介绍这些功能。

- 临时追踪点(K)：建立临时追踪点。
- 自(F)：建立一个临时参考点，作为后续点的基点。
- 两点之间的中点(T)：捕捉两个独立点之间的中点。
- 点过滤器(T)：由坐标选择点。
- 端点(E)：捕捉直线段或圆弧等对象的端点。
- 中点(M)：捕捉直线段或圆弧等对象的中点。
- 交点(I)：捕捉直线段或圆弧等对象之间的交点。
- 外观交点(A)：捕捉在二维图形中是交点，而在三维图形中并不相交的点。
- 延长线(X)：捕捉对象延长线上的点。
- 圆心(C)：捕捉圆或圆弧的圆心。
- 象限点(Q)：捕捉圆或圆弧的最近象限点。
- 切点(G)：捕捉所绘制的圆或圆弧上的切点。
- 垂直(P)：捕捉所绘制的线段与其他线段的正交点。
- 平行线(L)：捕捉与某线平行的点。
- 节点(D)：捕捉单独绘制的点。
- 插入点(S)：捕捉对象上距光标中心最近的点。

在"对象捕捉"工具栏的特征点中，有两个非常有用的对象捕捉工具，即临时追踪点和自工具。

临时追踪点是进行图形编辑前临时建立的、一个暂时的捕捉点，供用户在接下来的绘图中参考。可以在一次操作中创建多条追踪线，并根据这些追踪线确定要定位的点。下面通过一个具体实例介绍临时追踪点工具的具体用法。

【例 4-1】：在不做任何辅助线的情况下绘制出图 4-6 中长度为 40 的弦。

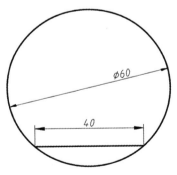

图 4-6 临时追踪点实例

本例练习临时追踪点工具的操作方法，操作步骤如下。

❶ 在"默认"选项卡中，单击"绘图"面板中的"圆"命令按钮，绘制一个半径为 30 的圆，如图 4-7 所示。

❷　先在"默认"选项卡中单击"绘图"面板中的"直线"命令按钮／，命令行提示指定第一个点，再单击"对象捕捉"工具栏的"临时追踪点"按钮，将光标移到半径为 30 的圆心点附近，在水平方向上移动光标，如图 4-8 所示。

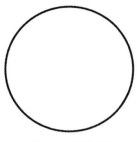

图 4-7　绘制圆

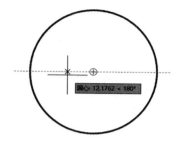

图 4-8　捕捉临时追踪点

❸　输入"20"，将临时追踪点定位在距圆心点 20 的位置，如图 4-9 所示，出现两个临时追踪点符号"＋"，在第二个临时追踪点符号"＋"的垂直方向上移动光标，如图 4-10 所示，找到虚线与圆边界的交点并单击。

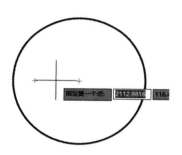

图 4-9　临时追踪点定位

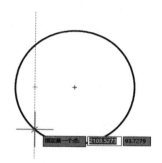

图 4-10　虚线与圆边界的交点

❹　在水平方向上移动光标，如图 4-11 所示，找到直线与圆边界的交点并单击，按回车键，结果如图 4-12 所示。

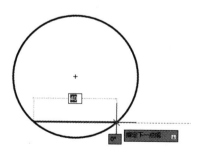

图 4-11　捕捉交点

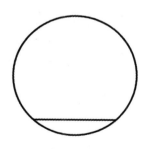

图 4-12　绘制直线

自工具可以帮助用户在正确的位置绘制新对象，当需要指定的点不在任何对象捕捉点上，但在 X、Y 方向上与现有捕捉点的距离是已知的时，即可使用自工具进行捕捉。

【例 4-2】：绘制如图 4-13 所示的图形。

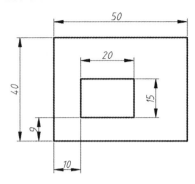

图 4-13　绘制图形

本例练习自工具的操作方法，操作步骤如下。

❶ 在"默认"选项卡中，单击"绘图"面板中的"矩形"命令按钮 ▢，绘制一个长 50，宽 40 的矩形，如图 4-14 所示。

❷ 按回车键重复上一个命令，继续绘制矩形，当命令行出现"指定第一个角点或 [倒角(C)/标高(E)/圆角(F)/厚度(T)/宽度(W)]:"的提示时，单击捕捉"自"命令，如图 4-15 所示。

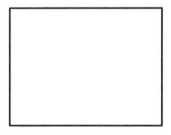

图 4-14　绘制矩形

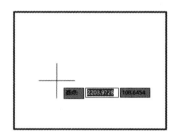

图 4-15　执行"自"命令

❸ 指定基点。此时提示需要指定一个基点，选择矩形的左下角点作为基点并单击，如图 4-16 所示。

❹ 输入偏移距离。指定基点后，命令行出现"<偏移>:"的提示，输入目标点距离矩形左下角点 X,Y 坐标值的相对距离(@10,9)，如图 4-17 所示，找到内部小矩形的左下角点。

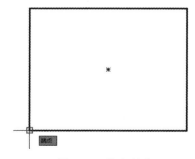

图 4-16　指定基点

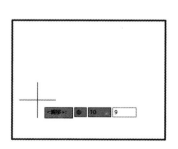

图 4-17　输入偏移距离

❺ 绘制矩形。当命令行出现"指定另一个角点或 [面积(A)/尺寸(D)/旋转(R)]:"提示时，输入(@20,15)，确定内部小矩形的长和宽，结果如图 4-18 所示。

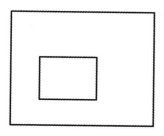

图 4-18　绘制小矩形

📖 提示：自工具经常与对象捕捉一起被使用。在使用相对坐标指定下一个应用点时，自工具可以提示用户输入基点，并将该点作为临时参考点。在为自工具指定偏移点时，即使动态输入中默认的设置是相对坐标，也需要在输入时加上@来表明这是一个相对坐标值。

4.2.2　使用自动捕捉功能

在绘图的过程中，使用对象捕捉的频率非常高。因此，AutoCAD 中又提供了一种自动对象捕捉功能。

自动捕捉就是当把光标放在一个对象上时，系统自动捕捉对象上所有符合条件的几何特征点，并显示相应的标记。如果把光标放在捕捉点上多停留一会，系统还会显示捕捉的提示。这样在选点之前就可以预览和确认捕捉点，从而加快绘图速度，提高绘图质量。

要启用对象捕捉功能，有以下几种方式。

- 在"草图设置"对话框的"对象捕捉"选项卡中，如图 4-19 所示，勾选"启用对象捕捉"复选框，并在"对象捕捉模式"选项组中勾选相应复选框。

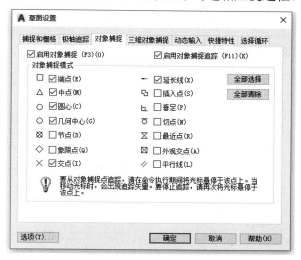

图 4-19　"草图设置"对话框

- 在状态栏中的"对象捕捉"按钮 处右击鼠标，或者单击"对象捕捉"按钮右侧的 下拉按钮，如图 4-20 所示，在弹出的快捷菜单中单击"对象捕捉设置"命令，弹出"草图设置"对话框（见图 4-19）。

图 4-20   状态栏中的"对象捕捉"按钮

- 单击状态栏中的"对象捕捉"按钮，当该按钮呈蓝色状态时即启用了对象捕捉功能。
- 按〈F3〉键也可以启用或关闭对象捕捉功能。

当启用对象捕捉功能后，将鼠标光标移动到某些特殊的点上，系统就会自动捕捉该点进行精确绘图。通过对象捕捉功能可以捕捉端点、中点、圆心、节点、交点等点对象。

在用 AutoCAD 绘图时，经常会出现这样的情况：当 AutoCAD 提示确定点时，用户可能希望通过鼠标光标来拾取屏幕上的某个点，但由于拾取点与某些图形对象的距离很接近，所以得到的点并不是要拾取的那个点，而是已有对象上的某个特殊点。造成这种结果的原因是启用了自动对象捕捉功能，使 AutoCAD 自动捕捉到某个捕捉点。如果事先单击状态栏中的"对象捕捉"按钮，关闭自动捕捉功能，就可以避免上述情况的发生。因此，在绘制 AutoCAD 图形时，一般会根据绘图需要不断地单击状态栏中的"对象捕捉"按钮，启用或关闭对象捕捉功能，以达到最佳绘图效果。

【例 4-3】：利用目标捕捉，绘制如图 4-21 所示的图形，C 点为 AB 的中点，$DE /\!/ AB$，$CF \perp ED$。

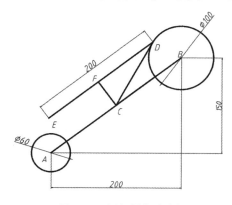

图 4-21   目标捕捉实例

本例练习对象捕捉命令的操作方法，操作步骤如下。

步骤一 绘制 Φ60 的圆

❶ 建立不同的图层，将当前图层切换为"粗实线"图层。

❷ 单击"绘图"面板中的"圆"命令按钮⊙，命令行提示如下：

命令：_circle

指定圆的圆心或 [三点(3P)/两点(2P)/切点、切点、半径(T)]：

//在界面上任选一点；

指定圆的半径或 [直径(D)]：30

步骤二 绘制 Φ100 的圆

单击"绘图"面板中的"圆"命令按钮⊙，命令行提示如下：

命令：_circle

指定圆的圆心或 [三点(3P)/两点(2P)/切点、切点、半径(T)]：

//单击"对象捕捉"工具栏上

的捕捉"自"命令按钮 ┌┘ ；

_from 基点：

//单击 Φ60 的圆心点；

<偏移>：@200,150

指定圆的半径或 [直径(D)] <30.0000>：50

步骤三 绘制线段 AB 和 CD

❶ 单击"绘图"面板中的"直线"命令按钮╱，命令行提示如下：

line 指定第一点：

//将鼠标光标移到 Φ60 的圆

心附近，出现如图 4-22 所示的提示，单击确定；

指定下一点或 [放弃(U)]：

//将鼠标光标移到 Φ100 的圆

心附近，出现"圆心"提示，单击确定；

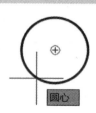

图 4-22 捕捉圆心

❷ 单击"绘图"面板中的"直线"命令按钮╱，命令行提示如下：

line 指定第一点：

//将鼠标光标移到直线 AB 的

中心附近，出现"中点"提示，单击确定；

指定下一点或 [放弃(U)]：

//单击"对象捕捉"工具栏上

的"切点"命令按钮 ◯，将鼠标光标移到点 D 附近，出现"切点"提示，单击确定；

步骤四 绘制线段 DE 和 CF

❶ 命令：回车 //继续绘制直线。

单击"对象捕捉"工具栏上的"平行"命令按钮 ╱╱：

//将鼠标光标移到直线 AB 上，

出现"平行"提示，继续移动鼠标光标，出现图如 4-23 所示的提示，输入线段 DE 的长度 200。

命令：指定下一点或 [放弃(U)]：_par 到 200

❷ 命令：回车　　　　　　　　　　　　　　　　　　　　　//继续绘制直线，移动鼠标光

标到点 C 附近，出现"端点"提示，单击确定；

单击"对象捕捉"工具栏上的"垂足"命令按钮⊥：　　　　//将鼠标光标移到直线 DE

上，出现"垂足"提示，如图 4-24 所示，单击确定。

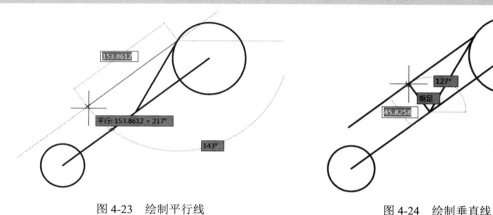

图 4-23　绘制平行线　　　　　　　　　　　　图 4-24　绘制垂直线

4.3　设置自动追踪

在 AutoCAD 中，自动追踪可以按指定角度绘制对象，或者绘制与其他对象有特定关系的对象。自动追踪分极轴追踪和对象捕捉追踪两种，是非常有用的辅助绘图工具。

极轴追踪按事先给定的角度增量来追踪特征点，而对象捕捉追踪按与对象的某种特定关系来追踪，这种特定的关系确定了一个未知角度。也就是说，如果事先知道要追踪的方向（角度），则使用极轴追踪；如果事先不知道具体的追踪方向（角度），但知道与其他对象的某种关系（如相交），则使用对象捕捉追踪。极轴追踪和对象捕捉追踪可以同时使用。

4.3.1　极轴追踪

极轴追踪可捕捉所设角增量线上的任意点。极轴追踪可以通过单击状态栏中的"极轴追踪"命令按钮⊘来打开或关闭，也可以用〈F10〉功能键打开或关闭。启用该功能后，当执行 AutoCAD 的某一操作并根据提示确定了一点（追踪点），同时系统继续提示用户确定另一点的位置时，移动光标，使光标接近预先设定的方向，系统会自动将光标指引线吸引到该方向，同时沿该方向显示出极轴追踪矢量，并且浮出一个小标签，该标签中说明了当前光标的位置相对于当前一点的极坐标，如图 4-25 所示。

用户还可以设置极轴追踪方向等性能参数。通过"工具"→"绘图设置"命令弹出的"草图设置"对话框的"极轴追踪"选项卡，或者在状态栏中的"极轴追踪"按钮 ⊘ 处右击鼠标，在弹出的快捷菜单中单击"正在追踪设置"命令，可以弹出如图 4-26 所示的对话框。

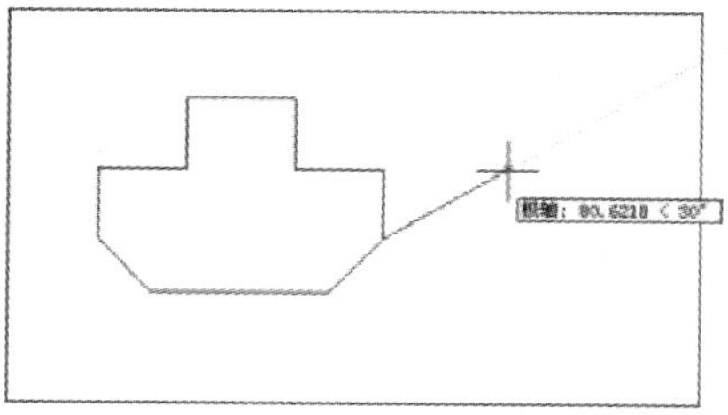

图 4-25　极轴追踪

图 4-26　"草图设置"对话框

- "增量角"下拉列表：用户可以确定追踪方向的角度增量。
- "附加角"复选框：用于确定除了"增量角"下拉列表设置的追踪方向，是否再附加追踪方向。如果勾选此复选框，可以通过"新建"按钮确定附加追踪方向的角度，通过"删除"按钮删除已有的附加角度。

【例 4-4】：绘制如图 4-27 所示的图形，线段的长度均为 100。

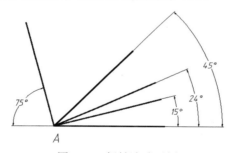

图 4-27　极轴追踪示例

本例练习极轴追踪的操作方法，练习步骤如下。

❶ 设置极轴追踪参数，如图 4-28 所示，增量角为 15°，单击"新建"按钮，增加追踪角度为 24°。

图 4-28　"草图设置"对话框

❷ 单击"绘图"面板中的"直线"命令按钮🖍。命令行提示如下：

指定第一点：   //任意给定一点；

指定下一点或 [放弃(U)]：100   //水平移动鼠标光标，出现如图 4-29 所示的提示，输入"100"；

命令：回车   //继续执行直线命令，捕捉到起点 A；

指定下一点或 [放弃(U)]：100   //移动鼠标光标，出现如图 4-30 所示的提示，输入"100"。

采用同样的方法，将鼠标光标移到相应的角度位置，输入"100"，即可绘制出其他的线段。

图 4-29　水平方向极轴追踪

图 4-30　15°方向极轴追踪

4.3.2　对象捕捉追踪

对象捕捉追踪是按与对象的某种特定关系来追踪的，这种特定的关系确定了一个未知角度。当不知道具体的追踪方向和角度，但知道与其他对象的某种关系（如相交）时，可以应用对象捕捉追踪。对象捕捉追踪必须和对象捕捉同时工作，对象捕捉追踪可以通过单击状态栏中的按钮来打开或关闭。

单击状态栏中的"对象捕捉追踪"命令按钮∠，该按钮变为蓝色即启用了对象捕捉追踪功能。按〈F11〉键，或者在如图 4-19 所示的"草图设置"对话框中勾选 ☑ 启用对象捕捉追踪 (F11)(K) 复选框，都可以启用对象捕捉追踪功能。对象捕捉追踪功能是根据捕捉点沿正交方向或极轴方向进行追踪的，该功能可以被理解为对象捕捉和极轴追踪功能的联合应用。

若要取消对象捕捉追踪功能，只需单击状态栏中的"对象捕捉追踪"按钮，使其变灰即可。

【例 4-5】：以如图 4-31 所示的两条直线延长线的交点为圆心画半径为 10 的圆。

图 4-31　对象捕捉追踪实例

本例练习对象捕捉追踪的操作方法，练习步骤如下。

❶ 在状态栏中单击"对象捕捉"命令按钮和"对象捕捉追踪"命令按钮。

❷ 单击"绘图"面板中的"圆"命令按钮⊙。命令行提示如下：

命令：_circle

指定圆的圆心或 [三点(3P)/两点(2P)/切点、切点、半径(T)]：   //先将鼠标光标移到一条直线的端点，如图 4-32（a）所示，沿直线方向移动鼠标光标，如图 4-32（b）所示，再将鼠标光标移到另外一条支线的端点，并沿直线方向移动鼠标光标，如图 4-32（c）所示，此时单击；
　　　指定圆的半径或 [直径(D)]: 10　　　　　　　　　　　　　　　　　//输入圆的半径大小。

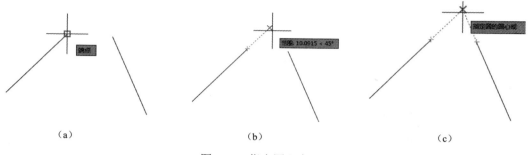

| （a） | （b） | （c） |

图 4-32　指定圆心点

结果如图 4-33 所示。

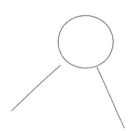

图 4-33　应用对象捕捉追踪功能绘制的圆

　　📖 提示：在【例 4-5】的实例中，对象捕捉和对象捕捉追踪功能必须同时启用，并保证图 4-19 中"草图设置"对话框中的"端点"捕捉模式是勾选状态，否则无法应用对象捕捉追踪功能捕捉到圆心点。

【例 4-6】：利用对象捕捉和自工具快速、准确地绘制如图 4-34 所示的图形。

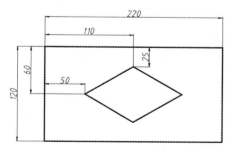

图 4-34　自动追踪实例

本例练习对象捕捉和自工具的操作方法，练习步骤如下。
步骤一　绘制外围矩形
❶ 建立不同的图层，将"粗实线"图层设为当前图层。
❷ 单击"绘图"面板中的"矩形"命令按钮▭，命令行提示如下：

指定第一个角点或 [倒角(C)/标高(E)/圆角(F)/厚度(T)/宽度(W)]:　　　//在绘图区任意单

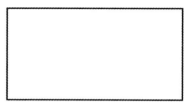

图 4-35　绘制矩形

步骤二　绘制中间菱形

❶ 设置自动捕捉模式如图 4-36 所示。

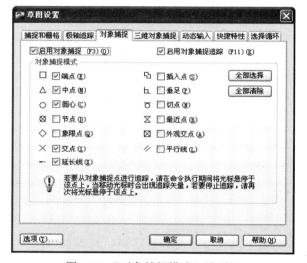

图 4-36　"对象捕捉模式"选项组

❷ 绘制菱形的第一个点。单击"绘图"面板中的"直线"命令按钮 。将鼠标光标移到竖直边的中点附近，水平移动鼠标光标，当出现如图 4-37 所示的虚线和提示时，输入距离"50"。

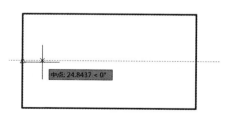

图 4-37　捕捉菱形的一个端点

❸ 绘制菱形的第二个点。单击捕捉"自"命令，当命令行出现"from 基点"提示时，移动鼠标光标至水平边中点并单击，选择水平边中点作为基点，如图 4-38 所示。沿垂直方向移动光标，当命令行出现"<偏移>:"提示时，输入偏移量(@0,-25)，如图 4-39 所示。

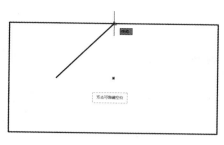

图 4-38　选择基点

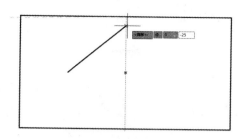

图 4-39　输入偏移量

❹ 绘制菱形的第三个点。单击捕捉"自"命令，当命令行出现"from 基点"提示时，移动鼠标光标至垂直边中点并单击，选择垂直边中点作为基点，如图 4-40 所示。沿水平方向移动光标，当命令行出现"<偏移>:"提示时，输入偏移量(@-50,0)，如图 4-41 所示。

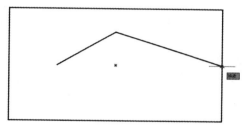

图 4-40　选择基点

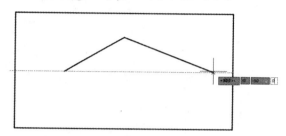

图 4-41　输入偏移量

❺ 绘制菱形的第四个点。单击捕捉"自"命令，当命令行出现"from 基点"提示时，移动鼠标光标至下面水平边中点并单击，选择水平边中点作为基点，如图 4-42 所示。沿垂直方向移动光标，当命令行出现"<偏移>:"提示时，输入偏移量(@0,25)，如图 4-43 所示。捕捉菱形的第一个端点，结果如图 4-44 所示。

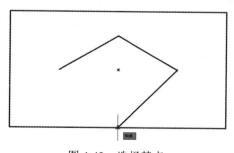

图 4-42　选择基点

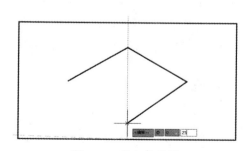

图 4-43　输入偏移量

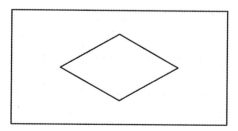

图 4-44　绘制菱形

4.4　使用正交功能

在绘图过程中，经常需要绘制水平线和垂直直线，但是用光标拾取线段的端点时很难保证两个点严格沿水平或垂直方向。因此，AutoCAD 中提供了正交功能。当启用正交功能时，画线或移动对象时只能沿水平方向或垂直方向移动光标，即只能绘制平行于坐标轴的正交线段。

在 AutoCAD 窗口的状态栏中单击"正交"命令按钮或按〈F8〉键，可以打开或关闭正交功能，该按钮变亮，即启用了正交功能。

启用正交功能后，在绘制直线时，输入的第一个点是任意的，但当移动光标准备指定第二个点时，引出的直线已不再是这两点之间的连线，而是如图 4-45 所示，在指定第二个点的上方，与第一个点连线呈水平线显示。此时单击，只能绘制平行于 X 轴、Y 轴的线段或平行于某一轴测轴的线段（当捕捉为等轴测模式时）。

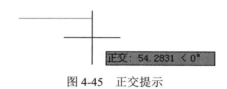

图 4-45　正交提示

注意：极轴功能和正交功能不能同时启用。

4.5　线宽显示

在默认的状态栏中，并没有显示"线宽"开关的命令按钮。可以单击状态栏中右侧的"自定义"命令按钮，打开"线宽"模式，如图 4-46 所示。单击状态栏中的"线宽"命令按钮，当该按钮变亮时，绘图区中的所有图形均以实际设定的线宽显示，如图 4-47 所示。若"线宽"按钮呈灰色状态，则当前绘图区中的所有图形均以系统默认的线宽显示，但并不影响其实际线宽，如图 4-48 所示。

图 4-46　自定义状态栏

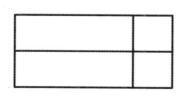

图 4-47　以实际线宽显示

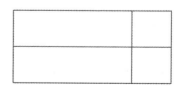

图 4-48　以默认的线宽显示

4.6　视图的控制

为了便于绘图操作，AutoCAD 中还提供了一些控制图形显示的命令。一般这些命令只能改变图形在屏幕上的显示方式，可以按用户所期望的位置、比例和范围显示，便于观察，但不会使图形产生实质性的改变。既不会改变图形的实际尺寸，也不会影响实体之间的相对关系。将图形放大与使用放大镜观看图形类似，可以放大显示图形的局部细节，也可以缩小图形，以观全貌，只有灵活地对图形进行显示与控制才能更加精确地绘制所需的图形。

4.6.1　视图缩放

使用视图缩放命令可以放大或缩小图形在屏幕上的显示范围和大小，从而改变图形的外观视觉效果，但是并不改变图形的真实尺寸。AutoCAD 2022 向用户提供了多种视图缩放的方法，可以使用这些方法获得需要的缩放效果。

执行视图缩放命令的方法如下。

- 快捷菜单：右击鼠标，在弹出的快捷菜单中，单击"缩放"命令，如图 4-49 所示。
- 菜单栏："视图"→"缩放"，如图 4-50 所示。
- 导航栏中的缩放工具，如图 4-51 所示。

图 4-49　快捷菜单

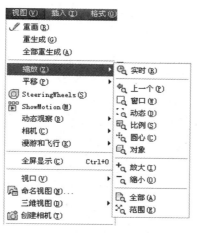

图 4-50　"缩放"子菜单

图 4-51　导航栏中的缩放工具

- 使用鼠标控制：滚动鼠标滚轮，即可完成缩放视图，这是常用的缩放方式。
- 命令行：在命令行中输入"ZOOM"或"Z"，并按下回车键。

在命令行输入"ZOOM"后按回车键，命令行提示如下：

命令：zoom

指定窗口的角点，输入比例因子 (nX 或 nXP)，或者[全部(A)/中心(C)/动态(D)/范围(E)/上一个(P)/比例(S)/窗口(W)/对象(O)] <实时>：

AutoCAD 具有强大的缩放功能，用户可以根据自己的需要显示想要查看的图形信息。常用的缩放工具有范围缩放、窗口缩放、实时缩放、全部缩放、动态缩放、缩放比例、中心缩放、缩放对象、放大、缩小。

1．范围缩放

"范围缩放"工具使用尽可能大的、可包含图形中所有对象的放大比例显示视图。此视图包含已关闭图层上的对象，但不包含冻结图层上的对象。图形中所有对象均以尽可能大的尺寸显示，同时又能适应当前视口或当前绘图区的大小。

2．窗口缩放

"窗口缩放"通过指定要查看区域的两个对角，可以快速缩放图形中的某个矩形区域。确定要察看的区域后，该区域的中心成为新的屏幕显示中心，该区域内的图形被放大到整个屏幕显示。在使用窗口缩放后，图形中所有对象均以尽可能大的尺寸显示，同时又能适应当前视口或当前绘图区的大小。

> 注意：在选择角点时，将图形要放大的部分全部包围在矩形框内。矩形框的范围越小，图形显示得越大。

3．实时缩放

"实时缩放"是系统默认选项。按住鼠标左键，向上拖动鼠标，就可以放大图形，向下拖动鼠标，则缩小图形。可以通过按〈ESC〉键或回车键来结束实时缩放操作，此外，右击鼠标并在弹出的快捷菜单中单击"退出"命令，也可以结束当前的实时缩放操作。

> 提示：在实际操作时，一般通过滚动鼠标滚轮来完成视图的实时缩放。当光标在图形区域时，向上滚动鼠标滚轮为实时放大视图，向下滚动鼠标滚轮为实时缩小视图。

4．全部缩放

"全部缩放"工具用于显示用户定义的图形界限和图形范围，无论哪个视图较大，都在当前视口中缩放显示整个图形。在平面视图中，所有图形都会被缩放到图形界限和图形范围两者中较大的区域中。图形栅格的界限将填充当前视口或绘图区，如果在栅格界限之外存在对象，则它们也会被包括在内。

5．动态缩放

使用"动态缩放"工具可以缩放显示用户在视图框中设定的图形。视图框表示视口，可以改变它的大小，也可以在图形中移动它。移动视图框或调整它的大小，将其中的图像平移或缩放，以充满整个绘图窗口。

动态缩放图形时，绘图窗口中还会出现另外两个矩形框。其中，用蓝色虚线显示的矩形框表示图纸的范围，该范围是用 LIMITS 命令设置的图形界限或图形实际占据的区域；用黑色细实线显示的矩形框是当前的选择区，即当前在屏幕上显示的图形区域，如图 4-52 所示，此时移动鼠标光标可移动矩形框到需要的位置，单击矩形框，使之变为如图 4-53 所示的状态。此时按箭头所示的方向移动鼠标光标，可以放大矩形框；按箭头所示的反方向移动鼠标光标，可以缩小矩形框，并且可以上下移动矩形框。

图 4-52　矩形框可移动时的状态

图 4-53　可缩放的矩形框

6．缩放对象

"缩放对象"工具使用尽可能大的、可包含所有选定对象的放大比例显示视图。可以在启动 ZOOM 命令之前或之后选择对象。

7．其他缩放

- 使用"缩放上一个"工具可以恢复上次的缩放状态。
- 使用"缩放比例"工具以指定的比例因子缩放显示图形。
- 使用"中心缩放"工具缩放显示由中心点和放大比例（或高度）定义的窗口。

4.6.2　视图平移

视图平移指移动整个图形，类似于移动整张图纸，以便将图纸的特定部分显示在绘图窗口中。执行视图平移操作后，视图相对于图纸的实际位置不变。用户可以通过平移视图来重新确定图形在绘图区中的位置。平移视图可以使用下面几种方法。

- 快捷菜单：右击鼠标，在弹出的快捷菜单中单击"平移"命令，如图 4-54 所示。
- 当光标位于绘图区时，按下鼠标滚轮，此时鼠标指针形状变为 ，按住鼠标滚轮拖动鼠标，视图的显示区域就会随着鼠标实时平移。松开鼠标滚轮，可以直接退出该命令。
- 单击导航栏中的"平移"按钮 即可进入视图平移状态，如图 4-55 所示，此时鼠标指针形状变为 ，按住鼠标左键拖动鼠标，视图的显示区域就会随着鼠标实时平移。按〈ESC〉键或回车键，可以退出该命令。

图 4-54　快捷菜单

图 4-55　导航栏中的平移命令

4.6.3　重画与重生成

在绘图和编辑过程中，屏幕上常常留下对象的拾取标记，这些临时标记并不是图形中的对象，有时会使当前图形画面显得混乱，这时就可以使用 AutoCAD 的重画与重生成功能清除这些临时标记。

1．重画（REDRAW）

在 AutoCAD 中，使用重画命令，系统将在显示内存中更新屏幕，消除临时标记。使用重画命令，可以更新用户使用的当前视区。

单击菜单栏中的"视图"→"重画"命令，如图 4-56 所示，或者输入命令"REDRAW"，可以执行该命令。

图 4-56　"视图"下拉菜单

2．重生成（REGEN）

有时，视图中的圆形、圆弧会以充满棱角的线段显示，此时执行重生成命令可以刷新屏幕显示，使视图恢复圆形原本光滑的外观。通过从数据库中重新计算屏幕坐标来更新图形的屏幕显示，同时可以重新生成图形数据库的索引，以优化图形显示和对象选择性能。

重生成与重画在本质上是不同的，利用重生成命令可以重生成屏幕，此时系统从磁盘中调用当前图形的数据，比重画命令执行速度慢，更新屏幕花费时间较长。在 AutoCAD 中，某些操作只有在使用重生成命令后才生效，如改变点的格式。如果一直使用某个命令修改、编辑图形，却看不出该图形发生了什么变化，就可以使用重生成命令更新屏幕显示。

重生成命令有以下两种形式。

- 单击菜单栏中的"视图"→"重生成"命令（见图 4-56），或者输入命令"REGEN"，可以更新当前视区。
- 单击菜单栏中的"视图"→"全部重生成"命令（见图 4-56），或者输入命令"REGENALL"，可以同时更新多重视口。

4.7 综合实例

【例 4-7】：利用精确绘图命令绘制如图 4-57 所示的图形。

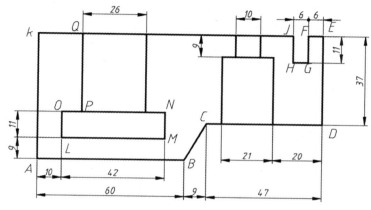

图 4-57　综合实例

❶ 在状态栏打开"对象捕捉""对象捕捉追踪""极轴追踪"命令，并在"草图设置"对话框中将极轴追踪的增量角设置为 30°，如图 4-58 所示，单击"确定"按钮。

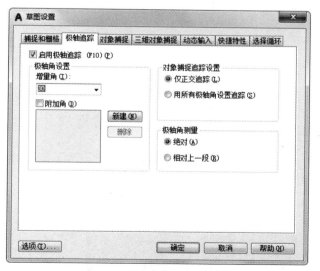

图 4-58　"草图设置"对话框

❷ 单击"绘图"面板中的"直线"命令按钮 ，命令行提示如下：

命令：_line

指定第一个点： //单击屏幕上的一点为 A；

指定下一点或 [放弃(U)]：60 //利用 0° 极轴追踪命令确定点 B；

指定下一点或 [放弃(U)]：18 //利用 30° 极轴追踪命令确定点 C，如图 4-59

所示；

指定下一点或 [闭合(C)/放弃(U)]：47 //利用 0° 极轴追踪命令确定点 D；

指定下一点或 [闭合(C)/放弃(U)]：37 //利用 90° 极轴追踪命令确定点 E；

指定下一点或 [闭合(C)/放弃(U)]：6 //利用 180° 极轴追踪命令确定点 F；

指定下一点或 [闭合(C)/放弃(U)]：11 //利用-90° 极轴追踪命令确定点 G；

指定下一点或 [闭合(C)/放弃(U)]：6 //利用 180° 极轴追踪命令确定点 H；

指定下一点或 [闭合(C)/放弃(U)]： //利用 90° 极轴追踪和对象捕捉追踪命令确定

点 J；

指定下一点或 [闭合(C)/放弃(U)]：

//利用 180° 极轴追踪和对象捕捉追踪命令确定

点 K，如图 4-60 所示；

指定下一点或 [闭合(C)/放弃(U)]： //利用对象捕捉命令，单击点 A。

此时，图形如图 4-61 所示。

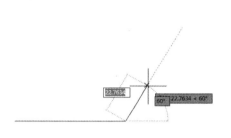

图 4-59　确定点 C

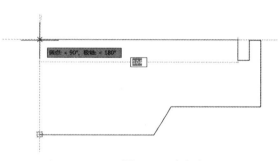

图 4-60　确定点 K

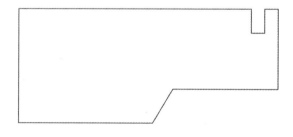

图 4-61　绘制图形外边框

❸ 命令：回车 //继续绘制直线。

指定第一个点：

_from 基点：

<偏移>：@10,9 //单击"对象捕捉"工具栏上的"自"命令按钮

，移动鼠标光标到点 A 并单击，输入点 L 距离点 A 的相对坐标值；

指定下一点或 [放弃(U)]: 42	//利用 0° 极轴追踪命令确定点 M;
指定下一点或 [放弃(U)]: 11	//利用 90° 极轴追踪命令确定点 N;
指定下一点或 [闭合(C)/放弃(U)]:	//利用 0° 极轴追踪和对象捕捉追踪命令确定
点O;	
指定下一点或 [闭合(C)/放弃(U)]:	//捕捉点 L;
❹ 命令: 回车	//继续绘制直线。
指定第一个点:	
_tt 指定临时对象追踪点:	//单击 "对象捕捉" 工具栏上的 "临时追踪点"
命令按钮 ⊶, 移动鼠标光标至点 O 并单击;	
指定第一个点: 8	//当出现 0° 极轴线时, 输入点 P 距离点 O 的相
对坐标值;	
指定下一点或 [放弃(U)]:	//利用 90° 极轴追踪命令确定点 Q。

采用同样的方法绘制其余直线, 结果如图 4-62 所示。

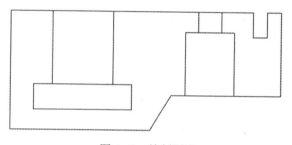

图 4-62　绘制图形

【例 4-8】: 利用精确绘图命令绘制如图 4-63 所示的图形。

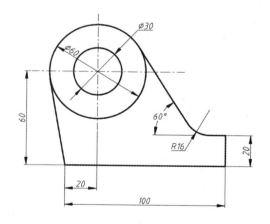

图 4-63　绘制图形

❶ 打开第 2 章建立的样板图文件 (见图 2-73), 将当前图层切换为 "中心线" 图层, 单击 "直线" 命令按钮 ✎, 绘制两条中心线, 如图 4-64 所示。

❷ 将当前图层切换为"粗实线"图层，单击"圆"命令按钮 ⊘ ，绘制两个直径分别为 30 和 60 的同心圆，如图 4-65 所示。

图 4-64　绘制中心线　　　　　　　　　　图 4-65　绘制同心圆

❸ 单击"直线"命令按钮 ✎ ，当命令行出现"line 指定第一个点："的提示时，单击"对象捕捉"工具栏中的"自"命令按钮 ，当命令行出现"from 基点："的提示时，选择同心圆的圆心点作为基点并单击。当命令行出现"<偏移>："的提示时，输入目标点距离矩形左下角点 X,Y 坐标值的相对距离(@-20,-60)，如图 4-66 所示。

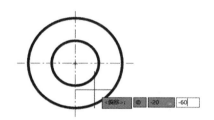

图 4-66　输入偏移距离

❹ 按回车键，沿水平方向移动光标，输入直线长度"100"，如图 4-67 所示。按回车键，沿垂直方向移动光标，输入长度"20"，如图 4-68 所示。按回车键，沿水平方向移动光标，向 X 轴负方向绘制任意长度的线段，如图 4-69 所示。

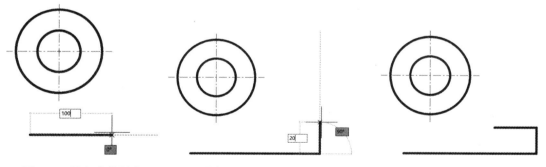

图 4-67　输入直线长度　　　　图 4-68　绘制垂直线　　　　图 4-69　绘制水平线

❺ 按回车键，继续执行绘制直线命令。选择长度为 100 的直线的左端点作为第一点，当命令行出现"指定下一点或 [放弃(U)]："的提示时，单击"对象捕捉"工具栏中的"切点"命令按钮 ，移动光标至直径为 60 的圆的左侧边界，当出现切点符号时，如图 4-70 所示，单击并按回车键，完成切线绘制，如图 4-71 所示。

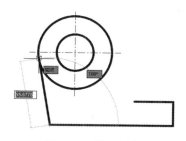

图 4-70　捕捉切点

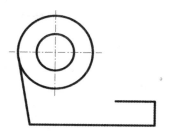

图 4-71　绘制切线

❻ 按回车键，继续执行绘制直线命令。当命令行出现"_line 指定第一个点："的提示时，单击"对象捕捉"工具栏中的"切点"命令按钮 ⊙，移动光标至直径为 60 的圆的右侧边界，当出现切点符号时，如图 4-72 所示，单击。移动光标，当命令行出现"指定下一点或 [放弃(U)]："的提示时，输入((@50<-60)，完成切线绘制，如图 4-73 所示。

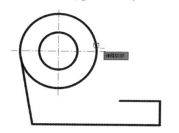

图 4-72　捕捉切点

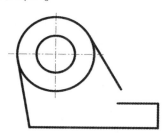

图 4-73　绘制切线

📖 注意：采用极坐标确定切线时，@50<-60，切线的长度 50 是随意指定的，这个数值可以根据情况改变。

❼ 单击"修改"面板中的"圆角"命令按钮 ⌒ 圆角（这个命令将在第 5 章中详细介绍），命令行提示如下：

选择第一个对象或 [放弃(U)/多段线(P)/半径(R)/修剪(T)/多个(M)]：R
　　　　　　　　　　//选择设置圆角"半径(R)"选项；
指定圆角半径 <0.0000>：16　　　　//设定圆角半径为 16；
选择第一个对象或 [放弃(U)/多段线(P)/半径(R)/修剪(T)/多个(M)]：
　　　　　　　　　　//单击切线上一点，如图 4-74 所示；
选择第二个对象，或按住 Shift 键选择对象以应用角点或 [半径(R)]：
　　　　　　　　　　//单击水平直线上一点，如图 4-75 所示。

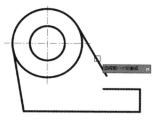

图 4-74　选择第一个对象

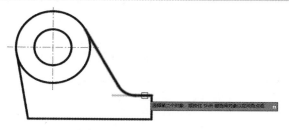

图 4-75　选择第二个对象

结果如图 4-76 所示。

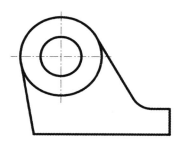

图 4-76　倒圆角

4.8　课后练习

1. 完成如图 4-77 所示的图形。

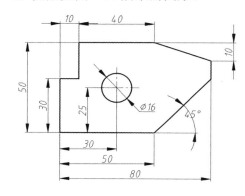

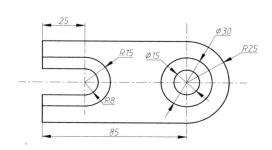

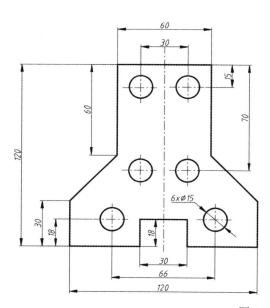

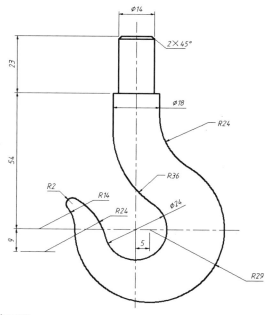

图 4-77　练习题

2. 绘制如图 4-78 所示的零件。

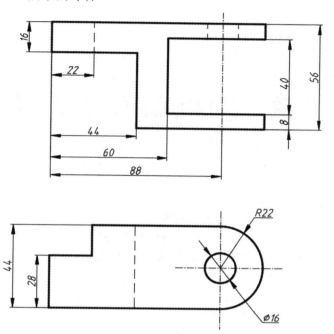

图 4-78 零件图

第 5 章 AutoCAD 图形编辑

内容与要求

绘图和编辑命令是 AutoCAD 绘图系统的两大重要部分，单纯地使用绘图命令或绘图工具只能创建一些基本图形对象，要绘制较为复杂的图形，就必须借助图形编辑命令。在绘图过程中只有灵活地运用绘图和编辑命令，才能节省出大量的时间。AutoCAD 具有强大的图形编辑功能，可以帮助用户合理地构造与组织图形，保证作图的准确度，减少重复的绘图操作，从而提高绘图效率。

通过本章的学习，读者应达到如下目标：

- 掌握 AutoCAD 2022 图形对象选择的常用方式
- 掌握 AutoCAD 2022 图形编辑命令
- 熟练掌握应用夹点命令进行图形的编辑

5.1 选择对象

单击菜单栏中的"工具"→"选项"命令，在弹出的"选项"对话框中选择"选择集"选项卡，如图 5-1 所示。在对话框中用户可以选择多种模式，并且可以设置拾取框的大小。

图 5-1 "选项"对话框

在对图形进行编辑之前，首先要选择编辑目标，即告诉 AutoCAD 要对哪些图形进行编辑。一般在使用有关编辑命令的过程中，AutoCAD 会自动向用户提问，在"选择对象"提示下让用户为图形编辑指定目标。不同的对象可能需要不同的选择方式，有些对象往往需要几种选择方式并用。下面介绍 AutoCAD 中常用的几种对象选择方式。

1. 选择单个对象

选择单个对象是最简单、最常用的一种对象选择方式。在执行编辑命令的过程中，当命令行提示"选择对象"时，十字光标会变成一个小正方形框，这个方框被称为拾取框。此时将拾取框移到某个目标对象上，单击即可将其选择。

选择对象完成后，按回车键即可结束选择，进入下一步操作。同时，被选择的对象将以灰色显示。

2. 以窗口方式选择对象

以窗口方式选择对象也称窗选方式。窗选是指在选择对象的过程中，需要用户指定一个矩形框，选择矩形框内或与矩形框相交的对象。窗选方式可分为两种，即矩形窗选和交叉窗选。

（1）矩形窗选：在执行编辑命令的过程中，当命令行中显示"选择对象"时，将鼠标光标移至目标对象的左侧，单击确定矩形的一个角点，向右移动鼠标光标，在绘图区中将呈现一个蓝色的矩形实线方框，单击确定矩形的另一个角点，被方框完全包围的对象即被选择，被选择的对象将以灰色显示，与方框交叉的对象则不在选择集内，如图 5-2 所示。

（2）交叉窗选：该方式与矩形窗选方式类似，当命令行中显示"选择对象"时，将鼠标光标移至目标对象的右侧并单击，向左移动鼠标光标，在绘图区中将呈现一个虚线显示的绿色矩形方框，当用户释放鼠标后，将选择与方框相交和被方框完全包围的对象，被选择的对象将以灰色显示，如图 5-3 所示。

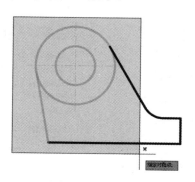

图 5-2　矩形窗选

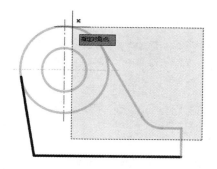

图 5-3　交叉窗选

3. 选择全部对象

在 AutoCAD 中选择全部对象的操作方法主要有如下两种。

- 当命令行显示"选择对象"时，在该提示信息后执行 ALL 命令，并按回车键。
- 在未执行任何命令的情况下，按〈Ctrl+A〉组合键也可以选择绘图区中的全部对象。

4．向选择集中添加或删除对象

若创建了选择集，则可以向选择集中添加或删除对象，以便更好地进行绘图操作。

可以通过如下几种方式向选择集中添加对象。

- 按住〈Shift〉键并单击要添加的目标对象。
- 直接使用鼠标单选方式点取需选择的对象。
- 在命令行提示"选择对象"时执行 A 命令，并选择要添加的对象。

可以通过如下几种方式从选择集中删除对象。

- 按住〈Shift〉键并单击要从选择集中删除的对象。
- 当命令行显示"选择对象"时，执行 R 命令，并选择要删除的对象。

📖 说明：有些 AutoCAD 命令只能对一个对象进行操作，如 BREAK（打断）命令等，在这种情况下，只能通过直接拾取的方式选择操作对象。还有些命令只能采用特殊的选择对象方式，例如，STRETCH（拉伸）命令一般只能通过交叉矩形窗口或不规则交叉窗口的方式选择拉伸对象，这些命令的使用方法详见后文。

5.2　删除

AutoCAD 2022 中提供的常用编辑、修改工具基本上都集中在如图 5-4 所示的"修改"面板中，其对应的菜单命令多位于菜单栏的"修改"下拉菜单，如图 5-5 所示。

图 5-4　"修改"面板

图 5-5　菜单栏的"修改"下拉菜单

在编辑图形的过程中，删除是使用频率最高的命令之一。在绘图过程中，有时通过绘制辅助线条可以更快捷地得到理想图形，此时就需要用删除命令将辅助线条删除。因此，使用删除命令的关键是快速、准确地选择要删除的对象，尽量不出现误删的情况。在 AutoCAD 2022 中，用户可以采用如下几种常用的方法来删除对象。

方法 1：单击"删除"命令按钮 ，或者单击菜单栏中的"修改"→"删除"命令后，命令行提示如下。

命令：_erase

选择对象：   //用各种选择方法选择要擦去的对象。

按空格键或回车键结束选择。

方法 2：先选择要删除的图形对象，再单击"修改"面板中的"删除"命令。

方法 3：先选择要删除的图形对象，再按〈Delete〉键将对象删除。

5.3 更改图形位置和形状命令

用户在绘制和编辑图形的过程中，经常会根据设计的需要对图形对象的位置和形状进行更改。在 AutoCAD 中，相关的命令包括移动、旋转、缩放。

5.3.1 移动

移动对象是指对象的重定位。单击菜单栏中的"修改"→"移动"命令，或者在"修改"面板中单击"移动"命令按钮 ✥，可以在指定方向上按指定距离移动对象，对象的位置发生了改变，但其形状、方向和大小不会改变。

要移动对象，首先选择要移动的对象，然后指定位移基点和位移矢量。在命令行的"指定基点或 [位移(D)]<位移>："提示下，如果单击或以键盘输入的形式给出基点坐标，命令行将显示"指定第二个点或 <使用第一个点作为位移>："的提示；如果按回车键，那么所给出的基点坐标值就作为偏移量，即将该点作为原点(0,0)，并将图形相对于该点移动由基点设定的偏移量。

【例 5-1】：如图 5-6 所示，将一个矩形从点 *A* 移动到点 *B*。

本例练习移动命令的操作方法，操作步骤如下。

单击"修改"面板中的"移动"命令按钮 ✥，命令行提示如下：

选择对象：   //选中矩形边框；

指定基点或 [位移(D)] <位移>：   //选择点 A；

指定第二个点或 <使用第一个点作为位移>： //选择点 B，结果如图 5-7 所示。

图 5-6 移动前的图形   图 5-7 移动后的图形

📖 注意：根据命令行提示一定要选好基点，基点是确定实体移动的参考点。

5.3.2 旋转

旋转（ROTATE）命令是将图形对象围绕着一个固定的点（基点）旋转一定的角度，但不改变对象的大小。在命令执行过程中，需要确定的参数有旋转对象、基点位置和旋转角度。单击菜单栏中的"修改"→"旋转"命令，或者在"修改"面板中单击"旋转"命令按钮 ↻，如图 5-8 所示。

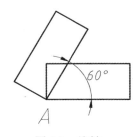

图 5-8　旋转

【例 5-2】：将图 5-9 中的直线 CD 修改为与直线 AB 垂直。

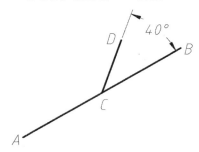

图 5-9　旋转前的图形

单击"修改"面板中的"旋转"命令按钮 ↻，命令行提示如下：

选择对象：	//选择直线 CD 为要旋转的对象；
选择对象：	//按回车键或继续选择对象；
指定基点：	//指定旋转基点 C；
指定旋转角度或[复制(C)/参照(R)]：	//指定旋转角 50°，结果如图 5-10 所示。

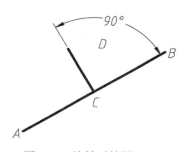

图 5-10　旋转后的图形

📖　注意：在 AutoCAD 中默认的旋转方向为逆时针方向，当输入负值角度时则按顺时针方向旋转。

　　如果直接输入角度值，可以将对象绕基点旋转该角度。角度值为正时，逆时针旋转；角度值为负时，顺时针旋转。如果选择"参照(R)"选项，将以参照方式旋转对象，需要依次指定参照方向的角度值和相对于参照方向的角度值。

【例 5-3】：将图 5-11 中的矩形绕点 *A* 旋转到边 *AB* 与三角形的边 *AC* 重合的位置。

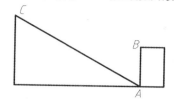

图 5-11　旋转前

本例练习旋转命令的操作方法，操作步骤如下。

单击"修改"面板中的"旋转"命令按钮 ⟲，命令行提示如下：

命令：_rotate	
UCS 当前的正角方向：ANGDIR=逆时针　ANGBASE=0	
选择对象：	
指定对角点：找到 4 个	//用窗选方式旋转矩形的 4 条边；
选择对象：	
指定基点：	//选择点 A；
指定旋转角度，或 [复制(C)/参照(R)] <0>：R	//选择参照旋转；
指定参照角 <0>：	//选择点 A；
指定第二点：	//选择点 B；
指定新角度或 [点(P)] <0>：	//选择点 C。

结果如图 5-12 所示。

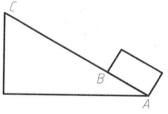

图 5-12　旋转后

5.3.3　缩放

缩放（SCALE）命令是将已有的图形对象，以基点为参照进行等比例缩放。在绘图时，遇到等比例关系的图形，可以直接运用缩放命令绘制图形，减少工作量。在 AutoCAD 2022 的菜单栏中单击"修改"→"缩放"命令，或者在"修改"面板中单击"缩放"命令按钮 ⬜，可以将对象按指定的比例因子相对于基点进行缩放。执行此命令后，命令行提示如下：

选择对象：	//选择要缩放的对象；
选择对象：	//按回车键或继续选择对象；
确定基点：	//指定基点；
指定比例因子或[复制(C)/参照(R)]：	//指定比例因子。

如果直接指定缩放的比例因子，对象将根据该比例因子相对于基点缩放。当比例因子大于 0 而小于 1 时，缩小对象；当比例因子大于 1 时，放大对象。如果选择"参照(R)"选项，对象将按参照的方式缩放，需要依次输入参照长度的值和新的长度值，AutoCAD 首先根据参照长度与新长度的值自动计算比例因子（比例因子=新长度值/参照长度值），然后进行缩放。图 5-13 所示为采用复制方式且按比例因子 1.2 缩放的图形。

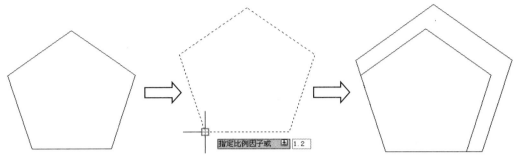

图 5-13　缩放图形

【例 5-4】：用缩放命令将图 5-11 中的矩形放大，使边 AB 与边 AC 长度相等。

本例练习缩放命令的操作方法，操作步骤如下。

单击"修改"面板中的"缩放"命令按钮 □，命令行提示如下：

```
命令：_scale
选择对象：
指定对角点：找到 4 个                    //用窗选方式旋转矩形的 4 条边；
选择对象：
指定基点：                              //选择点 A；
指定比例因子或 [复制(C)/参照(R)]：r       //选择参照缩放；
指定参照长度 <30.0374>：                 //选择点 A；
指定第二点：                            //选择点 B；
指定新的长度或 [点(P)] <1.0000>：        //选择点 C。
```

结果如图 5-14 所示。

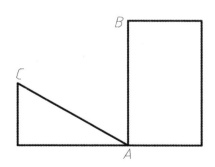

图 5-14　参照缩放

5.4　图形复制类命令

在绘制图形时，如果要绘制几个完全相同的对象，通常更快捷、简便的方法是：在绘制了第一个对象后，用图形复制类命令生成与已有图形对象具有相同性质的图形对象。这种图形复制类命令包括复制、镜像、偏移、阵列等命令。

5.4.1　复制

复制命令和移动命令类似，只不过它在平移图形的同时，会在原图形的位置创建一个副本，所以复制命令需要确定的参数仍然是平移对象、基点、起点和终点。"复制"命令多用于有多个相同的对象时，通过复制快速得到多个相同的图形。

在 AutoCAD 中，单击菜单栏中的"修改"→"复制"命令，或者单击"修改"面板中的"复制"命令按钮 ⅋，即可复制已有对象，并将其放置到指定的位置。执行该命令时，首先需要选择对象，然后指定位移基点和位移矢量（相对于基点的方向和大小）。

【例 5-5】：将如图 5-15 所示的图形中左侧的小圆复制到右侧大圆的中心位置。

本例练习复制命令的操作方法，操作步骤如下。

单击"修改"面板中的"复制"命令按钮 ⅋，命令行提示如下：

```
选择对象：                                    //选择小圆；
当前设置：  复制模式 = 多个
指定基点或 [位移(D)/模式(O)] <位移>：          //选择小圆圆心点；
指定第二个点或 <使用第一个点作为位移>：        //选择大圆圆心点；
指定第二个点或 [退出(E)/放弃(U)] <退出>：      //按回车键。
```

结果如图 5-16 所示。

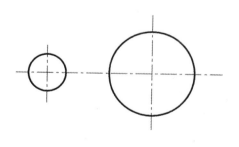

图 5-15　图形

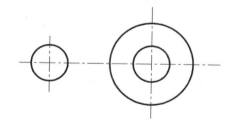

图 5-16　图形复制

使用复制命令还可以同时创建多个副本。在"指定第二个点或[退出(E)/放弃(U)<退出>："的提示下，通过连续指定位移的第二个点来创建该对象的其他副本，直到按回车键结束。

📖 提示：AutoCAD 中的图形对象可以直接使用 Windows 系统中的〈Ctrl+C〉和〈Ctrl+V〉组合键复制、粘贴。

【例 5-6】：绘制如图 5-17 所示的图形。

图 5-17　绘制图形

本例练习复制命令的操作方法，操作步骤如下。

❶ 打开第 2 章建立的样板图文件（见图 2-73），将当前图层切换为"粗实线"图层，单击"圆"命令按钮，绘制两个半径分别为 6、7 的同心圆，如图 5-18 所示。

❷ 单击"修改"面板中的"复制"命令按钮，命令行提示如下：

命令：_copy
选择对象：
指定对角点：找到 2 个　　　　　　　　　　//选择两个同心圆；
选择对象：　　　　　　　　　　　　　　　//按回车键，结束选择对象；
当前设置：复制模式 = 多个
指定基点或 [位移(D)/模式(O)] <位移>：　　//按回车键，或输入"D"，切换到"位移(D)"
选项；
指定位移 <0.0000, 0.0000, 0.0000>：@10,0　//输入偏移的位移。

结果如图 5-19 所示。

　　　　　　　　　　　　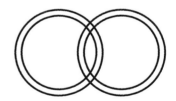

图 5-18　绘制圆　　　　　　　　　　　　　　　图 5-19　复制圆

❸ 采用相同的方法，复制图 5-18 的两个同心圆，向右移动的距离分别为 20、30、40，如图 5-20 所示。

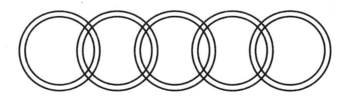

图 5-20　连续复制圆

❹ 单击"修改"面板中的"移动"命令按钮，命令行提示如下：

命令：_move

选择对象：

指定对角点：找到 2 个

选择对象：

指定对角点：找到 2 个，总计 4 个

//选择中间相交的两组同心圆，如

图 5-21 所示；

选择对象：　　　　　　　　　　　　　　　//按回车键，结束选择对象；

指定基点或 [位移(D)] <位移>：　　　　　//选择圆心点；

指定第二个点或 <使用第一个点作为位移>：@0,-6　//输入移动的距离。

结果如图 5-17 所示。

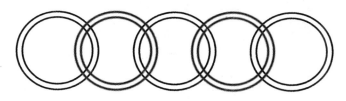

图 5-21　选择移动的对象

5.4.2　镜像

在 AutoCAD 中，可以使用镜像命令，将选择的图形以镜像线对称复制。在镜像过程中，原对象可以保留，也可以删除。单击菜单栏中的"修改"→"镜像"命令，或者在"修改"面板中单击"镜像"命令按钮 ⚠。通常在绘制一个对称图形时，可以先绘制图形的一半，通过指定一条镜像中心线，再用镜像的方法来创建图形的另外一半，这样可以快速地绘制所需要的图形，降低工作量。

执行该命令时，可以生成与所选对象对称的图形，即镜像操作。在镜像对象时需要指出对称轴线，轴线是任意方向的，所选对象将根据该轴线进行对称，并且可以选择删除或保留原对象。

【例 5-7】：将如图 5-22（a）所示的图形，经过镜像命令，得到如图 5-22（c）所示的图形。

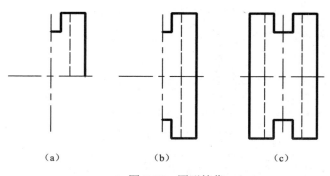

（a）　　　　　　　　（b）　　　　　　　　（c）

图 5-22　图形镜像

本例练习镜像命令的操作方法，操作步骤如下。

单击"修改"面板中的"镜像"命令按钮 ⚟，命令行提示如下：

选择对象：	//选择图 5-22（a）中需要镜像的对象；
指定镜像线的第一点：	//选择水平中心线上的第一点；
指定镜像线的第二点：	//选择水平中心线上的第二点；
要删除源对象吗？[是(Y)/否(N)] <N>：	//按回车键，如图 5-22（b）所示；
命令：	//按回车键，重复 MIRROR 命令；
选择对象：	//选择图 5-22（b）中需要镜像的对象；
指定镜像线的第一点：	//选择垂直中心线上的第一点；
指定镜像线的第二点：	//选择垂直中心线上的第二点；
要删除源对象吗？[是(Y)/否(N)] <N>：	//按回车键。

📖 提示：镜像线既可以是一条已有的直线，也可以是一条临时的参考线，镜像后不保留。

5.4.3 偏移

偏移命令是一种特殊的复制对象的方法，它根据指定的距离或通过点建立一个与所选对象平行的对象，从而使对象数量增加。在 AutoCAD 中，可以使用偏移命令，对指定的直线、圆弧、圆等对象做同心偏移复制。对于直线而言，其圆心为无穷远，因此是平行复制。在实际应用中，常利用偏移命令的特性创建平行线或等距离分布图形。

单击菜单栏中的"修改"→"偏移"命令，或者在"修改"面板中单击"偏移"命令按钮 ⊑，其命令行显示如下提示：

指定偏移距离或 [通过(T)/删除(E)/图层(L)] <通过>：

在默认情况下，需要先指定偏移距离，再选择要偏移复制的对象，并指定偏移方向，以复制出对象。偏移操作所生成的新对象变大或变小，取决于将其放置在原对象的哪一边。例如，将一个圆的偏移对象放置在圆的外部，将生成一个更大的同心圆；若向圆的内部放置，将生成一个小的同心圆。

【例 5-8】：图 5-23（a）中的圆半径为 30，采用偏移命令，在其内部绘制一个半径为 15 的同心圆，在其外部绘制一个通过 A 直线的右端点的同心圆。

本例练习偏移命令的操作方法，操作步骤如下。

❶ 单击"修改"面板中的"偏移"命令按钮 ⊑，命令行提示如下：

指定偏移距离或[通过(T)/删除(E)/图层(L)] <通过>：15	
选择要偏移的对象或[退出(E)/放弃(U)] <退出>：	//选择半径为 30 的圆；
指定要偏移的那一侧上的点或[退出(E)/多个(M)/放弃(U)] <退出>：	//单击圆内任一点。

屏幕显示如图 5-23（b）所示。

❷ 单击"修改"面板中的"偏移"命令按钮 ⊑，命令行提示如下：

指定偏移距离或[通过(T)/删除(E)/图层(L)] <15.000>：T	//按回车键；
选择要偏移的对象或[退出(E)/放弃(U)] <退出>：	//选择半径为 30 的圆；
指定通过点或 [退出(E)/多个(M)/放弃(U)] <退出>：	//单击点 A。

屏幕显示如图 5-23（c）所示。

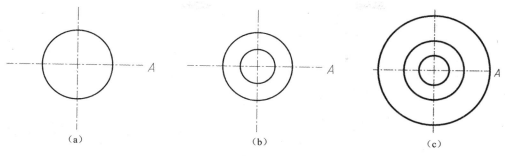

图 5-23　偏移图形

对不同的图形执行偏移命令，会有不同的结果。

- 在偏移圆弧时，新圆弧的长度会发生变化，但新、旧圆弧的中心角相同。
- 在对直线、构造线、射线偏移时，实际上是将它们进行平行复制。
- 对圆或椭圆执行偏移命令，圆心不变，但圆的半径或椭圆的长、短轴会发生变化。
- 在偏移样条曲线时，其长度和起始点要调整，使新样条曲线的各个端点均位于旧样条曲线相应端点处的法线方向上。

📖　说明：偏移命令通常只能选择一个图形要素。

5.4.4　阵列

在 AutoCAD 中，通过阵列命令可以一次将选择的对象复制多个并按一定的规律排列。通过阵列命令复制出的全部对象是一个整体，只有将其分解后才可以对其中的每个对象进行单独编辑。阵列操作又分矩形阵列、路径阵列和环形阵列。

单击菜单栏中的"修改"→"阵列"命令，如图 5-24 所示，或者在"修改"面板中单击"矩形阵列"命令按钮 ⊞ 、"路径阵列"命令按钮 ∘⌒∘ 或"环形阵列"命令按钮 ⚙ ，如图 5-25 所示，都可以打开各自的"阵列创建"面板，可以通过修改该面板的参数来复制对象。

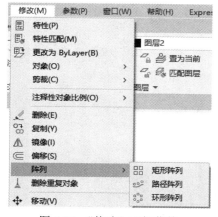

图 5-24　"修改"下拉菜单

图 5-25　"阵列"下拉列表

1．矩形阵列复制

矩形阵列是在行和列两个线性方向创建原对象的多个副本。在绘图过程中需要先确定原对象，然后设置行和列方向的阵列间距个数。如果希望阵列的图形向相反的方向复制，则需要在列间距和行间距前加"-"号。

单击"矩形阵列"命令按钮 ，选择要阵列的对象，打开如图 5-26 所示的"阵列创建"面板。

类型	列			行 ▼			层级			特性		关闭
矩形	列数:	4		行数:	3		级别:	1		关联	基点	关闭阵列
	介于:	45		介于:	45		介于:	1				
	总计:	135		总计:	90		总计:	1				

图 5-26 "阵列创建"面板

该面板中的各选项含义如下。

- 列数：可在该文本框中指定矩形阵列对象的列数。
- 介于：可在该文本框中指定矩形阵列对象之间的列间距。
- 总计：可在该文本框中指定第一列到最后一列之间的总距离。
- 行数：可在该文本框中指定矩形阵列对象的行数。
- 介于：可在该文本框中指定矩形阵列对象之间的行间距。
- 总计：可在该文本框中指定第一行到最后一行之间的总距离。
- 级别：指定（三维阵列的）层数。在二维绘图中一般不用修改此选项。
- 介于：可在该文本框中指定矩形阵列对象之间的层间距。
- 总计：可在该文本框中指定第一层到最后一层之间的总距离。
- 关联：用于指定阵列中的对象是关联的还是独立的。如果是关联的，则包含单个阵列对象中的阵列项目，类似于块。使用关联阵列，可以通过编辑特性和原对象在整个阵列中快速传递更改。如果不是关联的，则创建阵列项目作为独立对象。更改一个项目不影响其他项目。
- 基点：用于指定在阵列中放置对象的基点。

【例 5-9】：采用矩形阵列命令，将半径为 5 的圆复制为 3 行 4 列的图形，行间距和列间距均为 20。

❶ 打开第 2 章建立的样板图文件（见图 2-73），将当前图层切换为"粗实线"图层，单击"圆"命令按钮 ，绘制半径为 5 的同心圆，如图 5-27 所示。

图 5-27 圆

❷ 单击"修改"面板中的"矩形阵列"命令按钮 ，命令行提示如下：

```
命令：_arrayrect
选择对象：找到 1 个                    //选择半径为 5 的圆；
选择对象：                            //按回车键。
```

❸ 此时打开如图 5-28 所示的"阵列创建"面板，在"阵列创建"面板中分别输入列数"4"，列间距"20"，行数"3"，行间距"20"，选择"关联"选项，单击"关闭阵列"命令，结果如图 5-29 所示。

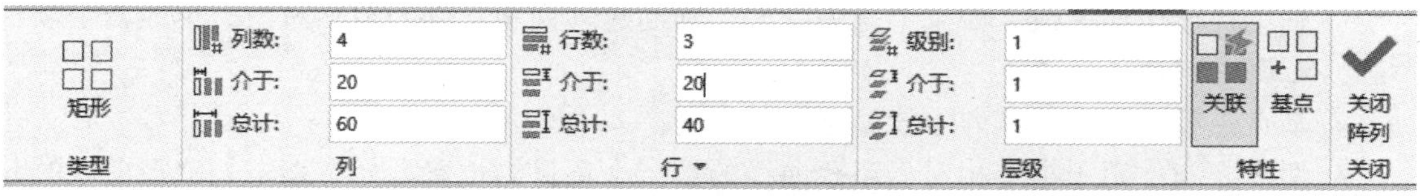

图 5-28　"阵列创建"面板

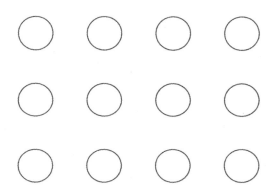

图 5-29　矩形阵列复制对象

2．路径阵列复制

路径阵列是沿路径或部分路径复制对象的，路径可以是直线、多段线、样条曲线、螺旋、圆弧、圆或椭圆。单击"路径阵列"命令按钮 ，选择要阵列的对象和路径，打开如图 5-30 所示的"阵列创建"面板。

图 5-30　"阵列创建"面板

该面板中各选项含义如下。

- 项目数：可在该文本框中指定路径阵列对象的数目，允许根据路径的曲线长度和项目间距自动计算项目数。
- 介于：可在该文本框中指定路径阵列对象之间的间距。
- 总计：可在该文本框中指定第一个到最后一个之间的总距离。
- 行数：可在该文本框中指定路径阵列对象的行数。
- 介于：可在该文本框中指定路径阵列对象之间的行间距。

- 总计：可在该文本框中指定第一行到最后一行之间的总距离。
- 级别：指定（三维阵列的）层数。在二维绘图中一般不用修改此选项。
- 介于：可在该文本框中指定路径阵列对象之间的层间距。
- 总计：可在该文本框中指定第一层到最后一层之间的总距离。
- 关联：用于指定阵列中的对象是关联的还是独立的。如果是关联的，则包含单个阵列对象中的阵列项目，类似于块。使用关联阵列，可以通过编辑特性和原对象在整个阵列中快速传递更改。如果不是关联的，则创建阵列项目作为独立对象。更改一个项目不影响其他项目。
- 基点：用于指定在阵列中放置对象的基点。
- 切线方向：用于指定相对于路径曲线的第一个项目的位置。允许指定与路径曲线的起始方向平行的两个点。
- 定距等分：在编辑路径时，或者通过夹点、"特性"选项板编辑项目数时，保持当前的项目间距。
- 定数等分：将指定数量的项目沿路径的长度均匀分布。
- 对齐项目：用于控制阵列中的其他项目是否保持相切或平行方向。
- Z 方向：用于控制是否保持项目的原始 Z 方向或沿三维路径自然倾斜项目。

【例 5-10】：采用路径阵列命令，绘制如图 5-31 所示的图形。

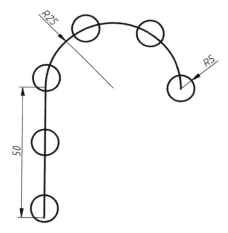

图 5-31　路径阵列图形

❶ 打开第 2 章建立的样板图文件（见图 2-73），将当前图层切换为"粗实线"图层，单击"直线"命令按钮 ╱ 、"圆弧"命令按钮 ⌒ 和"圆"命令按钮 ⊙，绘制图形如图 5-32 所示。

❷ 单击"修改"面板中的"合并"命令按钮 ↠，命令行提示如下：

命令：_join
选择源对象或要一次合并的多个对象：找到 1 个　　//选择半径为 25 的圆弧；
选择要合并的对象：找到 1 个，总计 2 个　　//选择直线，如图 5-33 所示；
选择要合并的对象：2 个对象已转换为 1 条多段线　　//按回车键，结束选择对象。
将直线和半径为 25 的圆弧合成一个整体。

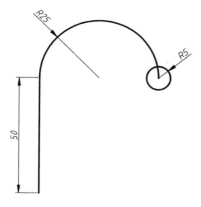

图 5-32   绘制直线和圆弧

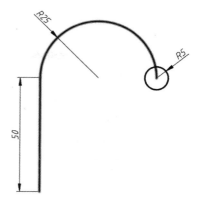

图 5-33   选择要合并的对象

❸ 单击"修改"面板中的"路径阵列"命令按钮 ᵒᵒᵒ，命令行提示如下：

命令：_arraypath	
选择对象：找到 1 个	//选择半径为 5 的圆；
选择对象：	//按回车键，结束选择对象；
类型 = 路径 关联 = 否	
选择路径曲线：	//选择合并后的对象；

选择夹点以编辑阵列或 [关联(AS)/方法(M)/基点(B)/切向(T)/项目(I)/行(R)/层(L)/对齐项目(A)/z 方向(Z)/退出(X)] <退出>：

❹ 此时打开如图 5-34 所示的"阵列创建"面板，在"阵列创建"面板中的"项目"选项组的"介于"文本框中输入"25"，结果如图 5-31 所示。

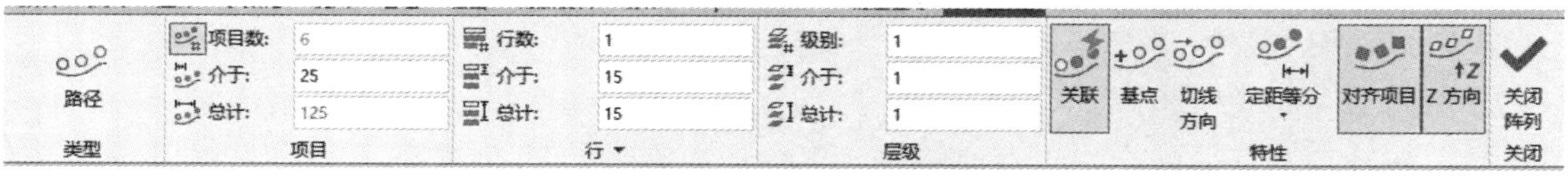

路径	项目数	6	行数	1	级别	1	关联	基点	切线方向	定距等分	对齐项目	Z方向	关闭阵列
	介于	25	介于	15	介于	1							
	总计	125	总计	15	总计	1							
类型	项目		行 ▼		层级					特性			关闭

图 5-34   "阵列创建"面板

3．环形阵列复制

环形阵列是以某一点为中心点进行环形复制的，阵列结果是阵列对象沿圆周均匀分布，绘图前先确定源对象，再确定环形阵列的基点与个数。

单击"环形阵列"命令按钮 ⊞，选择要阵列的对象和阵列中心点，打开如图 5-35 所示的"阵列创建"面板。

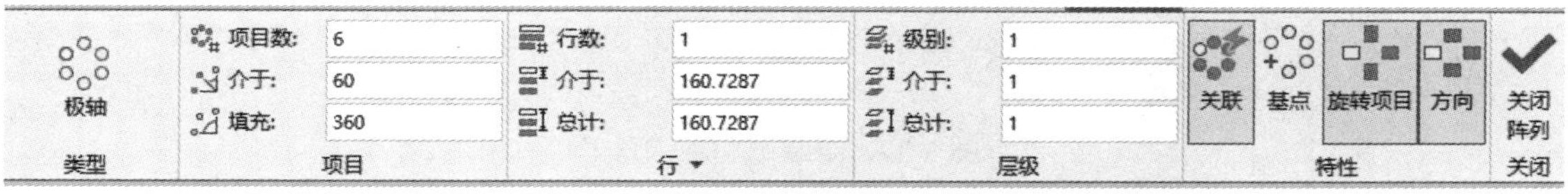

极轴	项目数	6	行数	1	级别	1	关联	基点	旋转项目	方向	关闭阵列
	介于	60	介于	160.7287	介于	1					
	填充	360	总计	160.7287	总计	1					
类型	项目		行 ▼		层级				特性		关闭

图 5-35   "阵列创建"面板

该面板中的各选项含义如下。

● 项目数：可在该文本框中指定环形阵列对象的数目。

- 介于：可在该文本框中指定环形阵列相邻两对象之间的角度。
- 填充：可在该文本框中指定第一项到最后一项之间的总角度。
- 行数：可在该文本框中指定环形阵列对象的行数。
- 介于：可在该文本框中指定环形阵列对象之间的行间距。
- 总计：可在该文本框中指定第一行到最后一行之间的总距离。
- 级别：指定（三维阵列的）层数。在二维绘图中一般不用修改此选项。
- 介于：可在该文本框中指定环形阵列对象之间的层间距。
- 总计：可在该文本框中指定第一层到最后一层之间的总距离。
- 关联：用于指定阵列中的对象是关联的还是独立的。如果是关联的，则包含单个阵列对象中的阵列项目，类似于块。使用关联阵列，可以通过编辑特性和源对象在整个阵列中快速传递更改。如果不是关联的，则创建阵列项目作为独立对象。更改一个项目不影响其他项目。
- 基点：用于指定在阵列中放置对象的基点。
- 旋转项目：用于控制在阵列项目时是否旋转项目。
- 方向：用于控制是否创建顺时针或逆时针阵列。

【例 5-11】：采用环形阵列命令，绘制如图 5-36 所示的图形。

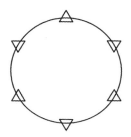

图 5-36　绘制图形

❶ 打开第 2 章建立的样板图文件（见图 2-73），将当前图层切换为"粗实线"图层，单击"圆"命令按钮 ⊘ 和"正多边形"命令按钮 ⬠，绘制图形如图 5-37 所示。

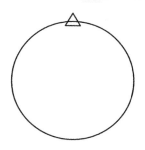

图 5-37　绘制圆和正三角形

❷ 单击"修改"面板中的"环形阵列"命令按钮 ⬚，命令行提示如下：

```
命令：_arraypolar
选择对象：找到 1 个                          //选择正三角形；
```

选择对象：　　　　　　　　　　　　　　　　　//按回车键，结束选择对象；

类型 = 极轴　关联 = 是

指定阵列的中心点或 [基点(B)/旋转轴(A)]：　　　　//选择圆心点；

选择夹点以编辑阵列或 [关联(AS)/基点(B)/项目(I)/项目间角度(A)/填充角度(F)/行(ROW)/层(L)/旋转项目(ROT)/退出(X)] <退出>：

此时打开如图 5-38 所示的"阵列创建"面板，在"阵列创建"面板中输入角度"60"，选择"旋转项目"选项，单击"关闭阵列"命令，结果如图 5-39（a）所示。

如果取消"旋转项目"选项，则结果如图 5-39（b）所示，三角形不会随着阵列的角度旋转。

图 5-38　"阵列创建"面板

（a）选中旋转项目

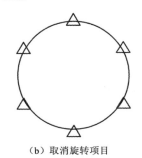

（b）取消旋转项目

图 5-39　环形阵列复制对象

5.5　图形几何编辑命令

本节讲解对图形的一些几何编辑操作命令，其中包括拉伸、修剪、延伸、打断、倒角、圆角、分解等。

5.5.1　拉伸

拉伸（STRETCH）命令可以将图形的一部分沿指定的方向拉伸。执行该命令需要选择拉伸对象、拉伸基点和第二点（确定拉伸方向和距离）。拉伸命令的使用窍门是：其拉伸基点可以不在对象上选择，首先在图形空白处任意指定一点，然后准确地指定第二点，即可快速修改图形。

单击菜单栏中的"修改"→"拉伸"命令，或者在"修改"面板中单击"拉伸"命令按钮，即可拉伸对象。执行该命令时，可以使用交叉窗口方式选择对象，依次指定位移基点和位移矢量，将会移动全部位于选择窗口之内的对象，并拉伸（或压缩）与选择窗口边界相交的对象，如图 5-40 所示。

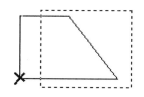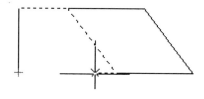

图 5-40　拉伸命令

📖 注意：①一定要用交叉窗口方式选择要拉伸的对象；②拉伸命令实质上是将交叉窗口方式中矩形框内的端点按基点到目的点的距离和方向进行移动，矩形框外的端点不动，从而实现拉伸或压缩。若欲拉伸或压缩的实体端点均被选择在矩形框内，则执行的是与移动命令一样的平移操作；③因为圆、椭圆、文本等实体对象没有端点，所以不能实现拉伸或压缩。

【例 5-12】：采用拉伸命令，将图 5-41 所示的螺纹长度 15 拉伸至 30。

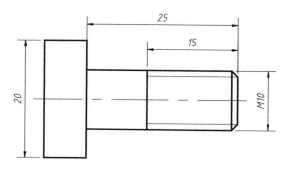

图 5-41　绘制图形

❶ 打开第 2 章建立的样板图文件（见图 2-73），将当前图层切换为"粗实线"图层，单击"直线"命令按钮 ／，绘制图形如图 5-41 所示。

❷ 单击"修改"面板中的"拉伸"命令按钮 🔟，当命令行提示"选择对象："时，以交叉窗口方式选择螺纹部分，如图 5-42 所示。选择螺纹上一点作为基点，如图 5-43 所示。

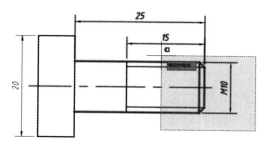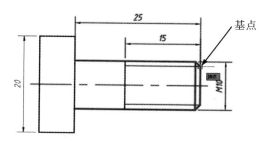

图 5-42　选择对象　　　　　　　　　　　图 5-43　选择基点

❸ 当命令行提示"指定第二个点或 <使用第一个点作为位移>："时，输入(@15,0)，如图 5-44 所示，结果如图 5-45 所示。

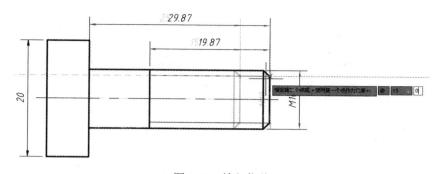

图 5-44　输入位移

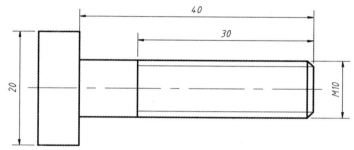

图 5-45　拉伸后的图形

5.5.2　修剪

　　绘制好大概的图形后，通常要将一些不需要的线段修剪掉，使图线精确地终止于由指定边界定义的边界。修剪（TRIM）命令可以删除一个对象与其他对象相互交错产生的分段，如果选择的对象没有与其他对象相交，则删除整个对象（此时等同于删除命令）。

　　在 AutoCAD 2022 的菜单栏中单击"修改"→"修剪"命令，或者在"修改"面板中单击"修剪"命令按钮，可以直接修剪对象。

　　执行修剪命令时，选择修剪对象，将修剪对象上位于拾取点一侧的部分剪切掉。如果按下〈Shift〉键，同时选择与修剪边不相交的对象，修剪边将变为延伸边界，将选择的对象延伸至与修剪边界相交。在 AutoCAD 中，可以修剪的对象有直线、圆弧、圆、椭圆或椭圆弧、多段线、样条曲线、构造线、射线及文字等。

【例 5-13】：绘制如图 5-46 所示的五角星图形。

图 5-46　绘制五角星

❶ 打开第 2 章建立的样板图文件（见图 2-73），将当前图层切换为"粗实线"图层，单击"正多边形"命令按钮 ⬡，绘制一个正五边形，如图 5-47 所示。

❷ 单击"直线"命令按钮 ╱，分别连接正五边形的各个角点，如图 5-48 所示。

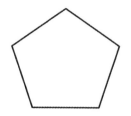

图 5-47　绘制正五边形

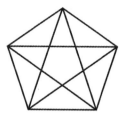

图 5-48　绘制直线

❸ 单击"修改"面板中的"修剪"命令按钮 ✂，分别拾取要修剪的对象，如图 5-49 所示。单击"修改"面板中的"删除"命令按钮 ✐，删除外面的正五边形，结果如图 5-46 所示。

图 5-49　拾取修剪对象

5.5.3　延伸

延伸（EXTEND）命令可以将未闭合的直线、圆弧等图形对象延伸到一个边界对象，使其与边界相交。在 AutoCAD 2022 的菜单栏中单击"修改"→"延伸"命令，或者在"修改"面板中单击"延伸"命令按钮 ⟶|，可以延长指定的对象，使其与另一个对象相交或外观相交。

延伸命令的使用方法和修剪命令的使用方法相似，不同之处在于：使用延伸命令时，如果在按下〈Shift〉键的同时选择对象，则执行修剪命令。"延伸"命令的操作如图 5-50 所示。

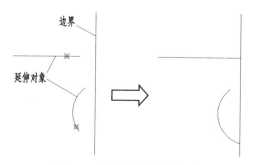

图 5-50　"延伸"命令的操作

5.5.4　打断

打断命令也是一个比较实用的图形编辑命令，利用该命令可以将一个图形对象打断为两个对象，对象之间可以具有间隙，也可以没有间隙。断开方式有两种：一种是打断（BREAK）命令，它可以部分删除对象或把对象分解成两部分；另外一种是打断于点命令，它可以将对象在一点处断开成两个对象。使用打断命令时，被分离的线段只能是单独的线条，不能是任何组合形体，如图块、编组等。该命令可通过指定两点、选择物体后再指定两点这两种方式断开。

1．打断对象

在 AutoCAD 2022 的菜单栏中单击"修改"→"打断"命令，或者在"修改"面板中单击"打断"命令按钮 ，即可部分删除对象或把对象分解成两部分。执行该命令并选择需要打断的对象。

【例 5-14】：绘制如图 5-51 所示的图形。

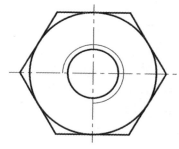

图 5-51　绘制图形

❶ 打开第 2 章建立的样板图文件（见图 2-73），将当前图层切换为"中心线"图层，单击"直线"命令按钮 ，绘制两条中心线，如图 5-52 所示。

❷ 将当前图层切换为"粗实线"图层，单击"圆"命令按钮 和"正多边形"命令按钮 ，绘制两个半径分别为 4、10 的圆和与圆相切的正六边形，如图 5-53 所示。

图 5-52　绘制中心线　　　　　　　　图 5-53　绘制圆和正六边形

❸ 将当前图层切换为"细实线"图层，单击"圆"命令按钮 ，绘制半径为 4.8 的细实线圆，如图 5-54 所示。

❹ 单击"修改"面板中的"打断"命令按钮 ⚟，根据命令行提示分别选择拾取对象和第二个打断点，如图 5-55 所示。打断完的图形如图 5-51 所示。

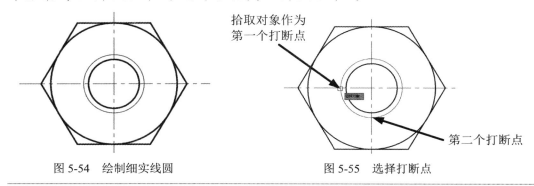

图 5-54　绘制细实线圆　　　　　　　　图 5-55　选择打断点

📖 注意：对圆和椭圆执行打断命令时，从第一点逆时针到第二点的圆弧部分消失。

2．打断于点

打断于点命令是指将原本为一个整体的线条分离成两段，创建出间距效果。被打断的线条只能是单独的线条，不能打断组合形体。打断于点命令可以用来为文字、标注等创建注释空间，尤其适用于修改由大量直线、多段线等线性对象构成的电路图。

在"修改"面板中单击"打断于点"命令按钮 ⚟，可以将对象在一点处断开成两个对象。执行该命令时，需要先选择要打断的对象，然后指定打断点，即可从该点打断对象。

【例 5-15】：将一条直线从中点断开成两条直线。

本例练习打断于点命令的操作方法，操作步骤如下。

❶ 打开第 2 章建立的样板图文件（见图 2-73），将当前图层切换为"粗实线"图层，单击"直线"命令按钮 ✏，绘制一条直线，如图 5-56 所示。

❷ 单击"修改"面板中的"打断于点"命令按钮 ⚟，根据命令行提示选择直线为需要打断的对象，当命令行提示"指定打断点："时，单击"对象捕捉"工具栏中的"中点"命令按钮，并选择直线的中点，如图 5-57 所示。

图 5-56　绘制直线　　　　　　　　　　　图 5-57　指定打断点

❸ 结果如图 5-58 所示，在选中状态下可以看出原直线被打断成两条直线。

图 5-58　原直线被打断成两条直线

5.5.5　倒角

倒角（CHAMFER）特征更多地考虑了零件的工艺性，使零件避免出现尖锐的棱角。在机械制图中，倒角是较为常见的一种结构表现形式。在 AutoCAD 2022 的菜单栏中单击"修改"→"倒角"命令，或者在"修改"面板中单击"倒角"命令按钮，即可为对象绘制倒角。

倒角命令的选项比较多，单击"倒角"命令后，命令行提示如下：

> 命令：_chamfer
> （"修剪"模式）当前倒角：距离 1 = 1.0000，距离 2 = 1.0000
> 选择第一条直线或 [放弃(U)/多段线(P)/距离(D)/角度(A)/修剪(T)/方式(E)/多个(M)]：

各选项含义如下。

- 选择第一条直线：用于定义倒角所需两条边中的第一条边。
- 多段线(P)：在二维多段线的直线边之间倒棱角，当线段长于倒角距离时，则不做倒角。
- 距离(D)：用于设置倒角距离。
- 角度(A)：用角度法确定倒角参数。后续提示为"指定第一条直线的倒角长度""指定第一条直线的倒角角度"。
- 修剪(T)：用于选择修剪模式。后续提示为"输入修剪模式选项[修剪(T)/不修剪(N)]"。如改为不修剪(N)，则倒棱角时将保留原线段，既不修剪，也不延伸。
- 方式(E)：用于选定倒棱角的方法，即选距离或角度方法。后续提示为"输入修剪方法[距离(D)/角度(A)]"。
- 多个(M)：选择此项可以连续为多个线段倒棱角，最后按回车键确认退出。

倒角命令的使用分为两步：第一步确定倒角大小或倒角距离与相关角度，第二步确定两条需要倒角的边。

最常用的是：首先选择"距离(D)"选项，分别指定倒角的两个距离值，然后选择要倒角的两条线即可。也可以用指定倒角角度的方式绘制倒角。如果被倒角的对象是多段线，只需选择一次对象，即可生成所有倒角。

📖 注意：在倒角距离为零时，被倒角的对象将被修剪或延伸直到它们相交，但并不创建倒角。

【例 5-16】：在两条直线之间倒角，如图 5-59 所示。

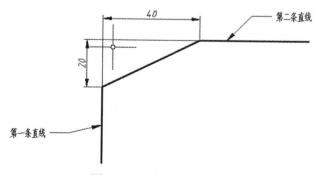

图 5-59　两条直线之间倒角

本例练习"倒角"命令的操作方法，操作步骤如下。

单击"修改"面板中的"倒角"命令按钮，命令行提示如下：

选择第一条直线或[多段线(P)/距离(D)/角度(A)/修剪(T)/方法(M)]：D 回车
　　　　　　　　　　　　　　　　　　　　　　　　//选择倒角"距离(D)"选项；

指定第一个倒角距离〈10.00〉：20 回车　　　　　//输入第一个倒角的距离；
指定第二个倒角距离〈10.00〉：40 回车　　　　　//输入第二个倒角的距离；
选择第一条直线或[多段线(P)/距离(D)/角度(A)/修剪(T)/方法(M)]：
　　　　　　　　　　　　　　　　　　　　　　　　//选择第一条直线；
选择第二条直线：　　　　　　　　　　　　　　　//选择第二条直线。

结果如图 5-59 所示。

5.5.6　圆角

圆角（FILLET）命令使用与对象相切且具有指定半径的圆弧连接两个对象。在 AutoCAD 2022 的菜单栏中单击"修改"→"圆角"命令，或者在"修改"面板中单击"圆角"命令按钮，即可对对象用圆弧倒圆角。

圆角命令的使用分为两步：第一步，确定圆角大小并通过半径设置其大小；第二步，选定两条需要画圆角的边。圆角命令的使用方法与倒角命令的使用方法相似，在命令行提示中，选择"半径(R)"选项，设置圆角的半径大小即可。如果将圆角半径设置为 0，那么被圆角的对象将被修剪或延伸直到它们相交，但并不创建圆弧。

【例 5-17】：在两条直线之间做 R10 的圆角。

本例练习圆角命令的操作方法，操作步骤如下。

单击"修改"面板中的"圆角"命令按钮，命令行提示如下：

选择第一个对象或 [放弃(U)/多段线(P)/半径(R)/修剪(T)/多个(M)]：R
　　　　　　　　　　　　　　　　　　　　　　　　//选择设置圆角的"半径(R)"
选项；
指定圆角半径 <0.0000>：10　　　　　　　　　　//设定圆角半径为 10；
选择第一个对象或 [放弃(U)/多段线(P)/半径(R)/修剪(T)/多个(M)]：
　　　　　　　　　　　　　　　　　　　　　　　　//单击第一条直线；
选择第二个对象或按住 Shift 键选择要应用角点的对象：//单击第二条直线。

结果如图 5-60 所示。

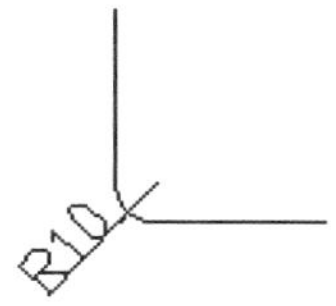

图 5-60　圆角命令

注意：圆角半径是倒圆角的主要参数，如果半径不合适（一般太大），则不能完成倒圆角的操作；通过选项设置有关参数，参数被设置后，参数将作为新的倒圆角的参数，但是绘制平行线间的倒角时，半径参数不起作用。

5.5.7　分解

在 AutoCAD 2022 中，对于矩形（使用矩形命令绘制的）、块等由多个对象编组成的组合对象，如果需要对单个对象进行编辑，就需要先将它们分解开。在菜单栏中单击"修改"→"分解"（EXPLODE）命令，或者在"修改"面板中单击"分解"命令按钮 ⬚，选择需要分解的对象后按回车键，即可分解图形并结束该命令。如对一个矩形进行分解，如图 5-61 所示。

（a）原对象　　　　　　　（b）对象未分解被选择　　　　　　　（c）对象已分解被选择

图 5-61　分解对象

5.6　夹点编辑

所谓夹点，就是图形对象上的一些特殊点，如端点、顶点、中点、圆心点等。图形的位置和形状通常是由夹点的位置决定的。在 AutoCAD 中夹点是一种集成的编辑模式，利用夹点可以编辑图形的大小、位置、方向，以及对图形进行镜像、复制等操作。

在默认情况下，AutoCAD 的夹点编辑方式是开启的，当用户在无命令状态下选择实体后，实体上将出现若干个蓝色方框，这些方框被称为夹点，如图 5-62 所示。将十字光标靠近方框并单击，夹点编辑模式被激活变成红色，此时，AutoCAD 自动进入拉伸编辑方式，连续按回车键，可以依次执行拉伸、移动、旋转、缩放或镜像等操作，夹点可以将命令和选择对象结合起来，从而提高编辑速度。

图 5-62　夹点

5.6.1　夹点选项设置

使用夹点编辑对象时，图形的夹点具有两种状态：冷夹点和热夹点。

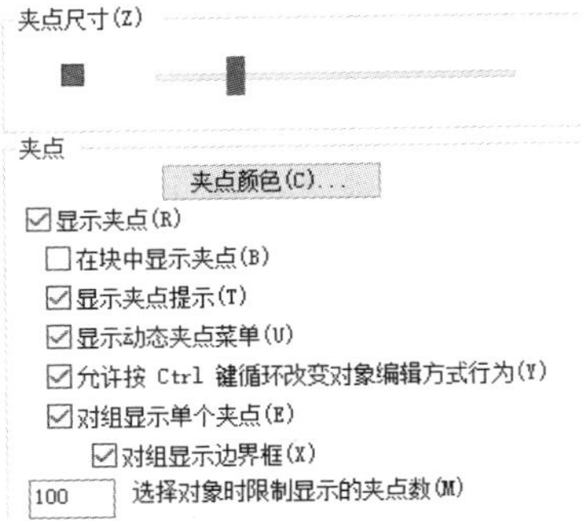

夹点尺寸(Z)

夹点

夹点颜色(C)...

☑ 显示夹点(R)
☐ 在块中显示夹点(B)
☑ 显示夹点提示(T)
☑ 显示动态夹点菜单(U)
☑ 允许按 Ctrl 键循环改变对象编辑方式行为(Y)
☑ 对组显示单个夹点(E)
☑ 对组显示边界框(X)
[100] 选择对象时限制显示的夹点数(M)

图 5-63　夹点设置

在选取图形对象后，图形上将出现若干个小方框，且颜色相同，此时选中对象的夹点被称为冷夹点。单击任意一个要编辑的夹点，则该夹点改变颜色，此时该夹点为热夹点。由此可见，热夹点是被激活的夹点，用户可以对其执行夹点的编辑操作，而冷夹点是未被激活的夹点，两者在图形上表现的不同之处主要在于颜色的差别。

单击"工具"→"选项"命令，在打开的"选项"对话框中单击"选择集"选项卡，在该选项卡中可以对夹点的开/关状态、是否在图块中启用夹点、选择及未选择时夹点的颜色、夹点的大小等状态进行设置，如图 5-63 所示，各选项的含义具体详见 2.2 节。

5.6.2　夹点编辑实体

采用夹点命令编辑对象时的步骤如下。

❶ 直接单击对象，出现蓝色夹点。

❷ 单击相应命令或右击鼠标，在弹出的快捷菜单中单击"编辑"命令。

❸ 再单击一个夹点，当其变为红色（热夹点）时，右击鼠标，在弹出的快捷菜单中单击相应命令；单击夹点并按住鼠标左键可以拉伸或移动对象。

❹ 按两次〈Esc〉键消除夹点（或单击"撤消"按钮）。

1. 使用夹点拉伸对象

在 AutoCAD 中，夹点提供了一种方便、快捷的编辑操作途径。在不执行任何命令的情况下选择对象，显示其夹点，并单击其中一个夹点作为拉伸的基点，如用夹点拉伸模式拉伸如图 5-64（a）所示的图形，命令行提示如下：

命令：将光标压在矩形上并单击，则矩形四角出现蓝色方块
命令：在"A"点单击，将其变成红实心块
拉伸
指定拉伸点或[基点(B)/复制(C)/放弃(U)/退出(X)]：输入(@20,20)

结果如图 5-64（b）所示。

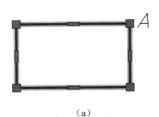

（a）　　　　　　　　　　　　　　（b）

图 5-64　夹点拉伸模式

在默认情况下，指定拉伸点（可以通过输入点的坐标或直接用鼠标指针拾取点）后，

AutoCAD 将把对象拉伸或移动到新的位置。对于某些夹点，移动时只能移动对象而不能拉伸对象，如文字、块、直线中点、圆心、椭圆中心和点对象上的夹点。

2．使用夹点移动对象

移动对象仅仅是位置上的平移，对象的方向和大小并不会发生改变。要精确地移动对象，可以使用捕捉模式、坐标、夹点和对象捕捉模式。在夹点编辑模式下确定基点后，在命令行提示下输入"MO"，或者右击鼠标，在弹出的快捷菜单中单击"移动"命令（如图 5-65 所示的快捷菜单），进入移动模式，命令行将显示如下提示信息：

＊＊ 移动 ＊＊

指定移动点或 [基点(B)/复制(C)/放弃(U)/退出(X)]：

通过输入点的坐标或拾取点的方式来确定平移对象的目的点后，即可以基点为平移的起点，以目的点为终点将所选对象平移到新的位置。

图 5-65　快捷菜单

3．使用夹点旋转对象

在夹点编辑模式下确定基点后，在命令行提示下输入"RO"，或者右击鼠标进入旋转模式，命令行将显示如下提示信息：

＊＊ 旋转 ＊＊

指定旋转角度或 [基点(B)/复制(C)/放弃(U)/参照(R)/退出(X)]：

在默认情况下，输入旋转的角度值后或通过拖动方式确定旋转角度后，即可将对象绕基点旋转指定的角度。也可以选择"参照(R)"选项，以参照方式旋转对象，这与旋转命令中的"参照(R)"选项功能相同。

4．使用夹点缩放对象

在夹点编辑模式下确定基点后，在命令行提示下输入"SC"，或者右击鼠标进入缩放模式，命令行将显示如下提示信息：

＊＊ 比例缩放 ＊＊

指定比例因子或 [基点(B)/复制(C)/放弃(U)/参照(R)/退出(X)]：

在默认情况下，当确定了缩放的比例因子后，AutoCAD 将相对于基点进行缩放对象的操作。当比例因子大于 1 时放大对象，当比例因子大于 0 而小于 1 时缩小对象。

5．使用夹点镜像对象

与镜像命令的功能类似，镜像操作后将删除原对象。在夹点编辑模式下确定基点后，在命令行提示下输入"MI"，或者右击鼠标进入镜像模式，命令行将显示如下提示信息：

＊＊ 镜像 ＊＊

指定第二点或 [基点(B)/复制(C)/放弃(U)/退出(X)]：

在指定镜像线上的第二点后，AutoCAD 将以基点作为镜像线上的第一点，新指定的点为镜像线上的第二点，将对象进行镜像操作并删除原对象。

5.7 编辑对象特性

每个 AutoCAD 中的对象都有一定的特性，如直线具有长度和端点，圆具有圆心和半径。这些由用户定义的对象尺寸和位置的特性被称为几何属性。除几何属性外，每个对象还有诸如颜色、线型、所在层、线型比例和厚度等其他一些特性，这些特性被称为对象属性。为了方便用户编辑图形，AutoCAD 中提供了一些命令用于察看和修改对象的几何属性和对象属性。

5.7.1 特性

1. 打开"特性"选项板

单击菜单栏中的"修改"→"特性"命令（见图 5-66），或者在"视图"选项卡中，单击"选项板"面板中的"特性"命令按钮 ![] （见图 5-67），打开"特性"选项板，如图 5-68 所示。

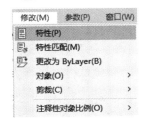

图 5-66 "修改"下拉菜单

图 5-67 "视图"选项卡

图 5-68 "特性"选项板

"特性"选项板是一个形式简单的表格式对话框，表格中的内容为所选对象的特性，根据所选对象的不同，表格中的内容也将不同。选项板左上方的文本框中显示了所选对象的类型名。如果没有选择对象，文本框中将显示"无选择"，选项板中将显示图形的整体属性；如果选择了一个对象，文本框中将显示该对象的名称；如果选择了多个或全部对象，文本框中将显示"全部（数字）"。

选项板下部是对象的特性表，可以分别将特性按字母顺序和分类排列。表格左边是特性的名称，右边显示该项的当前值或状态。表中的每个特性，都可以通过单击编辑框进行修改，非常方便。当需要修改对象的某一属性时，先单击表格左边的特性名称，使它增亮，然后视情况用以下方式来修改该特性值。

- 在该项右边的编辑框中输入一个新值，如图 5-69 所示，可以直接修改圆的半径数值，从而改变圆的大小。
- 单击该项右边的 ▼ 下拉按钮，从弹出的下拉列表中选择一个值或参数，如图 5-70 所示，可以修改当前选项"圆"所在的图层。
- 如果是与点坐标有关的特性，还可以单击右边的"拾取点"按钮 ，并在绘图区直接拾取点来改变坐标值，如图 5-71 所示，可以直接单击右边的"拾取点"按钮 ，并在屏幕上直接选取圆心 X 方向的坐标。

图 5-69　修改半径大小

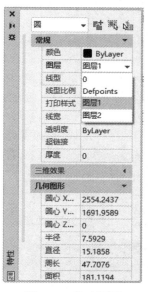

图 5-70　修改图层

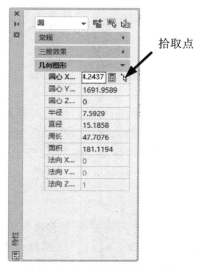

图 5-71　拾取点修改圆心位置

2．固定或隐藏特性窗口

"特性"选项板默认处于浮动状态。在"特性"选项板的标题栏上右击鼠标，将弹出一个快捷菜单，如图 5-72 所示。可通过该快捷菜单确定是否隐藏选项板、是否在选项板内显示特性的说明部分，以及是否将选项板锁定在主窗口中。

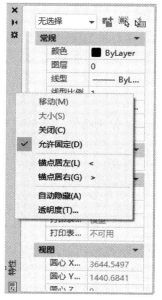

图 5-72 "特性"选项板的快捷菜单

【例 5-18】：通过特性命令的功能，将如图 5-73（a）所示的半径为 30 的圆，改为如图 5-73（b）所示的半径为 50 的圆，并将其放置在细实线图层上。

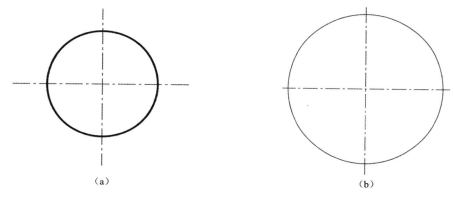

图 5-73 用对象特性修改图形

本例练习特性命令的操作方法，操作步骤如下。

❶ 调出"特性"选项板，如图 5-74 所示。

❷ 单击"特性"选项板中的"常规"卷展栏，在其"图层"下拉列表中，选择"细实线"选项，如图 5-75 所示。

❸ 单击"特性"选项板中的"几何图形"卷展栏，在其"半径"编辑框中，将当前的 30 改为 50，如图 5-76 所示。

❹ 单击"特性"选项板中左上角的"关闭"按钮 ✕，退出"特性"选项板。

结果如图 5-73（b）所示。

图 5-74　圆的"特性"选项板

图 5-75　选择"图层"　　　　　　　图 5-76　修改半径

5.7.2　特性匹配

特性匹配命令的功能在于将源对象的特性复制给一个或多个目的对象，使目的对象的特性与源对象的特性部分一致或完全一致。可以复制的特性一般有图层、颜色、线型、线宽等，还可以复制标注样式、文字样式和填充图案，因此这种功能特性被称为特性刷。

特性匹配命令常使用以下两种启动方式。

- 单击菜单栏中的"修改"→"特性匹配"命令。
- 单击"默认"→"特性"→"特性匹配"图标 。

【例 5-19】：用特性匹配命令，将如图 5-77（a）所示的源对象的线型和颜色匹配到如图 5-77（b）所示的目标对象上。

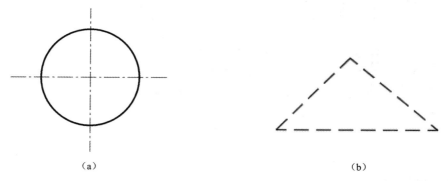

　　　　（a）　　　　　　　　　　　　　　　　　　　（b）

图 5-77　用"特性匹配"命令修改图形

本例练习特性匹配命令的操作方法，操作步骤如下。

单击"特性"面板中的"特性匹配"图标，命令行提示如下：

选择源对象：　　　　　　　　　　//选择图 5-77（a）中的圆；

当前活动设置：颜色 图层 线型 线型比例 线宽 厚度 打印样式 标注 文字 填充图案 多段线 视口 表格材质 阴影显示 多重引线

选择目标对象或 [设置(S)]：　　　　//选择图 5-77（b）中的第一条直线；

选择目标对象或 [设置(S)]：　　　　//选择图 5-77（b）中的第二条直线；

选择目标对象或 [设置(S)]：　　　　//选择图 5-77（b）中的第三条直线，按回车键。

结果如图 5-78 所示。

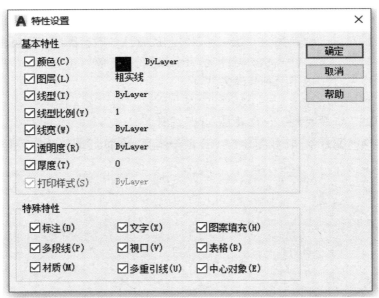

图 5-78　修改后的图形

如果用户只需要复制部分特性，可以通过命令中的"设置(S)"选项进行选择，如图 5-79 所示。按自己的要求修改特性设置后，关闭对话框，命令行会重新显示当前的有效设置。

图 5-79　"特性设置"对话框

5.8　综合实例

【例 5-20】：利用绘图命令和图形编辑命令绘制如图 5-80 所示的油封盖。

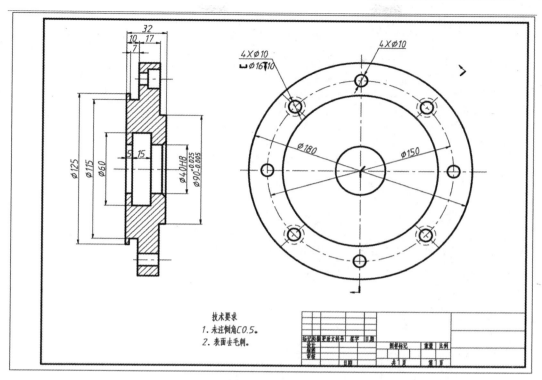

图 5-80　油封盖

❶ 打开在第 2 章建立的样板图文件（见图 2-73）。

❷ 将"中心线"图层切换为当前图层，绘制中心线，其中圆的直径为 150，如图 5-81 所示。

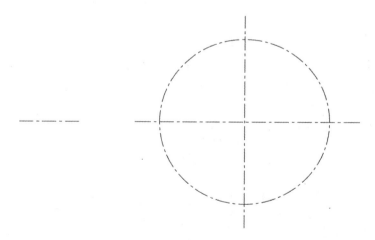

图 5-81　绘制中心线

❸ 将"粗实线"图层切换为当前图层，绘制油封盖的左视图同心圆，直径分别为 40、125、180，如图 5-82 所示。

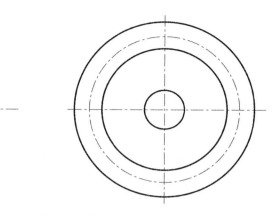

图 5-82　绘制左视图同心圆

❹ 在状态栏打开"对象捕捉""对象捕捉追踪""极轴追踪"命令，利用"直线"命令绘制油封盖主视图上半部分的外部轮廓，如图 5-83 所示。

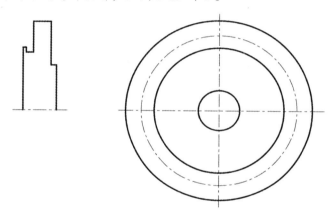

图 5-83　绘制主视图上半部分的外部轮廓

❺ 在左视图上，分别绘制直径为 10 的通孔和沉头孔，并利用"环形阵列"命令，将其沿圆周阵列为 4 个，如图 5-84 所示。

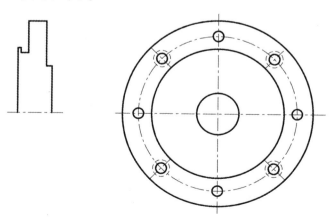

图 5-84　绘制左视图的通孔和沉头孔

❻ 利用"直线"命令和"倒角"命令绘制主视图油封盖中间部分的孔和直径为 10 的沉头孔，如图 5-85 所示。

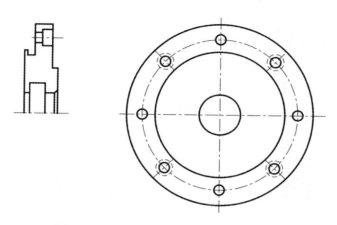

图 5-85　绘制主视图中间部分的孔和沉头孔

❼ 利用"镜像"命令，完成主视图下半部分的图形绘制，并将沉头孔修改为通孔，如图 5-86 所示。

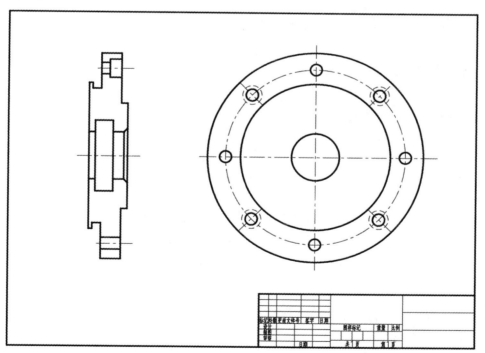

图 5-86　利用"镜像"命令完成主视图对称部分

❽ 将"填充"图层切换为当前图层，利用"图案填充"命令，完成主视图的剖面线绘制，如图 5-87 所示。

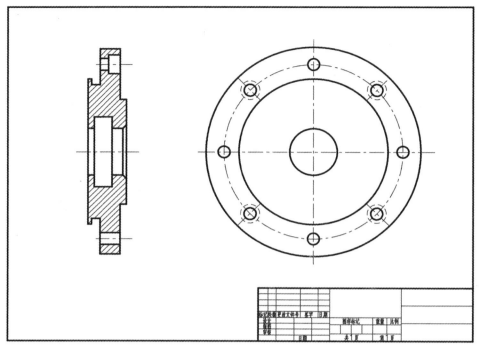

图 5-87　填充剖面线

5.9　课后练习

绘制如图 5-88 所示的图形。

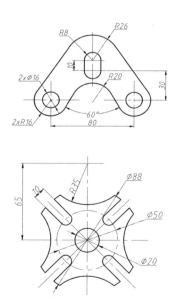

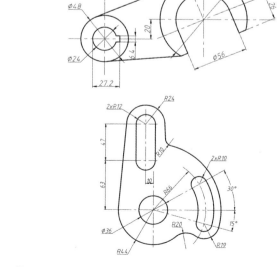

图 5-88　练习

第 6 章　AutoCAD 文字书写和尺寸标注

内容与要求

文字书写和尺寸标注是 AutoCAD 图形中很重要的图形元素，是机械制图和工程制图中不可缺少的组成部分。在一个完整的图样中，通常都包含一些文字注释来标注图样中的一些非图形信息。例如，机械工程图形中的技术要求、装配说明，以及工程制图中的材料说明、施工要求等。而图形中各个对象的真实大小和相对位置只有经过尺寸标注后才能确定，AutoCAD 中提供了完善的标注命令。

通过本章的学习，读者应达到如下目标：

- 掌握 AutoCAD 2022 文字样式的设置和文本的输入方法
- 掌握 AutoCAD 2022 尺寸样式的设置和标注
- 掌握 AutoCAD 2022 引线标注的设置
- 掌握 AutoCAD 2022 表格的创建和修改

6.1　文字书写

AutoCAD 图样中一般均有少量文字用以说明图样中未表达出的设计信息，此时就需要用到文字标注功能。在创建标注文本之前，应新建文字样式，文本外观都由与其关联的文字样式决定。

6.1.1　文字样式的设置

我国机械制图标准规定，工程图样中的汉字为长仿宋体，在不同的图幅中书写相应高度的文字。在 AutoCAD 2022 中，应先设定文字的样式，然后在该样式下输入文字。

单击菜单栏中的"格式"→"文字样式"命令（见图 6-1），或者单击"注释"面板中的"文字样式"命令按钮 A（见图 6-2），弹出如图 6-3 所示的"文字样式"对话框。各选项的含义如下。

图 6-1 "格式"下拉菜单

图 6-2 "文字样式"命令按钮

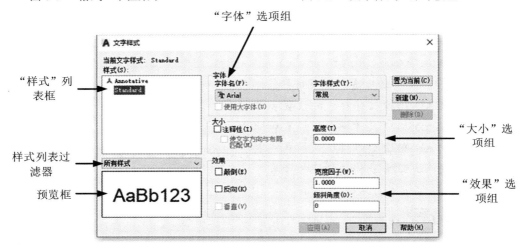

图 6-3 "文字样式"对话框

- "样式"列表框:列表框中列有当前已被定义的文字样式,用户可以从中选择对应的样式作为当前样式或进行样式修改。AutoCAD 默认的文字样式分别为 Standard 和 Annotative。其中,文字样式 Annotative 是注释性文字样式(样式名前有图标 ）。当前文字样式为 Standard,这是 AutoCAD 提供的默认标注样式。

- 样式列表过滤器:位于"样式"列表框下方的下拉列表是样式列表过滤器,用于确定将在"样式"列表框中显示哪些文字样式。下拉列表中有"所有样式"和"正在使用的样式"两种选择。

- AutoCAD 预览框:会动态地显示出与所设置或选择的文字样式对应的文字标注预览图像。

- "字体"选项组:用于确定文字样式采用的字体。如果勾选了"使用大字体"复选框,就可以分别确定 SHX 字体和大字体。SHX 字体是通过形文件定义的字体(形文件是 AutoCAD 用于定义字体或符号库的文件,其源文件的扩展名是.SHP。扩展名为.SHX 的形文件是编译后的文件）。大字体用来指定亚洲语言（包括简、繁体汉语、日语、韩语等）所使用的大字体文件。

- "大小" 选项组：用于指定文字的高度，可以直接在 "高度" 文本框中输入高度值。如果将文字的高度设为 0，那么当用 DTEXT 命令标注文字时，AutoCAD 会提示 "指定高度："，即要求用户设定文字的高度。如果在 "高度" 文本框中输入具体的高度值，AutoCAD 将按此高度标注文字，那么当用 DTEXT 命令标注文字时不再提示 "指定高度："。"大小" 选项组中的 "注释性" 复选框用于确定所定义的文字样式是否为注释性文字样式。

- "效果" 选项组：用于确定文字样式的某些特征。
  - ➤ "颠倒" 复选框：用于确定是否将文字颠倒标注，其效果如图 6-4 所示。
  - ➤ "反向" 复选框：用于确定是否将文字反向标注。图 6-5 所示为反向标注的文字。
  - ➤ "垂直" 复选框：用于确定是否将文字垂直标注。

图 6-4　将文字颠倒标注　　　　　　　　图 6-5　将文字反向标注

  - ➤ "宽度因子" 文本框：用于确定文字字符的宽度因子，即宽高比。当宽度因子为 1 时，表示按系统定义的宽高比标注文字；当宽度因子小于 1 时，字会变窄，反之变宽。图 6-6 所示的字体样式，其宽度因子分别为 1、2 和 0.5。

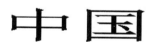

（a）宽度因子为 1　　　　　　　（b）宽度因子为 2　　　　　　　（c）宽度因子为 0.5

图 6-6　宽度因子

  - ➤ "倾斜角度" 文本框：用于确定文字的倾斜角度。当角度为 0 时文字不倾斜，当角度为正值时文字向右倾斜，当角度为负值时文字向左倾斜。图 6-7 所示的字体样式，其倾斜角度分别为 0、45° 和 -45°。

1234　　　　*1234*　　　　*1234*

（a）倾斜角度为 0　　　　　　（b）倾斜角度为 45°　　　　　（c）倾斜角度为 -45°

图 6-7　倾斜角度

- "置为当前" 按钮：将在 "样式" 列表框中选中的样式置为当前文字样式。
- "新建" 按钮：用于创建新的文字样式。

● "删除"按钮：用于将不使用的文字样式删除。

系统默认的文字样式名称为 Standard 和 Annotative，它们使用的文件字体为 Arial，不符合国家制图标准，需重新设置。AutoCAD 中提供了符合国家制图标准的中文字体 gbcbig.shx，以及符合国家制图标准的英文字体 gbenor.shx（用于标注正体）和 gbeitc.shx（用于标注斜体）。

【例 6-1】：创建符合国家制图标准的字体。

❶ 在如图 6-3 所示的"文字样式"对话框中单击"新建"按钮，弹出"新建文字样式"对话框，如图 6-8 所示。

图 6-8 "新建文字样式"对话框

❷ 键入"工程字"作为新文字样式的名称，单击"确定"按钮，返回"文字样式"对话框。

❸ 在"SHX 字体"下拉列表中选择"gbeitc.shx"选项，勾选"使用大字体"复选框，在"大字体"下拉列表中选择"gbcbig.shx"选项，如图 6-9 所示。如果在"SHX 字体"下拉列表中选择"gbenor.shx"选项，则写出来的英文字体是正体。

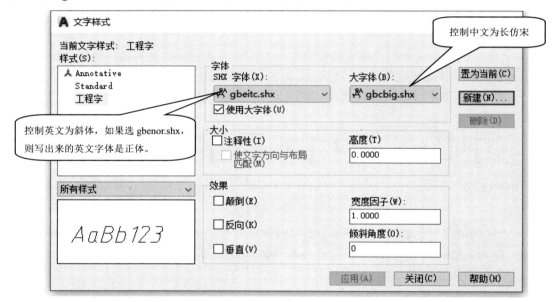

图 6-9 "文字样式"对话框

❹ 单击"置为当前"按钮后，单击"关闭"按钮，退出该对话框，当前的文字样式即为"工程字"。

📖 注意：①如果用户要使用不同于系统默认样式 Standard 的文字样式，最好的方法是自己建立一个新的文字样式，不要对默认样式进行修改；②系统默认样式 Standard 不允许被删除或重命名。

6.1.2　应用文字样式

要应用文字样式，首先得将其置为当前文字样式，然后使用文字标注命令标注文字，所标注的文字即采用了当前的文字样式。AutoCAD 中有如下两种设置当前文字样式的方法。

- 单击菜单栏中的"格式"→"文字样式"命令，弹出"文字样式"对话框，先在"样式"列表框中选择要置为当前的文字样式，并单击 置为当前(C) 按钮，然后单击"关闭"按钮。
- 利用 AutoCAD"注释"面板中的"文字样式控制"下拉列表选择要置为当前的文字样式。可以方便地将某一文字样式设为当前样式，如图 6-10 所示。

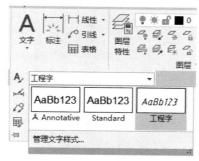

图 6-10　通过"注释"面板设置当前文字样式

6.1.3　文本的输入方法

AutoCAD 中提供了两种文字输入方式：单行输入与多行输入。

- 单行输入：输入的每一行文字都被看作一个单独的实体对象，输入几行就生成几个实体对象。
- 多行输入：无论输入几行文字，系统都把它们作为一个实体对象来处理。

1. 单行文字

单击菜单栏中的"绘图"→"文字"→"单行文字"命令，或者单击"单行文字"命令按钮 A，如图 6-11 所示，命令行提示如下：

图 6-11　"单行文字"命令按钮

```
命令：_text
当前文字样式："工程字"
文字高度：3.5000
注释性：否
```

对正：左	
指定文字的起点或[对正(J)/样式(S)]:	//指定文字的起点；
指定文字的旋转角度<0>：回车	//指定文字的旋转角度为零；
Text:	//输入文字。

📖 提示：使用单行文字命令标注的文本，其每行文字都是独立的对象，可以单独对它进行定位、调整格式等编辑操作。

2. 多行文字

如果输入的文字较多，用多行文字输入命令较方便。多行文字作为一个整体，可以进行移动、旋转、删除等多种编辑操作。

单击菜单栏中的"绘图"→"文字"→"多行文字"命令，或者单击"注释"面板中的"多行文字"命令按钮 **A**，用户在系统提示下，在绘图区确定多行文字窗口的第一角点和第二角点后，弹出"文字编辑器"选项卡，如图 6-12 所示，即可输入多行文字。

图 6-12 "文字编辑器"选项卡

【例 6-2】：使用多行文字命令输入如图 6-13 所示的文字。

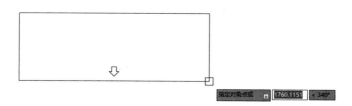

图 6-13 多行文字输入

❶ 单击"注释"面板中的"多行文字"命令按钮 **A**，根据命令行提示，在绘图区确定多行文字窗口的第一角点，并向右下方拖动鼠标，拉出一个矩形框，如图 6-14 所示，单击确定矩形框的第二角点，确定多行文字的范围。

图 6-14 确定多行文字的范围

❷ 先在矩形框中输入第一行文字"未注圆角 R2"，按回车键输入第二行文字，此时在"文字编辑器"选项卡中，单击"插入"面板中的"符号"下拉按钮，选择"直径 %%c"选项，

如图 6-15 所示，即可输入直径符号 **Φ**，再输入"50"，采用同样的方法，可以完成第二行文字的输入，如图 6-16 所示。

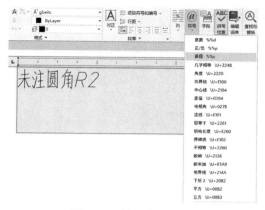

图 6-15　输入直径符号

图 6-16　输入第二行文字

❸ 按回车键输入第三行文字，在输入尺寸公差时，在上、下偏差之间输入符号"^"，并将上、下偏差选中，如图 6-17 所示，"格式"面板中的"堆叠"按钮 随即变亮，单击该按钮后文字就变成上、下偏差的形式，如图 6-18 所示。

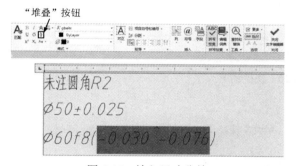

图 6-17　输入尺寸公差

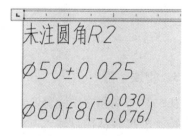

图 6-18　输入第三行文字

❹ 按回车键输入第四行文字，角度可以通过"符号"按钮输入，分数可以通过"堆叠"按钮 设置，结果如图 6-19 所示。

图 6-19　输入第四行文字

在矩形框中右击鼠标，弹出如图 6-20 所示的快捷菜单，在该快捷菜单中选择相应的选项也可以对文字的各个参数进行设置。

全部选择(A)	Ctrl+A
剪切(T)	Ctrl+X
复制(C)	Ctrl+C
粘贴(P)	Ctrl+V
选择性粘贴	>
插入字段(L)...	Ctrl+F
符号(S)	>
输入文字(I)...	
段落对齐	>
段落...	
项目符号和列表	>
分栏	>
查找和替换...	Ctrl+R
改变大小写(H)	>
全部大写	
✓ 自动更正大写锁定	
字符集	>
合并段落(O)	
删除格式	>
背景遮罩(B)...	
编辑器设置	>
帮助	F1
取消	

图 6-20　快捷菜单

3．特殊字符

在书写文本和文本注释时，经常要输入一些特殊字符，如度数符号、直径符号等。这些特殊字符不能直接从键盘输入，可以通过以下方式输入。

（1）控制码输入法。

在 AutoCAD 中，这些特殊符号有专门的代码，在标注文字时，只要输入符号的代码，即可将该符号输入图形。这些特殊符号的代码及表现形式如表 6-1 所示。

表 6-1　特殊字符的代码

特 殊 字 符	代　　码
"±"　正/负号	%%p
"‾"　上画线	%%o
"_"　下画线	%%u
"∅"　直径	%%c
"。"　度的符号	%%d
"%"　百分号	%%%

在表 6-1 中，代码大部分由两个百分号和一个字母组成，在输入过程中，并不显示特殊字符，只有按回车键后，代码才变成相应的字符。

【例 6-3】：用单行文字输入"ϕ32""45°""±0.001""80%""cad"。

本例练习单行文字命令的操作方法，操作步骤如下。

单击"单行文字"命令，命令行提示如下：

命令：_text

当前文字样式："工程字"

文字高度：3.5000

注释性：否

对正：左

指定文字的起点或[对正(J)/样式(S)]：　　　　　//指定文字的起点；

指定文字的旋转角度<0>：回车　　　　　　　　//指定文字的旋转角度为零；

输入文字：%%c32　45%%d　%%p0.001　80%%%　%%ucad%%u

输入文字：回车

（2）应用"文字编辑器"选项卡输入特殊字符。

在文字输入框中输入特殊符号的方法有如下几种。

- 在文字输入框中输入符号的代码。
- 在文字输入框中右击鼠标，在弹出的快捷菜单中单击"符号"→"其他"命令（见图 6-21），打开如图 6-22 所示的"字符映射表"窗口，通过该窗口也可以在文字输入框中插入特殊符号。

图 6-21　快捷菜单

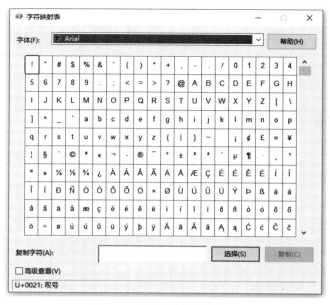

图 6-22 "字符映射表"窗口

6.1.4 文本的编辑

使用文字编辑命令可以很方便地修改文字或编辑文字的属性。常用的文本编辑方式如下。

- 单击菜单栏中的"修改"→"对象"→"文字"→"编辑"命令，如图 6-23 所示，根据命令行提示，单击所要编辑的文字。
- 双击文本。

当用户选取的是单行文本时，系统将打开文字框，用户可以在该文字框中修改文本内容，如图 6-24 所示；当用户选取的是多行文本时，系统将打开"文字编辑器"选项卡，如图 6-25 所示，在文字输入框中修改文字。

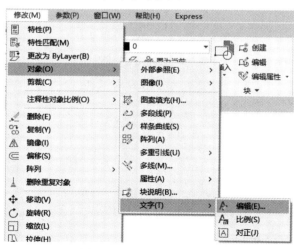

图 6-23 "修改"下拉菜单

图 6-24 单行文本编辑

图 6-25　"文字编辑器"选项卡

6.2　尺寸标注

在图形设计中，尺寸标注是绘图设计工作中的一项重要内容，因为绘制图形的根本目的是反映对象的形状，而图形中各个对象的真实大小和相对位置只有经过尺寸标注后才能确定。AutoCAD 中包含了一套完整的尺寸标注命令和实用程序，用户使用它们足以完成图纸中要求的尺寸标注。用户在进行尺寸标注之前，必须了解 AutoCAD 尺寸标注的组成，标注样式的创建和设置方法。本节将介绍尺寸标注命令的使用方法。

6.2.1　尺寸标注基础

尺寸标注是工程图的重要组成部分，一幅工程图无论绘制得多么精确，精度有多高，零件加工的依据都是图样中标注的尺寸。在机械制图或其他工程绘图中，一个完整的尺寸标注应由标注文字、尺寸线、尺寸界线、尺寸线的端点符号及起点等组成，如图 6-26 所示。

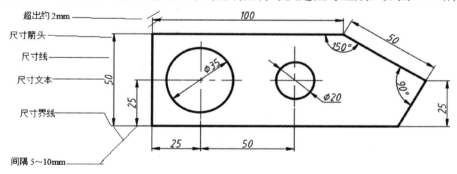

图 6-26　尺寸标注的组成

- 尺寸线：尺寸线一般由一条两端带箭头的线段组成，有时也可能是两条带单箭头的线段。在标注角度时，尺寸线是一条两端带箭头的圆弧。
- 尺寸界线：尺寸界线通常出现在标注对象的两端，用来表示尺寸线的开始和结束。尺寸界线一般从标注定义点引出，超出尺寸线一定距离，将尺寸线标注在图像之外。在复杂图形的标注中，可以利用中心线或图形的轮廓线来代替尺寸界线。
- 尺寸箭头：尺寸箭头通常出现在尺寸线与尺寸界线的两个交点上，用来表示尺寸线的起始位置及尺寸线相对于图形实体的位置。

- 尺寸文本：尺寸文本用来标注两个尺寸界线之间的距离或角度。尺寸文本可以是基本尺寸，也可以是极限尺寸或带公差的尺寸。需要注意的是，尺寸文本所显示的数据不一定是两个尺寸界线之间的实际距离，这是由于标注尺寸时可能使用了尺寸标注比例。尺寸文本不可被任何图线所通过，当无法避免时，必须将该图线断开。

在进行尺寸标注时，无论是机械制图，还是建筑制图，它们都有自己的规定。在进行尺寸标注时，一般应遵循以下原则。

（1）机件的真实大小应以图样上所标注的尺寸数值为依据，与图形的大小及绘图的准确度无关。

（2）图样中（包括技术要求和其他说明）的尺寸，当以毫米为单位时，不需要标注计量单位的代号或名称，如采用其他单位，则必须注明相应的计量单位的代号或名称，如 45 度 30 分应写成45°30′。

（3）图样中所标注的尺寸为该图样所示机件的最后完工尺寸，否则应另加说明。

（4）机件的每一尺寸，一般只标注一次，并且应该标注在反映该结构最清楚的图形上。

6.2.2　设置尺寸标注样式

在 AutoCAD 中，使用标注样式命令可以设置标注的格式和外观。要创建标注样式，可以单击菜单栏中的"格式"→"标注样式"命令（见图 6-27），或者在"默认"选项卡中，单击"注释"面板中的"标注样式"命令按钮 （见图 6-28），弹出"标注样式管理器"对话框，在该对话框中单击 新建(N)... 按钮，在弹出的"创建新标注样式"对话框中即可创建新标注样式，如图 6-29 所示。

图 6-27　"格式"下拉菜单

图 6-28　"标注样式"命令按钮

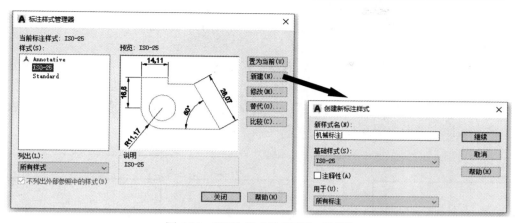

图 6-29　"标注样式管理器"对话框

📖 说明：由于 AutoCAD 属于通用绘图软件，其默认标注格式并不与我们的国家制图标准一致，所以在绘图前应按照国家制图标准进行标注样式的设置。

单击"继续"按钮，打开"新建标注样式：机械标注"对话框，如图 6-30 所示。该对话框中有"线""符号和箭头""文字""调整""主单位""换算单位""公差" 7 个选项卡，可依次进行如下设置。

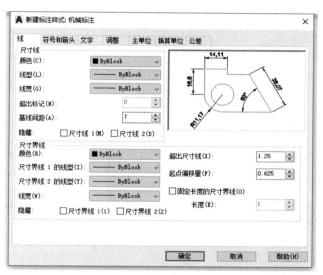

图 6-30　"新建标注样式：机械标注"对话框

1．设置线

该选项卡用于设置尺寸线和尺寸界线的格式与属性，包括"尺寸线""尺寸界线"两个选项组，如图 6-30 所示。

（1）"尺寸线"选项组：用于设置尺寸线的样式。

- "颜色"下拉列表：用于设置尺寸线的颜色。
- "线型"下拉列表：用于设置尺寸线的线型。
- "线宽"下拉列表：用于设置尺寸线的线宽。

- "超出标记"数值框：用于设置尺寸箭头分别采用斜线、建筑标记、小点、积分或无标记时，尺寸线超出尺寸界线的长度。
- "基线间距"数值框：用于设置采用基线标注方式标注尺寸时，各尺寸线之间的距离。
- "隐藏"选项对应的"尺寸线 1"和"尺寸线 2"复选框：分别用于确定是否在标注的尺寸上隐藏第一段尺寸线、第二段尺寸线及其对应的箭头，勾选其中的复选框表示隐藏，其标注效果如图 6-31 所示。

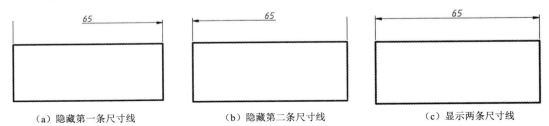

（a）隐藏第一条尺寸线　　　　　（b）隐藏第二条尺寸线　　　　　（c）显示两条尺寸线

图 6-31　尺寸线标注效果

（2）"尺寸界线"选项组：用于设置尺寸界线的样式。
- "颜色"下拉列表：用于设置尺寸界线的颜色。
- "尺寸界线 1 的线型"下拉列表：用于设置第一条尺寸界线的线型。
- "尺寸界线 2 的线型"下拉列表：用于设置第二条尺寸界线的线型。
- "线宽"下拉列表：用于设置尺寸界线的线宽。
- "隐藏"选项对应的"尺寸界线 1"和"尺寸界线 2"复选框：分别用于确定是否在标注的尺寸上隐藏第一条尺寸界线和第二条尺寸界线，勾选其中的复选框表示隐藏，其标注效果如图 6-32 所示。

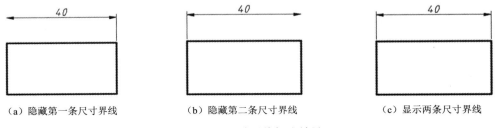

（a）隐藏第一条尺寸界线　　　　　（b）隐藏第二条尺寸界线　　　　　（c）显示两条尺寸界线

图 6-32　尺寸界线标注效果

- "超出尺寸线"数值框：用于确定尺寸界线超出尺寸线的距离。
- "起点偏移量"数值框：用于确定尺寸界线的实际起始点相对于其定义的偏移距离。勾选"固定长度的尺寸界线"复选框可以使标注的尺寸采用相同的尺寸界线。如果采用该标注方式，可以通过"长度"数值框指定尺寸界线的长度。

2. 设置符号和箭头

该选项卡包括"箭头""圆心标记""折断标注""弧长符号""半径折弯标注""线性折弯标注"6 个选项组，如图 6-33 所示。

（1）"箭头"选项组：用于设置尺寸线两端的箭头样式。

- "第一个"下拉列表：用于确定尺寸线在第一端点处的样式，单击位于"第一个"下拉列表右侧的小箭头 ✓ ，弹出如图 6-34 所示的箭头样式下拉列表，其中列出了 AutoCAD 允许使用的尺寸线起始端的样式，以供用户选择。当设置了尺寸线第一端点处的样式后，尺寸线的另一端点处默认采用相同的样式，如果要求尺寸线两端点处的样式不同，可以通过"第二个"下拉列表设置尺寸线另一端点处的样式。

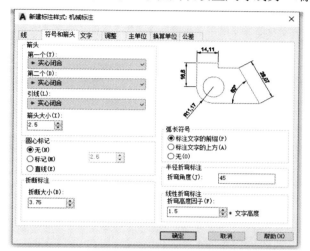

图 6-33 "符号和箭头"选项卡

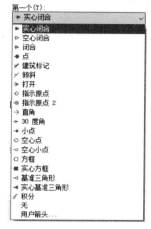

图 6-34 箭头样式下拉列表

- "引线"下拉列表：用于确定在进行引线标注时引线在起始点处的样式，在对应的下拉列表中进行选择即可。
- "箭头大小"数值框：用于确定尺寸箭头的长度。

（2）"圆心标记"选项组：用于设置半径标注、直径标注和圆心标注中的中心标记与中心线的形式。该选项组中有"无""标记""直线"3 个选项供用户选择。具体的用法将在后面 6.2.5 节中详细介绍。

（3）"弧长符号"选项组：用于控制弧长标注中圆弧符号的显示，其中有 3 个单选项。

- "标注文字的前缀"单选按钮：将弧长符号放在标注文字的前面，如图 6-35（a）所示。
- "标注文字的上方"单选按钮：将弧长符号放在标注文字的上方，如图 6-35（b）所示。
- "无"单选按钮：不显示弧长符号，如图 6-35（c）所示。

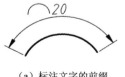

（a）标注文字的前缀

（b）标注文字的上方

（c）无

图 6-35 弧长符号标注效果

（4）"半径折弯标注"选项组：用于控制折弯（Z 字形）半径标注的显示。折弯半径标注通常在圆心点位于页面外部时创建。在"折弯角度"文本框中可以输入连接半径标注的尺寸界线和尺寸线的横向直线的角度，图 6-36 所示为折弯角度为 45°时的半径折弯标注效果。

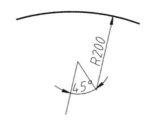

图 6-36   当折弯角度为 45° 时的半径折弯标注效果

3. 设置文字

该选项卡包括"文字外观""文字位置""文字对齐"3 个选项组，如图 6-37 所示。

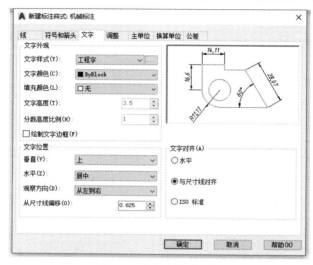

图 6-37   "文字"选项卡

（1）"文字外观"选项组：依次可以设置或选择文字的样式、颜色、填充颜色、文字高度、分数高度比例，以及是否给标注文字添加边框。

（2）"文字位置"选项组：可以设置文字的垂直、水平位置，以及从尺寸线的偏移量。

- "垂直"下拉列表：用于设置标注文字相对于尺寸线的垂直位置。有"居中""上""外部""JIS""下"5 个选项，如图 6-38 所示。"居中"表示将标注文字放在尺寸线的两部分中间；"上"表示将标注文字放在尺寸线上方；"外部"表示将标注文字放在尺寸线上远离定义点的一边；"JIS"表示按照日本工业标准 JIS 放置标注文字；"下"表示将标注文字放在尺寸线的下方。图 6-39 所示为文字在垂直位置时的不同标注情况。

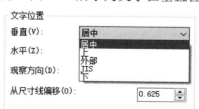

图 6-38   "垂直"下拉列表

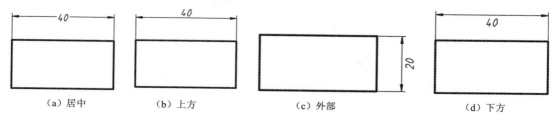

图 6-39　文字在垂直位置时的不同标注情况

- "水平"下拉列表：用于设置标注文字在尺寸线方向上相对于尺寸界线的水平位置。有"居中""第一条尺寸界线""第二条尺寸界线""第一条尺寸界线上方""第二条尺寸界线上方"5 个选项，如图 6-40 所示。"居中"表示把标注文字沿尺寸线放在两条尺寸界线的中间。"第一条尺寸界线"表示沿尺寸线与第一条尺寸界线左对正。"第二条尺寸界线"表示沿尺寸线与第二条尺寸界线右对正。"第一条尺寸界线上方"表示沿第一条尺寸界线放置标注文字或把标注文字放在第一条尺寸界线之上。"第二条尺寸界线上方"表示沿第二条尺寸界线放置标注文字或把标注文字放在第二条尺寸界线之上。图 6-41 所示为文字在水平位置时的不同标注情况。

图 6-40　"水平"下拉列表

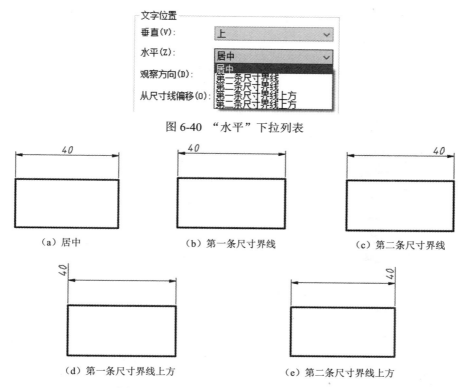

图 6-41　文字在水平位置时的不同标注情况

- "从尺寸线偏移"数值框：用于设置文字与尺寸线之间的间距，图 6-42 所示为偏移量分别为 0.625 和 5 时的尺寸标注效果。

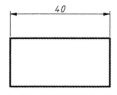
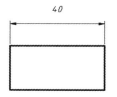

（a）从尺寸线偏移量为 0.625　　　　　　（b）从尺寸线偏移量为 5

图 6-42　不同尺寸线偏移量的标注效果

（3）"文字对齐"选项组：用于确定文字的对齐方式，系统提供了"水平""与尺寸线对齐""ISO 标准"3 种文字对齐方式，如图 6-43 所示。通过预览窗口，可以随时了解不同对齐方式的显示效果。

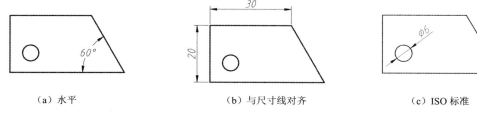

（a）水平　　　　　　　　（b）与尺寸线对齐　　　　　　　（c）ISO 标准

图 6-43　文字对齐方式

4．设置调整

该选项卡主要分为"调整选项""文字位置""标注特征比例""优化"4 个选项组，如图 6-44 所示。

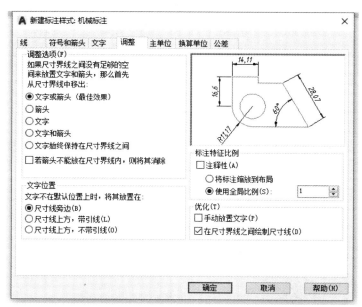

图 6-44　"调整"选项卡

（1）"调整选项"选项组：依据尺寸界线之间的空间来控制文字和箭头的位置。

（2）"文字位置"选项组：用于设置当文字无法放置在尺寸界线之间时文字的放置位置。

（3）"标注特征比例"选项组：用于设置采用全局比例或图纸空间比例定义的尺寸要素。

- "将标注缩放到布局"表示尺寸要素采用图纸空间的比例。
- "使用全局比例"用于定义整体尺寸要素的缩放比例，如果全局比例设为 1，则全局比例不影响尺寸的数值，只影响尺寸数字、箭头等要素的大小。

（4）"优化"选项组：用于控制是否手动放置文字和是否始终在尺寸界线之间绘制尺寸线。

5. 设置主单位

该选项卡主要包括"线性标注""角度标注"两个选项组，如图 6-45 所示。

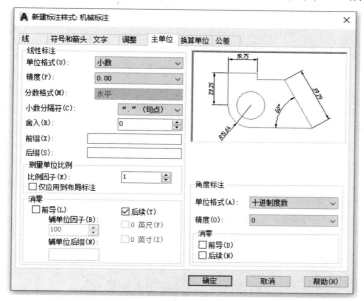

图 6-45 "主单位"选项卡

（1）"线性标注"选项组：用于设置线性尺寸标注的数字显示精度和比例。

- "单位格式"：选择"小数"选项。
- "精度"：设为 0，即取整数。
- "小数分隔符"：设为点"."即可。
- "前缀"与"后缀"：不添加。
- "测量单位比例"：将"比例因子"设为 1，即标注图形的实际尺寸。测量比例是指标注的尺寸数值与所绘图形的实际尺寸之间的比例。
- "消零"：前导零（小数点前面的零）不抑制，后续零抑制。

（2）"角度标注"选项组：用于设置角度标注的数字显示精度和比例。

- "单位格式"：选择"十进制度数"选项。
- "精度"：设为 0，即取整数。
- "消零"：前导零和后续零都不抑制。

6. 设置换算单位

该选项卡用于设置是否显示换算单位及对换算单位进行设置，如图 6-46 所示。

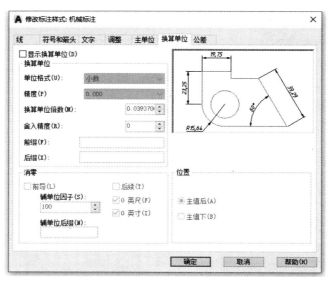

图 6-46 "换算单位"选项卡

7. 设置公差

该选项卡用于控制尺寸公差的格式及对公差值进行设置，如图 6-47 所示。

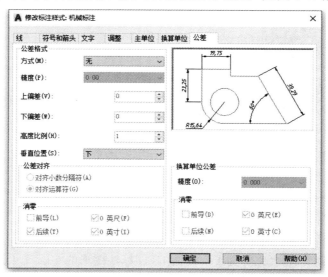

图 6-47 "公差"选项卡

"公差格式"选项组：用于控制公差的格式。

● "方式"下拉列表：用于设置公差的标注方式，共有 5 种方式，如图 6-48 所示。

图 6-48 公差的不同标注方式

- "精度"下拉列表：用于设置公差的精度。
- "上偏差"数值框：用于设置上偏差的数值。
- "下偏差"数值框：用于设置下偏差的数值。
- "高度比例"数值框：用于设置公差数字与尺寸数字之间的比例。

其他选项的含义比较明确，这里不再解释。

当所有的设置都完成后，返回"标注样式管理器"对话框。

📖 说明：公差等于上极限偏差减下极限偏差之差。

【例6-4】：创建我国机械制图用的线性标注样式、直径标注样式和半径标注样式。

❶ 在"默认"选项卡中，单击"注释"面板中的"标注样式"命令按钮 ，弹出"标注样式管理器"对话框，单击 新建(N)... 按钮，在弹出的"创建新标注样式"对话框中输入"线性标注"，即可创建线性标注样式，如图6-49所示。

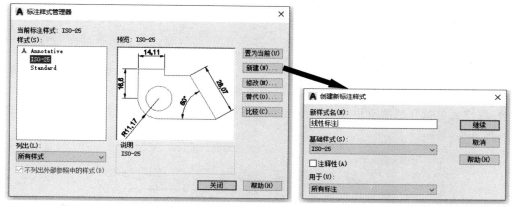

图6-49 "标注样式管理器"对话框

❷ 单击"继续"按钮，打开"新建标注样式：线性标注"对话框，如图6-50所示。

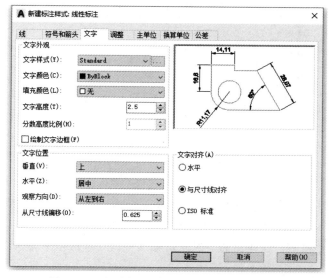

图6-50 "新建标注样式：线性标注"对话框

❸ 在"文字"选项卡中单击"文字样式"下拉列表，选择【例 6-1】创建的"工程字"作为标注字体，如图 6-51 所示。

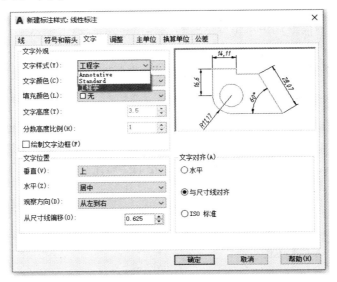

图 6-51　设置文字样式

❹ 在"主单位"选项卡中单击"小数分隔符"下拉列表，选择句点作为小数分隔符的符号，如图 6-52 所示。

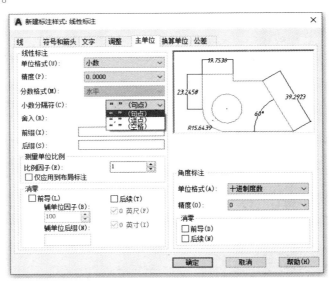

图 6-52　设置小数分隔符

❺ 其余选项为默认选项，单击"确定"按钮，返回"标注样式管理器"对话框，如图 6-53 所示，在左侧的"样式"列表框中添加了"线性标注"样式。

❻ 单击 新建(N)... 按钮，在弹出的"创建新标注样式"对话框中输入"直径标注"，即可创建直径标注样式，如图 6-54 所示。

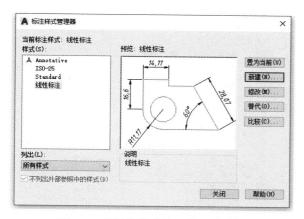

图 6-53 "标注样式管理器"对话框

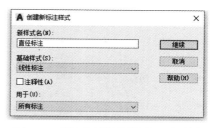

图 6-54 "创建新标注样式"对话框

❼ 单击"继续"按钮，打开"新建标注样式：直径标注"对话框，切换到"调整"选项卡，设置选项如图 6-55 所示，在"调整选项"选项组中选中"文字和箭头"单选按钮，在"优化"选项组中勾选"手动放置文字"复选框。其余选项为默认选项，单击"确定"按钮，返回"标注样式管理器"对话框，如图 6-56 所示，在左侧的"样式"列表框中添加了"直径标注"样式。

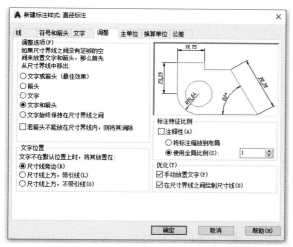

图 6-55 设置"调整"选项卡中的选项

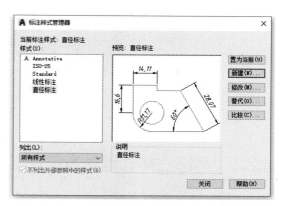

图 6-56 "标注样式管理器"对话框

❽ 重复步骤❻、❼，继续在"线性标注"样式的基础上新建"半径标注"样式，在"文字"选项卡的"文字对齐"选项组中选中"水平"单选按钮，如图 6-57 所示。在"调整"选项卡的"优化"选项组中勾选"手动放置文字"复选框，如图 6-58 所示，其余选项为默认选项。

❾ 单击"确定"按钮，返回"标注样式管理器"对话框，如图 6-59 所示，在左侧的"样式"列表框中添加了"半径标注"样式。单击"关闭"按钮，即可完成对线性标注、直径标注和半径标注样式的设置。

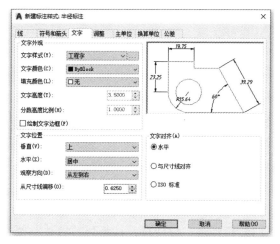

图 6-57　设置文字对齐方式　　　　图 6-58　设置"调整"选项卡中的选项

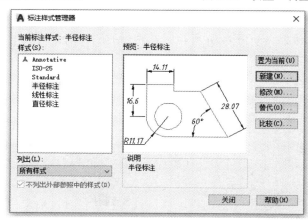

图 6-59　"标注样式管理器"对话框

6.2.3　将标注样式置为当前样式

若要使用创建的"机械标注"样式进行尺寸标注，首先需将该标注样式置为当前样式，然后才能采用该样式所设置的参数进行尺寸标注。有如下几种方法将标注样式置为当前样式。

- 图 6-60 所示为"注释"面板中的"标注样式"下拉列表，选择"机械标注"样式为当前样式。
- 图 6-61 所示为"标注样式管理器"对话框，在其左侧的"样式"列表框中的"机械标注"样式上双击，即可将其置为当前样式。
- 在如图 6-61 所示的"标注样式管理器"对话框中，先单击"样式"列表框中的"机械标注"样式，使之变蓝，再单击"置为当前"按钮，最后关闭对话框即可。
- 在"标注样式管理器"对话框左侧的"样式"列表框中的"机械标注"样式上右击鼠标，在弹出的快捷菜单中单击"置为当前"命令，如图 6-62 所示。

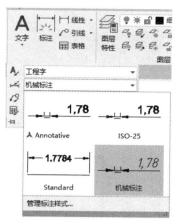

图 6-60 "管理标注样式"选项

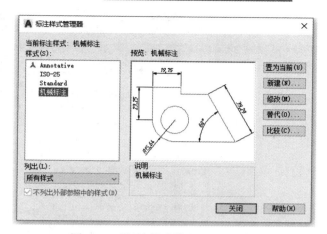

图 6-61 "标注样式管理器"对话框

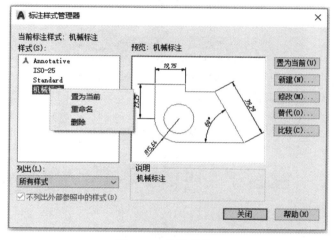

图 6-62 快捷菜单

6.2.4 修改和删除尺寸标注样式

设置尺寸标注的样式后，可以修改其参数，还可以将不需要的标注样式删除。

1. 修改尺寸标注样式

用于修改已有的标注样式。修改尺寸标注样式的方法是：在"标注样式管理器"对话框中，选择要修改的标注样式名称，单击 修改(M)... 按钮，在弹出的如图 6-63 所示的"修改标注样式：机械标注"对话框中即可修改标注样式。该对话框的设置方法与"新建标注样式"对话框的设置方法相同，用户可以参照前面所讲的内容进行操作。

2. 替代尺寸标注样式

用于设置当前样式的替代样式。单击"替代"按钮，弹出"替代当前样式"对话框，通过该对话框可以进行相应的设置，并且从中可以设定标注样式的临时替代值。该对话框中的选项与"新建标注样式"对话框中的选项相同，"<样式替代>"将作为未被保存的更改结果显示在"样式"列表框中的"机械标注"样式下，如图 6-64 所示。

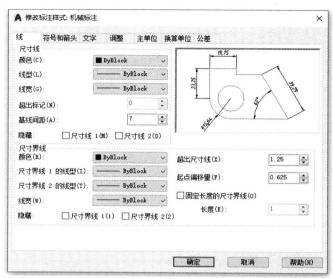

图 6-63 "修改标注样式：机械标注"对话框

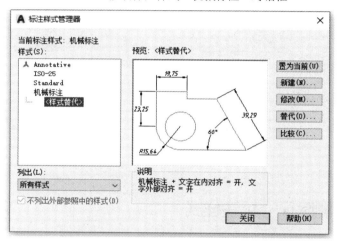

图 6-64 替代尺寸标注样式

> 📖 提示：替代子样式是一个临时样式。当要切换到其他标注样式时，替代子样式即被删除，但用它所标注的尺寸不受任何影响。

3．比较尺寸标注样式

用于比较两个标注样式或了解某一样式的全部特性，该功能便于用户快速比较不同标注样式在标注设置上的区别。单击"比较"按钮，在 AutoCAD 中弹出"比较标注样式"对话框。在该对话框中，如果在"比较"和"与"两个下拉列表中指定了不同的样式，则 AutoCAD 会在大列表框中显示两种样式之间的区别，如图 6-65 所示。如果在两个下拉列表中指定的样式相同，则在大列表框中显示该样式的全部特性，如图 6-66 所示。

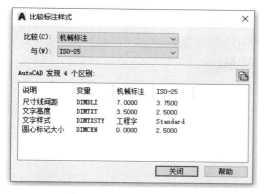
图 6-65　比较不同的样式

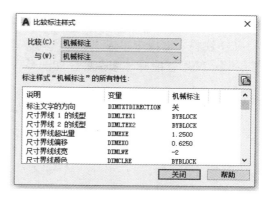
图 6-66　比较相同的样式

4．删除尺寸标注样式

如果不再需要某个标注样式，可以在"标注样式管理器"对话框左侧的"样式"列表框中需删除的标注样式上右击鼠标，在弹出的快捷菜单中单击"删除"命令，如图 6-62 所示。

注意：当前尺寸标注样式不能被删除。

6.2.5　尺寸标注类型

AutoCAD 中提供了很多尺寸标注命令，可以标注长度、半径、直径、尺寸公差、几何公差、倒角、序号等。这些命令可以从命令行输入，也可以从下拉菜单激活，最方便的是从"注释"面板中（见图 6-67）单击相关图标按钮。使用它们可以对角度、直径、半径、线性、对齐、连续、圆心及基线等进行标注，如图 6-68 所示。

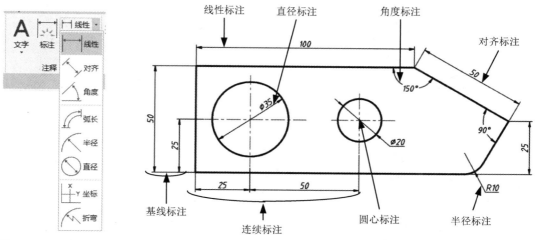

图 6-67　尺寸标注命令　　　　　　　图 6-68　尺寸标注类型

1．智能标注

智能标注是 AutoCAD 2020 版本后增加的功能，可以根据选定的对象类型自动创建相应的标注，可自动创建的标注类型包括垂直标注、水平标注、对齐标注、旋转的线性标注、角度标注、半径标注、直径标注、折弯半径标注、基线标注和连续标注等。

在"注释"面板中单击"标注"命令按钮，即可进行智能标注。

【例 6-5】：使用智能标注命令标注如图 6-69 所示的图形。

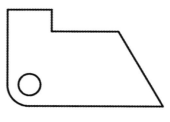

图 6-69　图形

❶ 单击"绘图"面板中的"直线"命令按钮╱和"圆"命令按钮⊙，绘制图形如图 6-69 所示。

❷ 在【例 6-4】中所创建的标注样式基础上，在"注释"面板的"管理标注样式"下拉列表中选择"线性标注"选项，将其置为当前样式，如图 6-70 所示。

❸ 单击"注释"面板中的"标注"命令按钮，根据命令行提示，分别选择对应的直线和圆弧进行智能标注，结果如图 6-71 所示。

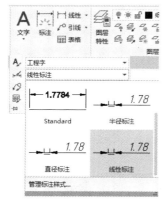

图 6-70　选择当前标注样式

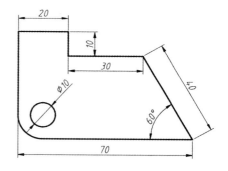

图 6-71　智能标注尺寸

2．线性标注

线性尺寸标注命令可以标注水平、垂直方向上的尺寸。用户单击菜单栏中的"标注"→"线性"命令，或者在"注释"面板中单击"线性"命令按钮┠┨，即可创建用于标注两个点之间的水平或竖直距离测量值，并通过指定点或选择一个对象来实现。

📖 说明：当需要以某一种标注样式标注尺寸时，首先应通过"注释"面板的"管理标注样式"下拉列表或通过"标注样式管理器"对话框，将所需要的样式设置为当前样式。

执行线性标注命令，命令行提示如下：

命令：_dimlinear

指定第一条尺寸界线原点或 <选择对象>：

在此提示下，有两种选择：确定一点作为第一条尺寸界线的起始点，或者按回车键选择要标注的对象。下面对这两种选择分别进行介绍。

（1）指定第一个尺寸界线原点。

如果在"指定第一条尺寸界线原点或 <选择对象>："提示下，直接确定第一条尺寸界线的起点，命令行提示如下：

> 指定第二条尺寸界线原点：　　　　　　　//确定另一条尺寸界线的起始位置；
>
> 指定尺寸线位置或 [多行文字(M)/文字(T)/角度(A)/水平(H)/垂直(V)/旋转(R)]：

此时，移动鼠标光标确定尺寸的位置，然后按回车键即可。当指定了尺寸线的位置后，系统将按实际测量值标注出直线的长度或两点之间的水平、垂直方向上的距离。也可以利用"多行文字(M)""文字(T)""角度(A)"选项，确定尺寸文字或尺寸文字的旋转角度。

> 📖 说明：当两条尺寸界线的起始点不在同一条水平线或同一条垂直线上时，可以通过移动鼠标光标的方式来确定进行水平标注还是垂直标注。操作方法：为了确定两条尺寸界限的起始点，并且使光标位于两条尺寸界线的起始点之间，此时，上下移动鼠标光标将引出水平尺寸线，左右移动鼠标光标将引出垂直尺寸线。

（2）选择对象。

如果用户在"指定第一条尺寸界线原点或 <选择对象>："提示下，直接按回车键，即执行"<选择对象>"选项，命令行提示如下：

> 选择标注对象：　　　　　　　　　　//选择需要标注尺寸的对象；
>
> 指定尺寸线位置或 [多行文字(M)/文字(T)/角度(A)/水平(H)/垂直(V)/旋转(R)]：

在该提示下进行的操作与前面介绍的操作相同，此处不再赘述，用户进行相应的选择即可。

3．对齐标注

对齐标注是线性标注尺寸的一种特殊形式。在对直线段进行标注时，如果该直线的倾斜角度未知，那么使用线性标注方法将无法得到准确的测量结果，这时可以使用对齐标注方法。单击菜单栏中的"标注"→"对齐"命令，或者在"注释"面板中单击"对齐"命令按钮，即可将对象进行对齐标注。

【例 6-6】：标注如图 6-72 所示的对齐尺寸。

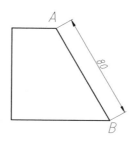

图 6-72　对齐标注

单击"对齐"命令按钮后，命令行提示如下：

> 指定第一条尺寸界线起点或 <选择对象>：　　　　　//指定第一条尺寸界线起点 A；

指定第二条尺寸界线起点：　　　　　　　　　　　　//指定第二条尺寸界线起点 B；

指定尺寸线位置或[多行文字(M)/文字(T)/角度(A)/水平(H)/垂直(V)/旋转(R)]：

　　　　　　　　　　　　　　　　　　　　　　　　//指定尺寸位置或选项。

4．基线标注

基线标注可以创建一系列由相同的标注原点测量出来的标注，即并列尺寸，这种方式经常用于机械设计或建筑设计中。单击菜单栏中的"标注"→"基线"命令，或者在"注释"面板中单击"基线"标注按钮 （见图 6-73），即可进行基线标注。在进行基线标注之前，必须先创建（或选择）一个线性、坐标或角度标注作为基准标注，然后执行基线标注命令。

图 6-73 "基线"标注按钮

【例 6-7】：使用基线标注命令标注如图 6-74（a）所示的图形中线段 *AB*、*AC* 的尺寸。

单击"注释"→"基线"命令按钮，命令行提示如下：

选择基准标注：　　　　　　　　　　　　　　　　//单击大小为 38 的尺寸线；

指定第二条尺寸界线原点或[放弃(U)/选择(S)] <选择>：　　//单击点 B；

指定第二条尺寸界线原点或[放弃(U)/选择(S)] <选择>：　　//单击点 C。

结果如图 6-74（b）所示。

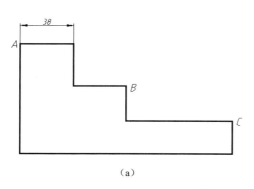

（a）

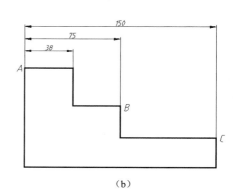

（b）

图 6-74 基线标注

> 📖 提示：基线标注的两条尺寸线之间的距离，可以在"修改标注样式"对话框的"线"选项卡中设置"基线间距"值。

5．连续标注

单击菜单栏中的"标注"→"连续"命令，或者在"注释"面板中单击"连续"命令按钮可以创建一系列端对端放置的串列尺寸，每个连续标注都从前一个标注的第二个尺寸界线处开始。

在进行连续标注之前，必须先创建（或选择）一个线性、坐标或角度标注作为基准标注，以确定连续标注所需要的前一尺寸标注的尺寸界线，然后执行连续标注命令。

【例 6-8】：使用连续命令标注如图 6-75（a）所示的图形中线段 *AB* 和 *BC* 的尺寸。

单击"注释"→"连续"命令按钮 ，命令行提示如下：

选择基准标注：   //单击大小为 20 的尺寸线；

指定第二条尺寸界线原点或[放弃(U)/选择(S)] <选择>：//单击点 B；

指定第二条尺寸界线原点或[放弃(U)/选择(S)] <选择>：//单击点 C。

结果如图 6-75（b）所示。

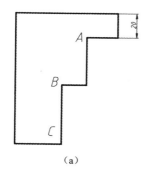
（a）

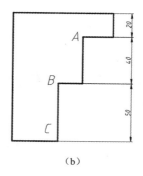
（b）

图 6-75　连续标注

6. 径向标注

（1）半径标注。

单击菜单栏中的"标注"→"半径"命令，或者在"注释"面板中单击"半径"命令按钮 ，即可标注圆和圆弧的半径。在创建半径尺寸标注时，其标注外观将由圆或圆弧的大小、所指定的尺寸线的位置及各种系统变量的设置来决定。例如，尺寸线可以放置在圆弧曲线的内部或外部，标注文字可以放置在圆弧曲线的外部或内部，还可以让标注文字与尺寸线对齐或水平放置。

【例 6-9】：使用半径命令标注如图 6-76 所示的图形中圆弧的半径。

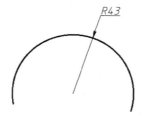

图 6-76　半径标注

❶ 在"注释"面板中的"管理标注样式"下拉列表中选择"半径标注"选项，将其置为当前样式，如图 6-77 所示（"半径标注"样式的建立可参考【例 6-4】）。

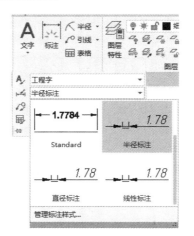

图 6-77　"管理标注样式"下拉列表

❷ 单击"半径标注"命令按钮 ，命令行提示如下：

选择圆弧或圆：　　　　　　　　　　　　　　　//选取被标注的圆弧或圆；

指定尺寸的位置或[多行文字(M)/文字(T)/角度(A)]：　　//移动鼠标光标指定尺寸的位置或选项，结果如图 6-76 所示。

当指定了尺寸线的位置后，系统将按实际测量值标注出圆或圆弧的半径。也可以利用"多行文字(M)""文字(T)""角度(A)"选项，确定尺寸文字或尺寸文字的旋转角度。其中，当通过"多行文字(M)""文字(T)"选项重新确定尺寸文字时，只有给输入的尺寸文字加前缀 R，才能使标出的半径尺寸有半径符号 R，否则没有该符号。

（2）直径标注。

单击菜单栏中的"标注"→"直径"命令，或者在"注释"面板中单击"直径"命令按钮 ，即可标注圆和圆弧的直径。

【例 6-10】：使用直径命令标注如图 6-78 所示的图形中圆的直径。

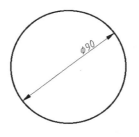

图 6-78　直径标注

❶ 在"注释"面板中的"管理标注样式"下拉列表中选择"直径标注"选项，将其置为当前样式（"直径标注"样式的建立可参考【例 6-4】）。

❷ 单击"直径标注"命令按钮 ，命令行提示如下：

选择圆弧或圆：　　　　　　　　　　　　　　　//选取被标注的圆弧或圆；

指定尺寸的位置或[多行文字(M)/文字(T)/角度(A)]：　　//移动鼠标光标指定尺寸的位置或选项，结果如图 6-78 所示。

（3）在非圆视图上创建直径尺寸标注。

非圆视图的图形本身并不是一个弧形对象，而是某个弧形对象的主视图、剖视图或其他视图，在对其进行标注时，需要表示的是直径尺寸。这时用户需要在标注文本前添加 Ø 符号，如 Ø50。

【例 6-11】：在如图 6-79（a）所示的图形中创建直径尺寸标注。

❶ 在"注释"面板中的"管理标注样式"下拉列表中选择"线性标注"选项，将其置为当前样式。单击"线性"命令按钮 ⊢⊣，命令行提示如下：

指定第一条尺寸界线起点或 <选择对象>：　　　　　　//选择点 A；

指定第二条尺寸界线起点：　　　　　　　　　　　　//选择点 B；

指定尺寸线位置或[多行文字(M)/文字(T)/角度(A)/水平(H)/垂直(V)/旋转(R)]：M 回车

❷ 打开文字输入框，如图 6-80 所示，在 50 的前面右击鼠标，在弹出的快捷菜单中单击"符号"→"直径"命令，命令行提示如下：

指定尺寸线位置或[多行文字(M)/文字(T)/角度(A)/水平(H)/垂直(V)/旋转(R)]：

　　　　　　　　　　　　　　　　　　//移动鼠标光标指定尺寸的位置。

标注文字 = 50

结果如图 6-79（b）所示。

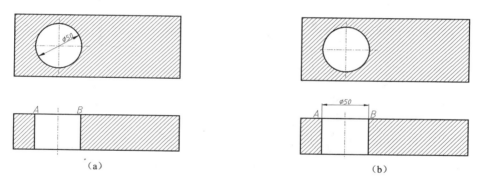

（a）　　　　　　　　　　　　　　　　　　　　（b）

图 6-79　在非圆视图上创建直径尺寸标注

图 6-80　文字输入框

7. 圆心标记

单击菜单栏中的"标注"→"圆心标记"命令，或者在"注释"选项卡的"中心线"面板中单击"圆心标记"命令按钮 ⊕（见图 6-81），即可标注圆和圆弧的圆心。此时只需要选择待标注其圆心的圆弧或圆即可。

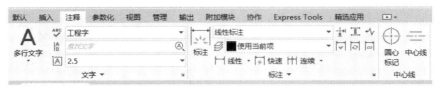

图 6-81　"注释"选项卡的"中心线"面板

但标注的是圆心标记还是直线（见图 6-82），应该与"标注样式管理器"对话框的"圆心标记"选项设置一致，可以参考前面设置尺寸样式的内容。

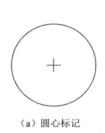
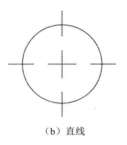

（a）圆心标记　　　　　　　　　　　　　　　　　　　（b）直线

图 6-82　绘制圆心标记

8. 角度标注

单击菜单栏中的"标注"→"角度"命令，或者在"注释"面板中单击"角度"命令按钮 $\triangle$，即可标注圆和圆弧的角度（见图 6-83）、两条不平行直线间的角度（见图 6-84），或者三点间的角度。

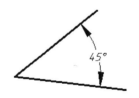

图 6-83　标注圆弧角度　　　　　　　　　图 6-84　标注两条不平行直线间的角度

【例 6-12】：在如图 6-85 所示的图形中，标注直线 *AB* 和 *AC* 之间的角度。

在"注释"面板中的"管理标注样式"下拉列表中选择"半径标注"选项，将其置为当前样式。单击"角度"命令按钮 $\triangle$，命令行提示如下：

命令：_dimangular

选择圆弧、圆、直线或 <指定顶点>：　　　　　　　　//选择直线 AB；

选择第二条直线：　　　　　　　　　　　　　　　　//选择直线 AC；

指定标注弧线位置或 [多行文字(M)/文字(T)/角度(A)/象限点(Q)]：

　　　　　　　　　　　　　　　　　　　　　　　//移动鼠标光标指定尺寸的位置。

标注文字 = 45

结果如图 6-86 所示。

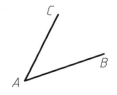

图 6-85　两条直线

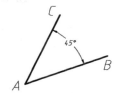

图 6-86　标注两条直线之间的角度

9. 尺寸公差标注

　　工程图样中经常需要标注尺寸公差。尺寸公差是尺寸误差的允许变动范围。在一张工程图样中，各尺寸的公差值一般都不相同，用户需要键入各尺寸的公差数值。用来标注尺寸公差的方法有很多，常用的有以下几种。

- 通过设置"标注样式管理器"对话框中的"公差"选项卡来标注。
- 通过"特性"选项板修改已有的公差数值。
- 通过"多行文字"创建公差标注。

　　（1）通过设置"标注样式管理器"对话框标注公差。

　　常用的公差标注方式主要有两种类型：对称公差和极限公差。现在分别通过实例说明它们的设置方法。

【例 6-13】：定义"对称偏差"标注样式，并标注如图 6-87 所示图形的尺寸及对称公差。

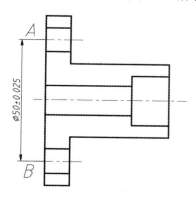

图 6-87　标注对称公差

　　❶ 在【例 6-4】的基础上，将"线性标注"置为当前，在"默认"选项卡中，单击"注释"面板中的"标注样式"命令按钮 ，弹出"标注样式管理器"对话框，单击 新建(N)... 按钮，在弹出的"创建新标注样式"对话框中输入"对称偏差"，即可创建"对称偏差"标注样式，如图 6-88 所示。

　　❷ 在"公差"选项卡中选择公差方式为"对称"，如图 6-89 所示。将"精度"设为"0.000"，在"上偏差"文本框中输入"0.025"（根据实际情况而变化），将公差字高与尺寸数字的"高度比例"设为"1"，将"垂直位置"设为"中"，"消零"等选项设为默认值，如图 6-90 所示。确定后返回"标注样式管理器"对话框，会发现在"样式"列表框中生成了一个"对称偏差"样式，如图 6-91 所示，单击"置为当前"命令，关闭对话框。

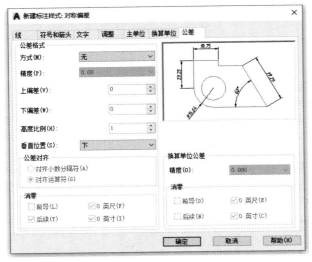

图 6-88 "新建标注样式：对称偏差"对话框

图 6-89 公差方式

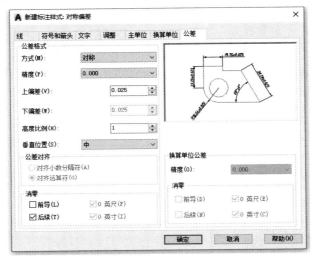

图 6-90 公差参数设置

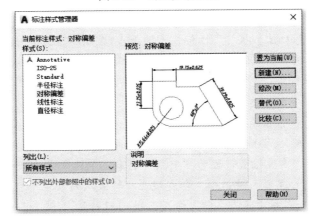

图 6-91 "标注样式管理器"对话框

❸ 单击"注释"面板中的"线性"命令按钮┣，命令行提示如下：

命令：_dimlinear
指定第一个尺寸界线原点或 <选择对象>：   //选择中心线的端点 A；
指定第二条尺寸界线原点：   //选择中心线的端点 B；
指定尺寸线位置或 [多行文字(M)/文字(T)/角度(A)/水平(H)/垂直(V)/旋转(R)]：M
                                           //切换到"多行文字(M)"选项。

❹ 在"文字编辑器"选项卡的"插入"面板中，单击"符号"下拉按钮@，选择"直径 %%c"选项，如图 6-92 所示，单击"关闭"文字编辑器按钮✔，移动光标，将尺寸线放置在合适的位置，如图 6-87 所示。

图 6-92 "文字编辑器"选项卡

【例 6-14】：定义"极限偏差"标注样式，并标注如图 6-93 所示的图形的尺寸及极限公差。

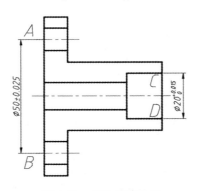

图 6-93 标注极限公差

❶ 在【例 6-4】的基础上，将"线性标注"置为当前，在"默认"选项卡中，单击"注释"面板中的"标注样式"命令按钮，弹出"标注样式管理器"对话框，单击 新建(N)... 按钮，在弹出的"创建新标注样式"对话框中输入"极限偏差"，即可创建"极限偏差"标注样式。

❷ 在"公差"选项卡中选择公差"方式"为"极限偏差"，如图 6-94 所示。将"精度"

设为"0.000",在"上偏差"文本框中输入"0.015",在"下偏差"文本框中输入"0"（根据实际情况而变化），将公差字高与尺寸数字的"高度比例"设为"0.67"，将"垂直位置"设为"中"，"消零"等选项设为默认值。

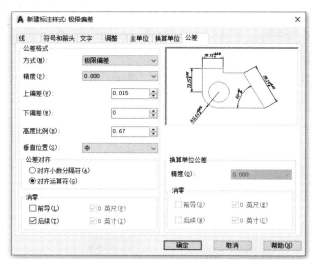

图 6-94　公差参数设置

❸　单击"确定"按钮后，返回"标注样式管理器"对话框，会发现在"样式"列表框中生成了一个"极限偏差"样式，如图 6-95 所示，单击"置为当前"命令，关闭对话框。

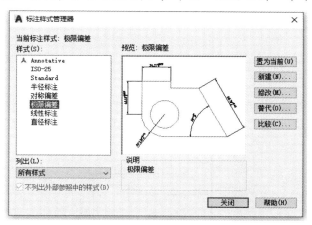

图 6-95　"标注样式管理器"对话框

❹　单击"注释"面板中的"线性"命令按钮┠┤，命令行提示如下：

命令：_dimlinear
指定第一个尺寸界线原点或 <选择对象>：　　　　　//选择交点 C；
指定第二条尺寸界线原点：　　　　　　　　　　　//选择交点 D；
指定尺寸线位置或 [多行文字(M)/文字(T)/角度(A)/水平(H)/垂直(V)/旋转(R)]：M
　　　　　　　　　　　　　　　　　　　　　　//切换到"多行文字(M)"选项。

❺　在"文字编辑器"选项卡的"插入"面板中，单击"符号"下拉按钮@，选择"直径 %%c"

选项，如图 6-96 所示，单击"关闭文字编辑器"按钮 ✔，移动光标，将尺寸线放置在合适的位置，如图 6-93 所示。

图 6-96 "文字编辑器"选项卡

> 📖 注意：AutoCAD 系统默认设置上偏差为正值，下偏差为负值，键入的数值自动带正负符号。若再输入正负符号，则系统会根据"负负得正"的数学原则显示数值的符号。

（2）通过"特性"选项板标注公差。

在标注不同的公差时，每次都调出"标注样式管理器"对话框是十分烦琐的。用户可以先建立一种对称公差和极限公差，在标注其他偏差值尺寸时，可以通过"特性"选项板，选择"公差"，分别修改上偏差和下偏差的数值。在"视图"选项卡的"选项板"面板中，单击"特性"命令按钮 📇，如图 6-97 所示，即可打开"特性"选项板，如图 6-98 所示。

"特性"命令按钮

图 6-97 "视图"选项卡

图 6-98 "特性"选项板

【例6-15】：通过"特性"选项板标注如图6-99所示的圆孔。

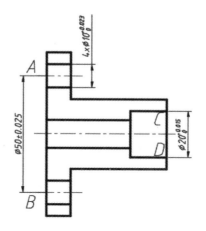

图6-99   标注极限公差

❶ 将【例6-14】中设置的"极限公差"样式置为当前样式，单击"注释"面板中的"线性"命令按钮├┤，命令行提示如下：

命令：_dimlinear
指定第一个尺寸界线原点或 <选择对象>：   //选择小圆孔的一个端点；
指定第二条尺寸界线原点：   //选择小圆孔的另外一个端点；
指定尺寸线位置或 [多行文字(M)/文字(T)/角度(A)/水平(H)/垂直(V)/旋转(R)]：M
                                        //切换到"多行文字(M)"选项。

❷ 在文字输入框中输入"4x"，并在"文字编辑器"选项卡的"插入"面板中，单击"符号"下拉按钮@，选择"直径 %%c"选项，如图6-100所示，单击"关闭文字编辑器"按钮✔，移动光标将尺寸线放置在合适的位置，如图6-101所示。

❸ 在"视图"选项卡的"选项板"面板中，单击"特性"命令按钮⊞，打开"特性"选项板，如图6-102所示。

❹ 单击孔的尺寸 $4 \times \varnothing 10^{+0.015}_{0}$，此时"特性"选项板如图6-103所示，单击对应的"公差上偏差"编辑框中的数值"0.015"，此时可以输入新的偏差数值"0.023"，如图6-104所示，单击左上角的关闭按钮✖，此时尺寸如图6-99所示。

图6-100   "文字编辑器"选项卡

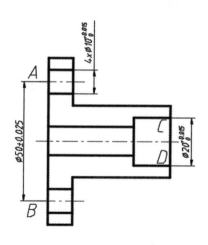

图 6-101　标注极限公差

图 6-102　"特性"选项板

图 6-103　极限偏差的"特性"选项板

图 6-104　"特性"选项板

（3）通过"多行文字"创建公差标注。

利用"多行文字"功能可以非常方便地创建极限公差和对称公差的尺寸标注，下面可以通过一个具体的实例来讲解这种方法的操作过程。

【例 6-16】：标注如图 6-105 所示的极限公差。

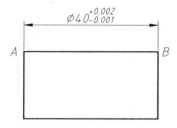

图 6-105　标注极限公差

❶在"注释"面板中单击"线性"命令按钮⊢┤，命令行提示如下：

命令：_dimlinear
指定第一个尺寸界线原点或 <选择对象>：   //选择点 A；
指定第二条尺寸界线原点：   //选择点 B；
指定尺寸线位置或 [多行文字(M)/文字(T)/角度(A)/水平(H)/垂直(V)/旋转(R)]：M 回车
                                                //切换到"多行文字(M)"选项。

❷ 先将光标移动至文字 40 前面并右击鼠标，在弹出的快捷菜单中（见图 6-106）单击"符号"→"直径"命令，再将光标移至文字 40 的后面，输入"+0.002^-0.001"，按住鼠标左键选中输入的文字"+0.002^-0.001"，如图 6-107 所示。在弹出的"文字编辑器"选项卡的"格式"面板中单击"堆叠"按钮，如图 6-108 所示，单击"关闭文字编辑器"按钮，移动尺寸线至合适的位置并单击，结果如图 6-105 所示。

全部选择(A)	Ctrl+A		度数(D)	%%d
剪切(T)	Ctrl+X		正/负(P)	%%p
复制(C)	Ctrl+C		直径(I)	%%c
粘贴(P)	Ctrl+V		几乎相等	\U+2248
选择性粘贴	▶		角度	\U+2220
插入字段(L)...	Ctrl+F		边界线	\U+E100
符号(S)	▶		中心线	\U+2104
输入文字(I)...			差值	\U+0394
查找和替换...	Ctrl+R		电相角	\U+0278
改变大小写(H)	▶		流线	\U+E101
全部大写			恒等于	\U+2261
✓ 自动更正大写锁定			初始长度	\U+E200
字符集	▶		界碑线	\U+E102
合并段落(O)			不相等	\U+2260
删除格式	▶		欧姆	\U+2126
编辑器设置	▶		欧米伽	\U+03A9
帮助	F1		地界线	\U+214A
取消			下标 2	\U+2082
			平方	\U+00B2
			立方	\U+00B3
			不间断空格(S)	Ctrl+Shift+Space
			其他(O)...	

图 6-106　快捷菜单

图 6-107　选中文字

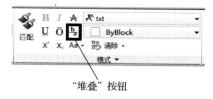

"堆叠"按钮

图 6-108　"格式"面板中的"堆叠"按钮

10. 几何公差（AutoCAD 软件中称为"形位公差"）

零件图经常需要标注几何公差，几何公差是零件构成要素的几何形状及要素的实际位置对理想形状或理想位置的允许变动量。几何公差包括形状公差、方向公差、位置公差和跳动公差。形状公差包括直线度公差、平面度公差、圆度公差、圆柱度公差、线轮廓度公差和面轮廓度公差。方向公差包括平行度公差、垂直度公差、倾斜度公差、线轮廓度公差和面轮廓度公差。位置公差包括位置度公差、同心度公差、同轴度公差、对称度公差、线轮廓度公差和面轮廓度公差。跳动公差包括圆跳动公差和全跳动公差。各种几何公差符号如表 6-1 所示。

表 6-1　几何公差符号

公差类型	几何特征	符　号	公差类型	几何特征	符　号
形状公差	直线度	—	位置公差	位置度	⊕
	平面度	▱		同心度（用于中心点）	◎
	圆度	○		同轴度（用于轴线）	◎
	圆柱度	⌀		对称度	═
	线轮廓度	⌒		线轮廓度	⌒
	面轮廓度	◠		面轮廓度	◠
方向公差	平行度	//	跳动公差	圆跳动	/
	垂直度	⊥		全跳动	//
	倾斜度	∠			
	线轮廓度	⌒			
	面轮廓度	◠			

（1）几何公差的组成。

在 AutoCAD 中，可以通过特征控制框来显示几何公差信息，如图形的符号、指引线、公差值和基准代号的字母等，如图 6-109 所示。

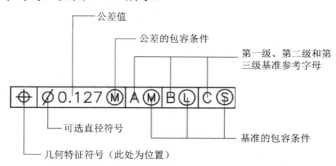

图 6-109　几何公差的组成

在图 6-109 中，A(M) B(L) C(S) 为基准的包容条件，其含义如表 6-2 所示。

表 6-2　基准的包容条件符号

符　号	含　义
(M)	材料的一般状况
(L)	材料的最大状况
(S)	材料的最小状况

（2）标注形位公差。

单击菜单栏中的"标注"→"公差"命令，或者在"注释"面板中单击"公差"按钮 ⊞ ，弹出"形位公差"对话框，可以设置公差的符号、值及基准等参数，如图 6-110 所示。

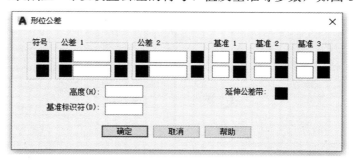

图 6-110 "形位公差"对话框

【例 6-17】：标注如图 6-111 所示的带引线的几何公差。

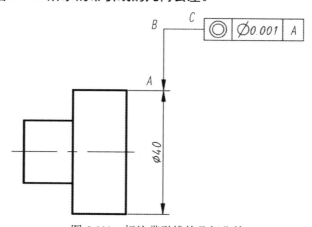

图 6-111 标注带引线的几何公差

方法一：使用"LEADER"命令。

❶ 在命令行窗口的"键入命令"提示下输入"LEADER"，按回车键，命令行提示如下：

命令：LEADER
指定引线起点： //选择点 A；
指定下一点： //选择点 B；
指定下一点或 [注释(A)/格式(F)/放弃(U)] <注释> //选择点 C；
指定下一点或 [注释(A)/格式(F)/放弃(U)] <注释>：回车 //切换到"注释"选项；
输入注释文字的第一行或 <选项>：回车 //设置"<选项>"；
输入注释选项 [公差(T)/副本(C)/块(B)/无(N)/多行文字(M)] <多行文字>：T 回车
//切换到"公差(T)"选项。

❷ 弹出"形位公差"对话框，如图 6-112 所示。分别选择相应的公差符号，并输入相应的数值，单击"确定"按钮，结果如图 6-111 所示。

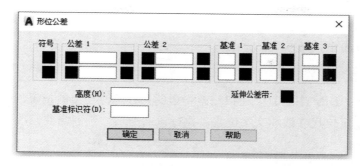

图 6-112 "形位公差"对话框

方法二：使用"QLEADER"命令。

❶ 在命令行窗口的"键入命令"提示下输入"QLEADER"，按回车键，命令行提示如下：

命令：QLEADER

指定第一个引线点或 [设置(S)] <设置>：　　　　　　　　　　　　//切换到"<设置>"选项。

❷ 弹出"引线设置"对话框，如图 6-113 所示。在对话框的"注释"选项卡的"注释类型"选项组中选中"公差"单选按钮，在"引线和箭头"选项卡的"引线"选项组中选中"直线"单选按钮，从"箭头"下拉列表中选择"实心闭合"选项，从"角度约束"选项组的"第一段"下拉列表中选择"任意角度"选项，从"第二段"下拉列表中选择"水平"选项，如图 6-113 所示。

 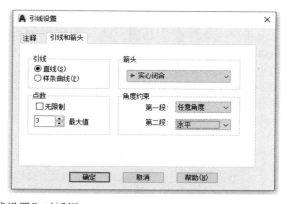

图 6-113 "引线设置"对话框

❸单击图 6-113 中的"确定"按钮，命令行提示如下：

指定第一个引线点或 [设置(S)] <设置>：　　　　　　　　　　　//选择点 A；

指定下一点：　　　　　　　　　　　　　　　　　　　　　　//选择点 B；

指定下一点：　　　　　　　　　　　　　　　　　　　　　　//选择点 C。

❹ 弹出"形位公差"对话框，如图 6-112 所示。分别选择相应的公差符号，并输入相应的数值，单击"确定"按钮，结果如图 6-111 所示。

6.2.6　编辑尺寸标注

在 AutoCAD 中，用户可以通过拉伸、剪切等编辑命令及夹点编辑功能对图形对象和与其相关的尺寸标注同时进行修改。另外，AutoCAD中还提供了尺寸标注编辑命令，可以对标注的文字及形式进行编辑。

1．调整标注文字位置

在命令行输入"DIMTEDIT"，可以修改指定的尺寸标注文字的位置，也可以移动或旋转其标注文字，重新定位尺寸线和文字位置。执行该命令后，选取需要修改的尺寸，命令行提示如下：

命令：DIMTEDIT

选择标注：　　　　　　　　　　　　　　　//选择尺寸标注。

为标注文字指定新位置或 [左对齐(L)/右对齐(R)/居中(C)/默认(H)/角度(A)]：

- 为标注文字指定新位置：用于确定尺寸文字的新位置，为默认项。用户可以通过移动鼠标光标的方式确定尺寸文字的新位置，确定后单击即可。
- 左对齐(L)：该选项仅对非角度标注起作用，用于确定将尺寸文字沿尺寸线左对齐。
- 右对齐(R)：该选项仅对非角度标注起作用，用于确定将尺寸文字沿尺寸线右对齐。
- 居中(C)：该选项用于将尺寸文字放在尺寸线的中间位置。
- 默认(H)：该选项用于按默认位置、默认方向放置尺寸文字。
- 角度(A)：该选项可以使尺寸文字旋转一定的角度。

2．编辑标注对象

在命令行输入"DIMEDIT"，可以对指定的尺寸标注进行编辑。执行该命令后，选取需要修改的尺寸，命令行提示如下：

命令：DIMEDIT

输入标注编辑类型 [默认(H)/新建(N)/旋转(R)/倾斜(O)] <默认>：

- 默认(H)：将旋转标注文字并移回默认位置。将选定的标注文字移回由标注样式指定的默认位置和旋转角。
- 新建(N)：使用文字编辑器更改标注文字。此时系统弹出"文字编辑器"选项卡和文字输入框，在文字输入框中输入新的标注文字，并单击"关闭文字编辑器"按钮。当系统提示"选择对象"时，选择某个尺寸标注对象并按回车键。
- 旋转(R)：旋转标注文字。此选项与DIMTEDIT的"角度"选项类似。输入"0"将标注文字按默认方向放置。默认方向由"新建标注样式"对话框、"修改标注样式"对话框和"替代当前样式"对话框中的"文字"选项卡上的垂直和水平文字设置进行设置。
- 倾斜(O)：当尺寸界线与图形的其他要素冲突时，"倾斜"选项将很有用处。倾斜角从UCS的X轴进行测量。

3．标注更新

在创建尺寸标注的过程中，若发现某个尺寸标注不符合要求，可以采用替代标注样式的方式修改尺寸标注的相关变量，并通过"标注更新"按钮，使要修改的尺寸标注按所设置的尺寸样式进行更新。

单击菜单栏中的"标注"→"更新"命令，或者单击"注释"面板中的"标注更新"按钮，可以调用更新标注命令。

4．编辑尺寸标注属性

修改尺寸标注属性除了更新标注，还可以在绘图区中选择要修改属性的尺寸标注，并单击菜单栏中的"修改"→"特性"命令按钮，打开如图 6-114 所示的"特性"选项板，在其中可以修改尺寸标注的各个参数，如箭头大小、尺寸线线宽、尺寸线范围等。

图 6-114 "特性"选项板

6.3 引线标注

AutoCAD 的"标注"菜单中提供了一个实用的"多重引线"命令，其相应的英文命令为"MLEADER"，对应的工具按钮为"注释"面板中的"引线"命令 。

多重引线是具有多个选项的引线对象，引线对象是一条线或样条曲线，其一端带有箭头，另一端带有多行文字对象或块。在某些情况下，由一条短水平线（又称基线）将多行文字对象或块和特征控制框连接到引线上，如图 6-115 所示。

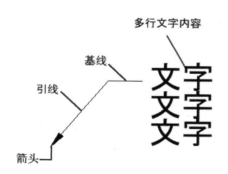

图 6-115 引线

基线和引线与多行文字对象或块关联，因此当重新定位基线时，多行文字对象或块和引线将随其移动。

6.3.1 多重引线样式设置

单击"注释"面板中的"多重引线样式"命令按钮 （见图 6-116），弹出"多重引线样式管理器"对话框，如图 6-117 所示。通过该对话框可以设置当前多重引线样式，也可以创建、修改和删除多重引线样式。

图 6-116 "注释"面板

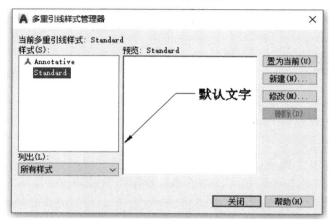

图 6-117 "多重引线样式管理器"对话框

下面分别介绍上述对话框中各主要项的功能。

- "当前多重引线样式"：用于显示应用于所创建的多重引线样式的名称。默认的多重引线样式为 Standard。
- "样式"列表框：用于显示多重引线列表，其中当前样式被亮显。
- "列出"下拉列表：用于控制"样式"列表框的内容。选择"所有样式"选项，可以显示图形中可用的所有多重引线样式。选择"正在使用的样式"选项，仅显示被当前图形中的多重引线参照的多重引线样式。
- "预览"框：用于显示"样式"列表框中选定样式的预览图像。
- "置为当前"按钮：将"样式"列表框中选定的多重引线样式置为当前样式。所有新的多重引线都将使用此多重引线样式进行创建。
- "新建"按钮：用于显示"创建新多重引线样式"对话框，从中可以定义新的多重引线样式。
- "修改"按钮：用于显示"修改多重引线样式"对话框，从中可以修改多重引线样式。
- "删除"按钮：用于删除"样式"列表框中选定的多重引线样式。不能删除图形中正在使用的多重引线样式。

在对话框中可以创建和修改多重引线样式，单击图 6-117 中的"修改"按钮，弹出如图 6-118 所示的"修改多重引线样式：Standard"对话框。在该对话框中有"引线格式""引线结构""内容" 3 个选项卡，下面分别介绍这些选项卡的功能。

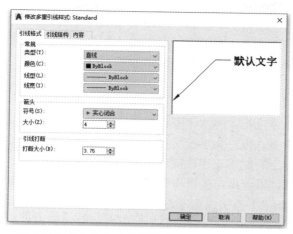

图 6-118 "修改多重引线样式: Standard"对话框

（1）"引线格式"选项卡：用于设置引线的格式，如图 6-118 所示。

"常规"选项组：用来控制多重引线的基本外观。

- "类型"下拉列表：用于确定引线类型。下拉列表中有"直线""样条曲线""无"3 个选项。
- "颜色"下拉列表：用于确定引线的颜色。
- "线型"下拉列表：用于确定引线的线型。
- "线宽"下拉列表：用于确定引线的线宽。

"箭头"选项组：用于控制多重引线箭头的外观。

- "符号"下拉列表：用于设置多重引线的箭头符号。
- "大小"数值框：用于显示和设置箭头的大小。

"引线打断"选项组：用于控制将折断标注添加到多重引线时使用的设置。

- "打断大小"数值框：用于显示和设置选择多重引线后用于"DIMBREAK"命令的折断大小。

（2）"引线结构"选项卡：用于设置引线的结构，如图 6-119 所示。

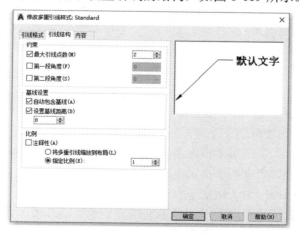

图 6-119 "引线结构"选项卡

"约束"选项组：用于控制多重引线的约束。

- "最大引线点数"复选框：用于指定引线的最大点数。
- "第一段角度"复选框：用于指定引线中的第一个点的角度。
- "第二段角度"复选框：用于指定多重引线基线中的第二个点的角度。

"基线设置"选项组：用于控制多重引线的基线设置。

- "自动包含基线"复选框：将水平基线附着于多重引线内容。
- "设置基线距离"复选框：为多重引线的基线确定固定距离。

"比例"选项组：用于控制多重引线的缩放。

- "注释性"复选框：用于指定多重引线为注释性。单击信息图标，以了解有关注释性对象的详细信息。如果多重引线为非注释性，则可用以下选项。
  - ➢ "将多重引线缩放到布局"单选按钮：根据模型空间视口和图纸空间视口中的缩放比例确定多重引线的比例因子。
  - ➢ "指定比例"单选按钮：用于指定多重引线的缩放比例。

（3）"内容"选项卡：用于设置多重引线标注的内容，如图 6-120 所示。

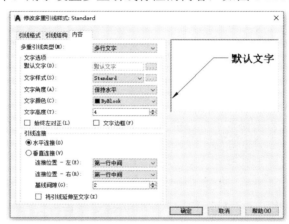

图 6-120 "内容"选项卡

"多重引线类型"下拉列表：用于确定多重引线是包含文字还是包含块。如果多重引线包含多行文字，则下列选项可用。

"文字选项"选项组：用于控制多重引线文字的外观。

- "默认文字"文本框：为多重引线内容设置默认文字。单击 ... 按钮将启动"文字编辑器"选项卡。
- "文字样式"下拉列表：用于指定多重引线文字的预定义样式，显示当前加载的文字样式，可以加载或创建新的文字样式。
- "文字角度"下拉列表：用于指定多重引线文字的旋转角度。
- "文字颜色"下拉列表：用于指定多重引线文字的颜色。
- "文字高度"数值框：用于指定多重引线文字的高度。
- "始终左对齐"复选框：用于指定多重引线文字始终左对齐。
- "文字边框"复选框：使用文本框对多重引线文字内容加框。

"引线连接"选项组：用于控制多重引线的引线连接设置。

- "连接位置-左"下拉列表：用于控制文字位于引线左侧时基线连接多重引线文字的方式。
- "连接位置-右"下拉列表：用于控制文字位于引线右侧时基线连接多重引线文字的方式。
- "基线间隙"数值框：用于指定基线和多重引线文字之间的距离。

6.3.2   多重引线标注

下面通过具体的实例操作讲述多重引线命令的标注。

【例6-18】：用多重引线命令标注如图6-121所示的倒角尺寸。

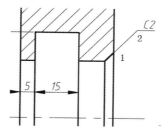

图 6-121   用多重引线标注

❶ 单击"注释"面板中的"多重引线样式"命令按钮 ⚘，系统弹出"多重引线样式管理器"对话框。在"多重引线样式管理器"对话框中，单击 新建(N)... 按钮，弹出"创建新多重引线样式"对话框，在新样式名栏中输入"倒角"，单击"继续"按钮，弹出"修改多重引线样式：倒角"对话框。

❷ 在"引线格式"选项卡中，选择箭头符号为"无"，在"内容"选项卡中的"文字样式"下拉列表中选择"工程字"选项，在"引线连接"选项组中选择"最后一行加下画线[①]"，如图6-122所示，单击"确定"按钮。返回"多重引线样式管理器"对话框，单击"置为当前"按钮，关闭对话框即可。

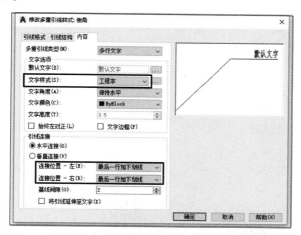

图 6-122   "修改多重引线样式：倒角"对话框

---

① 软件图中"下划线"的正确写法应为"下画线"。

❸ 单击"注释"面板中的"引线"命令按钮，命令行提示如下：

命令：_mleader
指定引线箭头的位置或 [引线基线优先(L)/内容优先(C)/选项(O)] <内容优先>：
                                              //选择点 1；
指定引线基线的位置：   //选择点 2。

❹ 打开文字输入框，输入"C2"，单击"确定"按钮，如图 6-121 所示。

6.4　表格

AutoCAD 2022 中提供了自动创建表格的功能，这是一个非常实用的功能，其应用非常广泛，利用该功能可以创建机械图中的零件明细栏、尺寸参数说明表等。

6.4.1　表格样式

与文字和标注类似，AutoCAD 中的表格也有一定的样式，包括表格文字的字体、颜色、高度和表格的行高、行距等。绘图中表格主要用于创建标题栏、参数表、明细表等内容。在插入表格之前，应先创建所需的表格样式。

单击菜单栏中的"格式"→"表格样式"命令，或者在"默认"选项卡中，单击"注释"面板中的"表格样式"命令按钮，如图 6-123 所示，系统弹出"表格样式"对话框，如图 6-124 所示。系统提供了 Standard 和 Annotative 为其默认样式，用户可以根据绘图环境的需要重新定义新的表格样式。

图 6-123　"表格样式"命令按钮

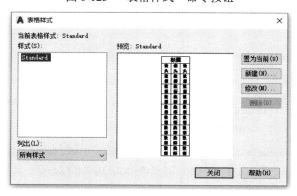

图 6-124　"表格样式"对话框

在如图 6-124 所示的对话框中，各选项的含义如下。

- "样式"列表框：用于显示表格样式。
- "列出"下拉列表：用于控制"样式"列表框显示的内容。
- "置为当前"按钮：单击该按钮，在"样式"列表框中选择的表格样式将被置为当前样式。
- "新建"按钮：单击"新建"按钮，将弹出"创建新的表格样式"对话框，如图 6-125 所示。

图 6-125　"创建新的表格样式"对话框

- "修改"按钮：单击"修改"按钮，将弹出"修改表格样式"对话框（同"新建表格样式"对话框），可以对"样式"列表框中所选择的表格样式进行修改。
- "删除"按钮：单击"删除"按钮，将把"样式"列表框中所选择的表格样式删除。但是不能删除默认的 Standard 表格样式。

在如图 6-125 所示的对话框中，各选项的含义如下。

- "新样式名"文本框：在该文本框中输入新建表格样式的名称，选择"基础样式"，单击"继续"按钮，将弹出"新建表格样式：标题栏"对话框，如图 6-126 所示。
- "基础样式"下拉列表：用于指定新表格样式基于现有的表格样式。

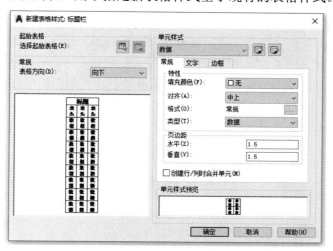

图 6-126　"新建表格样式：标题栏"对话框

在如图 6-126 所示的对话框中，各选项的含义如下。

- "起始表格"选项组：单击"选择"按钮，可以从图形中选定一个表格（起始表格），选择表格后，可以指定要从该表格复制到表格样式的结构和内容。使用"删除表格"图标，可以将该表格的格式从当前表格样式中删除。

- "表格方向"下拉列表：选择"向下"选项，将创建由上而下读取的表格，标题行（标题）和列标题行（表头）位于表格的顶部。选择"向上"选项，将创建由下而上读取的表格，标题行（标题）和列标题行（表头）位于表格的底部。
- "单元样式"选项组：可以从下拉列表中选择单元样式的类型，包括"数据""表头""标题"。可以在下拉列表中"创建新单元样式"和"管理单元样式"，也可以单击右侧的"创建新单元样式"和"管理单元样式"按钮。
- "填充颜色"下拉列表：用于指定单元的背景色，默认值为"无"。
- "对齐"下拉列表：用于设置表格单元中文字（字符）的对齐方式。
- "格式"选项：为表格中的"标题""表头""数据"单元设置格式，默认为"常规"。单击右侧的选择按钮，将弹出"表格单元格式"对话框，如图6-127所示，从中可以进一步定义格式选项。

图6-127 "表格单元格式"对话框

- "水平"文本框：用于设置单元中的文字（字符）与左右单元边界之间的距离。
- "垂直"文本框：用于设置单元中的文字（字符）与上下单元边界之间的距离。
- "创建行/列时合并单元"复选框：将使用当前单元样式创建的所有新行或新列合并为一个单元。可以使用该选项在表格的顶部创建标题行。
- "文字"选项卡：选择时，如图6-128所示，可以设置与文字相关的参数。

图6-128 "文字"选项卡

- "文字样式"下拉列表：用于列出图形中的所有文字样式。单击右侧的选择按钮，将显示"文字样式"对话框，从中可以创建新的文字样式。
- "文字高度"文本框：用于设置文字高度。

- "文字颜色"下拉列表：用于设置文字颜色。
- "文字角度"文本框：用于设置文字角度。
- "边框"选项卡：选择时，如图 6-129 所示，可以设置与边框相关的参数。

图 6-129 "边框"选项卡

- "线宽"下拉列表：单击后面的 按钮，可用于指定边界的线宽。
- "线型"下拉列表：单击后面的 按钮，可用于指定边界的线型。
- "颜色"下拉列表：单击后面的 按钮，可用于指定边界的颜色。
- "双线"复选框：将表格边界显示为双线。
- "间距"文本框：指定双线边界的间距。
- 边界按钮：一共 8 个按钮，通过单击边界按钮，可以将选定的特性应用到边框，控制单元边界的外观。

【例 6-19】：定义新表格样式，表格样式名为表格 1，字高为 5，SHX 字体采用 gbenor.shx，大字体采用 gbcbig.shx，表格数据均左对齐，数据与单元格左边界的距离为 5，与单元格上、下边界的距离为 0.5。

❶ 单击"注释"面板中的"文字样式"命令按钮，弹出如图 6-130 所示的"文字样式"对话框。单击"新建"按钮，弹出"新建文字样式"对话框，输入"表格字体"，如图 6-131 所示。

图 6-130 "文字样式"对话框

图 6-131 "新建文字样式"对话框

❷ 单击"确定"按钮,返回"文字样式"对话框。在"SHX 字体"下拉列表中选择"gbenor.shx"选项,勾选"使用大字体"复选框,在"大字体"下拉列表中选择"gbcbig.shx"选项,在"高度"文本框中输入字高"5",如图 6-132 所示。先单击"置为当前"按钮,再单击"关闭"按钮,即建立了"表格字体"的文字样式。

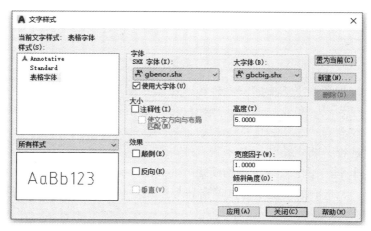

图 6-132 "文字样式"对话框

❸ 在"默认"选项卡中,单击"注释"面板中的"表格样式"命令按钮▦,弹出"表格样式"对话框,单击"新建"按钮,打开"创建新的表格样式"对话框,在"新样式名"文本框中输入文本"表格 1",如图 6-133 所示。

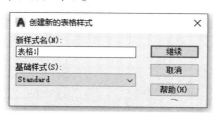

图 6-133 "创建新的表格样式"对话框

❹ 单击"继续"按钮,弹出"新建表格样式:表格 1"对话框,如图 6-134 所示。将"表格方向"设为"向下";将"单元样式"设为"数据";在"常规"选项卡中,将"对齐"设为"左中";在"页边距"选项组中,将"水平"设为"5",将"垂直"设为"0.5",其余选项均采用默认选项。

❺ 在"文字"选项卡的"文字样式"下拉列表中选择"表格字体"选项,如图 6-135 所示。

❻ 单击"确定"按钮,返回"表格样式"对话框,即建立了名为"表格 1"的表格样式,

如图 6-136 所示。

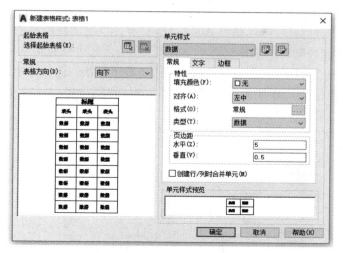

图 6-134　设置表格参数

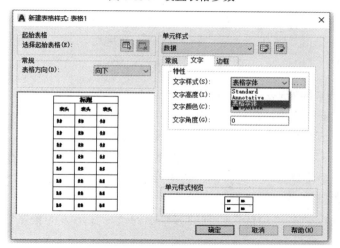

图 6-135　设置文字

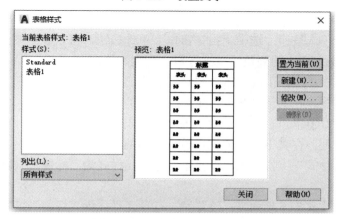

图 6-136　"表格样式"对话框

6.4.2 创建表格

表格的创建有多种方法，可以通过 AutoCAD 自身提供的创建表格的功能进行创建，也可以将 Excel 或 Word 软件制作的表格粘贴到 AutoCAD 中，还可以直接从外部导入表格对象。

单击菜单栏中的"绘图"→"表格"命令，或者在"默认"选项卡中，单击"注释"面板中的"表格"命令按钮▦，系统弹出"插入表格"对话框，如图 6-137 所示。

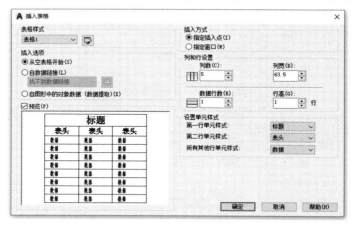

图 6-137 "插入表格"对话框

在如图 6-137 所示的对话框中，各选项的含义如下。

- "表格样式"下拉列表：在这个下拉列表中，可以选择定义过的表格样式。
- "从空表格开始"单选按钮：可以插入一个空的表格。
- "自数据链接"单选按钮：选中该单选按钮，可以从外部的表格中提取数据，创建表格。
- "自图形中的对象数据"单选按钮：选中该单选按钮，可以从可输出到表格或外部文件的图形中提取数据来创建表格。
- "预览"复选框：在"预览"前方的方框中勾选，在下方的预览框中将显示表格最终效果。
- "指定插入点"单选按钮：选中"指定插入点"单选按钮，可以在绘图区指定位置或在命令行中输入坐标值。
- "指定窗口"单选按钮：选中"指定窗口"单选按钮，可以在绘图区任意指定第一点，拖动鼠标，指定表格的列数、数据行数、列宽、行高等。
- "列数"数值框：在其下的数值框中设置表格的列数。
- "列宽"数值框：在其下的数值框中设置表格的列宽。
- "数据行数"数值框：在其下的数值框中设置表格的行数。
- "行高"数值框：在其下的数值框中设置表格的行高。
- "第一行单元样式"下拉列表：设置第一行单元样式为"标题""表头""数据"中的任意一个。
- "第二行单元样式"下拉列表：设置第二行单元样式为"标题""表头""数据"中的任意一个。

- “所有其他行单元样式”下拉列表：设置其他行单元样式为“标题”“表头”“数据”中的任意一个。

【例 6-20】：使用【例 6-19】中定义的表格样式“表格 1”插入表格并填写表格，如图 6-138 所示。

齿轮参数		
模数	m	0.5000
齿数	Z	400
齿形角	α	20°
螺旋角	β	0°
精度等级		GB2363-90

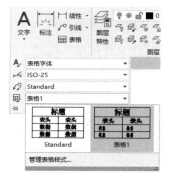

图 6-138　表格

❶ 在“注释”面板中的“表格样式”下拉列表中选择“表格 1”选项，将【例 6-19】中定义的表格样式“表格 1”置为当前样式，如图 6-139 所示。

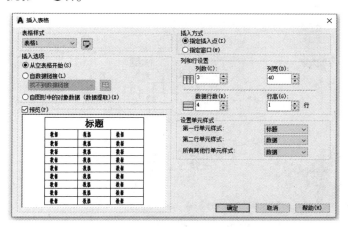

图 6-139　将“表格 1”置为当前样式

❷ 在“默认”选项卡中，单击“注释”面板中的“表格”命令按钮▦，系统弹出“插入表格”对话框，如图 6-140 所示。设置“列数”为“3”，“列宽”为“40”，“数据行数”为“4”，“行高”为“1”，在“第一行单元样式”下拉列表中选择“标题”选项，在“第二行单元样式”下拉列表中选择“数据”选项。

图 6-140　“插入表格”对话框

❸ 单击"确定"按钮，根据提示行确定表格的位置，如图 6-141 所示，根据图 6-138 所示的要求填写表格，结果如图 6-138 所示。

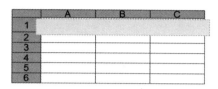

图 6-141　插入表格

6.4.3　编辑表格

工作的任务不同，对表格的具体要求也会不同。通过对表格样式进行新建或修改，我们可以对表格方向、单元格的常规特性、单元格内文字使用的文字样式，以及表格的边框类型等一系列内容进行设置，从而建立符合自己工作要求的表格。

下面通过一个具体的实例来说明编辑表格的一般方法。

【例 6-21】：创建如图 6-142 所示的标题栏。

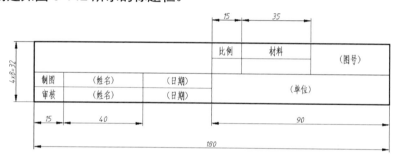

图 6-142　标题栏

❶ 在"默认"选项卡中，单击"注释"面板中的"表格样式"命令按钮▦，弹出"表格样式"对话框，在"样式"列表框中选中"表格 1"，单击"修改"按钮，如图 6-143 所示。

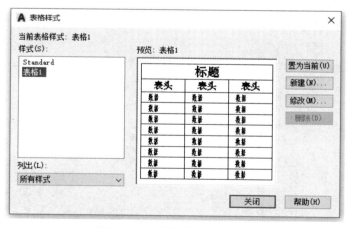

图 6-143　"表格样式"对话框

❷ 弹出"修改表格样式：表格 1"对话框，如图 6-144 所示。在"常规"选项卡中，将"对齐"设为"正中"，其余选项均采用默认选项，单击"确定"按钮，退出"修改表格样式：表格 1"对话框。

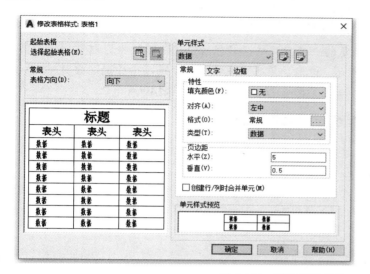

图 6-144 修改表格参数

❸ 在"注释"面板的"表格样式"下拉列表中，选择"表格 1"选项，在"默认"选项卡中，单击"注释"面板中的"表格"命令按钮 ▦，系统弹出"插入表格"对话框，如图 6-145 所示。设置"列数"为"6"，"列宽"为"15"，"数据行数"为"2"，"行高"为"1"，在"第一行单元样式"下拉列表中选择"数据"选项，在"第二行单元样式"下拉列表中选择"数据"选项。

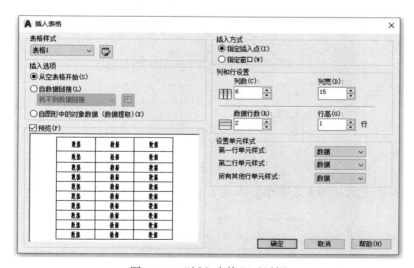

图 6-145 "插入表格"对话框

❹ 单击"确定"按钮，根据提示行确定表格的位置，如图 6-146 所示。

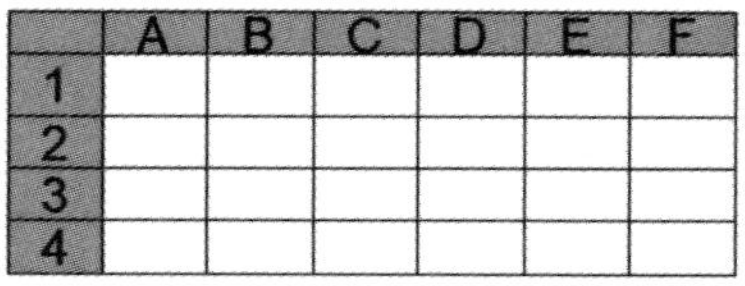

图 6-146 插入表格

❺ 在表格区域中单击选中左上角的一个单元格，按住〈Shift〉键依次选取第一行和第二行前三列，显示夹点，如图 6-147 所示。此时，单击"表格单元"选项卡中的"合并单元"下拉列表中的"合并全部"命令按钮 （见图 6-148），表格如图 6-149 所示。

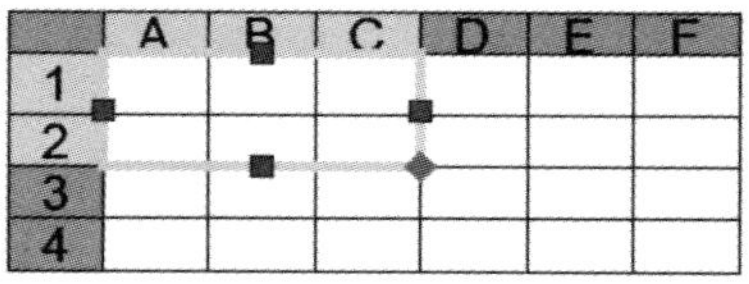

图 6-147 选中表格

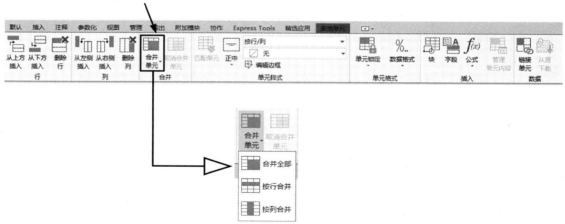

图 6-148 "合并单元"命令

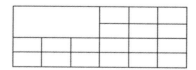

图 6-149 合并表格

❻ 采用同样的方式合并其余表格，如图 6-150 所示。

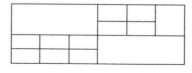

图 6-150 合并表格

❼ 双击表格，系统弹出"特性"选项板，选取第三行第二列单元格，如图 6-151 所示。在"单元宽度"编辑框中将数值设置为"40"，将"单元高度"数值设置为"8"。采用同样的方式分别选择不同的单元格，将对应的单元格修改为如图 6-142 所示的尺寸，结果如图 6-152 所示。

图 6-151　设置单元格宽度和高度

图 6-152　设置表格参数

❽ 在"默认"选项卡中，单击"注释"面板中的"文字"命令按钮 **A**，输入相应的文字，结果如图 6-153 所示。在"默认"选项卡中，单击"修改"面板中的"分解"命令按钮 🗇，分解表格。

		比例	材料	
				(图号)
制图	(姓名)	(日期)		(单位)
审核	(姓名)	(日期)		

图 6-153　输入文字

❾ 采用夹点命令，将标题栏中外侧的线条所在图层切换至"轮廓线"图层，其他线条为"细实线"图层，结果如图 6-154 所示。

		比例	材料	
				(图号)
制图	(姓名)	(日期)		(单位)
审核	(姓名)	(日期)		

图 6-154　切换图层

6.5 综合实例

【例 6-22】：利用尺寸标注命令标注第 5 章的综合实例油封盖，如图 6-155 所示。

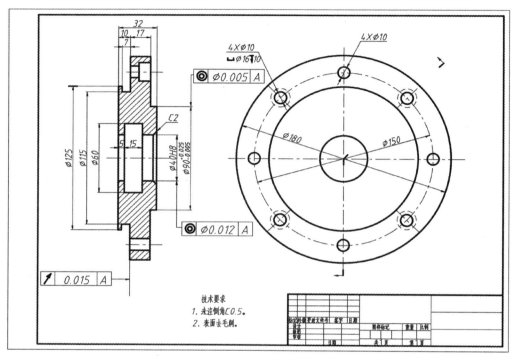

图 6-155 标注尺寸

❶ 单击"注释"面板中的"标注样式"命令按钮 ，弹出"标注样式管理器"对话框，分别建立"线性标注""直径标注""半径标注"3 种标注样式，如图 6-156 所示，并将"线性标注"样式置为当前样式。

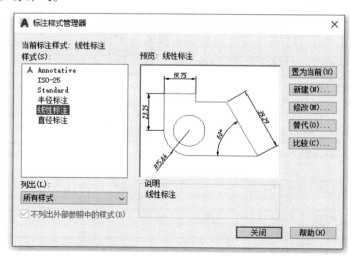

图 6-156 创建标注样式

❷ 采用"线性标注"样式，在主视图上依次标注相应的尺寸，如图 6-157 所示。

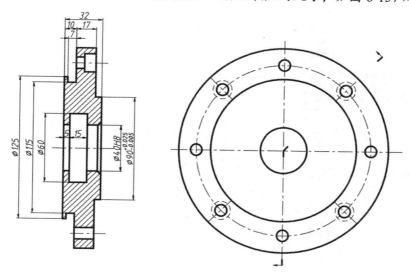

图 6-157　线性标注

❸ 将"直径标注"样式置为当前样式，采用"直径标注"样式，在左视图上依次标注相应的尺寸，如图 6-158 所示。

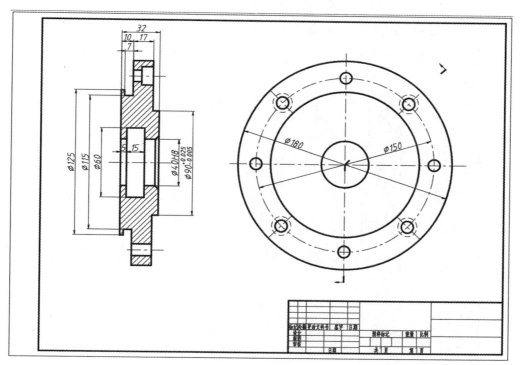

图 6-158　直径标注

❹ 将"半径标注"样式置为当前样式，采用"半径标注"样式，在左视图上依次标注通孔和沉头孔相应的尺寸，如图 6-159 所示。

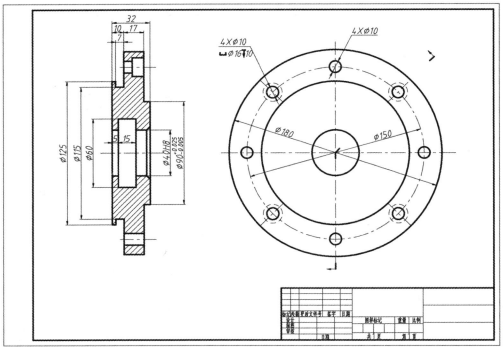

图 6-159　标注通孔和沉头孔

❺ 采用"QLEADER"命令，标注几何公差，如图 6-160 所示。

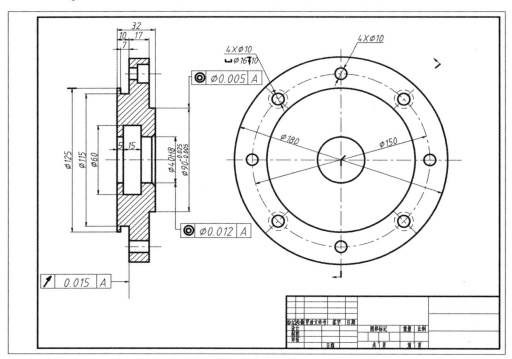

图 6-160　标注几何公差

❻ 单击"注释"面板中的"引线"命令按钮 ⟋◯，标注倒角 C2，如图 6-161 所示。

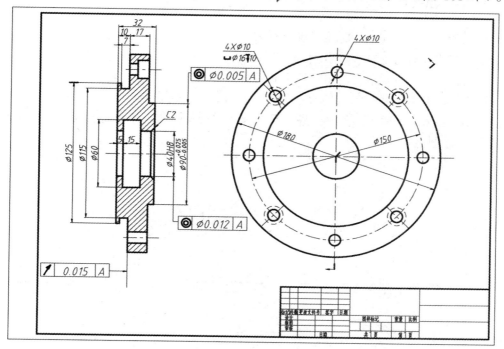

图 6-161　标注倒角

❼ 单击"注释"面板中的"多行文字"命令按钮 **A**，书写技术要求，如图 6-162 所示。

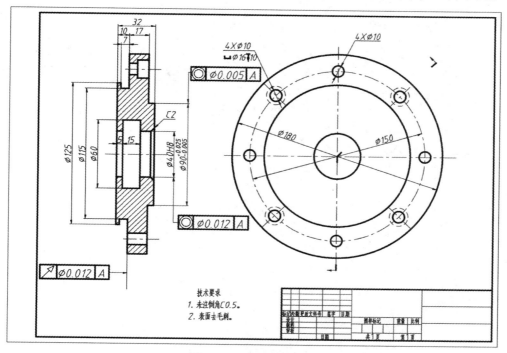

图 6-162　书写技术要求

6.6 课后练习

1．如何创建符合国家制图标准的文字样式？

2．单行文本和多行文本有何区别？

3．如何创建符合国家制图标准的尺寸标注样式？

4．如何标注和编辑各种形式的尺寸公差？如何标注几何公差？

5．绘制如图 6-163 所示的拨叉，进行尺寸标注和公差标注，并通过插入表格的方式绘制图 6-163 中的标题栏。

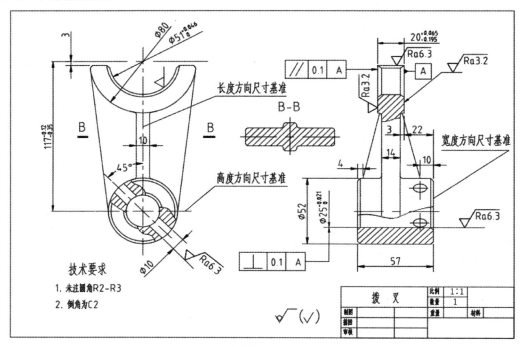

图 6-163　拨叉

第7章　AutoCAD 的实用工具

内容与要求

在绘制图形时，如果图形中有大量相同或相似的内容，或者所绘制的图形与已有的图形文件相同，则可以把要重复绘制的图形创建成图块，或者通过 AutoCAD 设计中心浏览、查找、预览、使用和管理 AutoCAD 的图形、图块、外部参照等不同的资源文件。图块和设计中心可以帮助我们绘制零件图和装配图。

通过本章的学习，读者应达到如下目标：

- 掌握 AutoCAD 2022 图块的建立与应用
- 掌握 AutoCAD 2022 设计中心的应用
- 掌握图纸打印输出的步骤与方法
- 灵活应用工具选项板提高绘图速度

7.1　创建与编辑图块

图块是由一个或多个对象组成的对象集合，常用于绘制复杂、重复的图形。一旦一组对象组合成图块，就可以根据作图需要将这组对象插入图中任意指定的位置，而且还可以按不同的比例和旋转角度插入。在 AutoCAD 中，使用图块可以提高绘图速度、节省存储空间、便于修改图形。

在利用 AutoCAD 开发专业软件（如机械、建筑、道路、电子等方面）时，可以将一些经常使用的常用件、标准件及符号做成图块，使之成为一个图库，便于在绘图时随时调用，这样会减小重复性的工作，提高绘图效率。AutoCAD 中的图块被分为内部图块和外部图块两类。

7.1.1　创建内部图块

内部图块只能在定义它的图形文件中被调用，与定义它的图形文件一同被保存在图形文件内部，而不能插入其他图形。

创建内部图块的方法有如下几种。

- 单击"默认"→"块"面板中的"创建"命令按钮 ，如图 7-1 所示。
- 单击菜单栏中的"绘图"→"块"→"创建"命令，如图 7-1 所示。

● 在命令行中执行 BLOCK 命令。

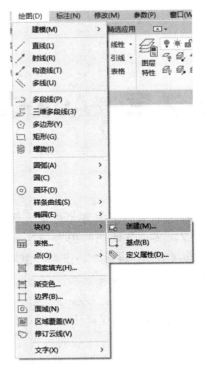

图 7-1 "创建"命令

执行"创建"命令后，弹出如图 7-2 所示的"块定义"对话框，在该对话框中指定相应的参数后即可创建一个内部图块。

图 7-2 "块定义"对话框

对话框中各选项的含义如下。

● 名称：在该框中输入块名。单击右边的下拉按钮，显示已定义的块。

● 基点：用于指定块的插入基点。用户可以直接在 X、Y、Z 三个文本框中输入基点坐标位置。如果单击"拾取点"按钮，则切换到绘图窗口并提示指定插入基点，在绘图区中指定一点作为新建块的插入基点，并返回"块定义"对话框，此时刚指定的基点坐标值显示在 X、Y、Z 三个文本框中。

- 对象：用于指定组成块的对象。单击"选择对象"按钮，返回绘图状态，并提示"选择对象："，在此提示下选择所需的对象。选取完毕，按回车键，返回对话框。
- 保留：用于定义块后保留原对象。
- 转换为块：将当前图形中所选对象转换为块。
- 删除：用于定义块后在绘图区删除组成块的对象。
- 方式：用于指定块的行为。
- 注释性：用于指定块为 Annotative。
- 使块方向与布局匹配：用于指定图纸空间视口中块参照的方向与布局的方向匹配。如果未勾选"注释性"复选框，则"使块方向与布局匹配"复选框不可用。
- 按统一比例缩放：用于指定是否阻止块参照不按统一比例缩放。
- 允许分解：用于指定块参照是否可以被分解。
- 设置：用于选择插入单位。单击右边的下拉按钮，根据需要选择单位，也可以指定无单位。
- 说明：用于输入块文字描述信息。

【例 7-1】：打开第 6 章中的图 6-87，创建一个基准符号为 A 的内部图块并将其插入，如图 7-3 所示。

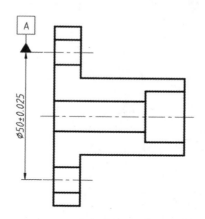

图 7-3　插入基准符号为 A 的内部图块

❶ 在空白处绘制基准符号，如图 7-4 所示。

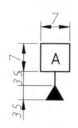

图 7-4　绘制基准符号

❷ 单击"默认"→"块"面板中的"创建"命令按钮 ![icon]，弹出如图 7-5 所示的"块定义"对话框。

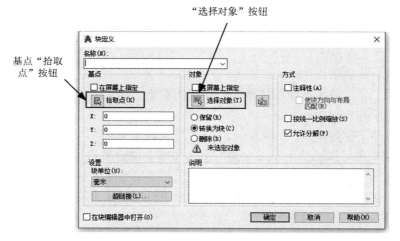

图 7-5 "块定义"对话框

❸ 在"名称"文本框中输入"基准 A"作为内部图块的名称。单击图 7-5 中"基点"选项组中的"拾取点"按钮 ![icon]，切换到绘图窗口，拾取如图 7-6 所示的基准符号下面的一点作为基点。单击图 7-5 中"对象"选项组中的"选择对象"按钮 ![icon]，切换到绘图窗口。根据命令行提示，选择图 7-4 中的基准符号作为创建图块的对象，按回车键，返回"块定义"对话框，如图 7-7 所示。

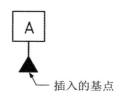

图 7-6 拾取插入的基点

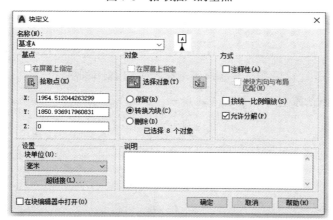

图 7-7 "块定义"对话框

❹ 单击图 7-7 中的"确定"按钮，即完成了内部图块"基准 A"的创建。

❺ 单击"默认"→"块"面板中的"插入"命令按钮，选择"基准 A"图块，如图 7-8 所示。

图 7-8 选择"基准 A"图块

❻ 根据命令行提示，将"基准 A"图块添加到图 6-87 中的指定位置，结果如图 7-3 所示。

7.1.2 创建外部图块

外部图块又称外部图块文件，是以文件的形式保存在计算机中的。当定义好外部图块后，定义它的图形文件中不会包含该外部图块，即外部图块与定义它的图块文件之间没有任何关联。用户可以根据外部图块特有的功能，随时将其调用到其他图形文件中。

外部图块与内部图块的区别在于，外部图块作为独立文件被保存，可以将其插入任何图形，并且可以对其进行打开和编辑操作。

在命令行输入"WBLOCK"，即可创建外部图块，弹出如图 7-9 所示的"写块"对话框。

图 7-9 "写块"对话框

对话框中各选项的含义如下。

- 块：将图块作为文件进行保存，可以从其右侧的下拉列表中选择定义过的图块名。
- 整个图形：将整个图形作为图块进行保存。
- 对象：将选择的对象作为图块并进行保存。
- 基点：用于设置图块的插入基点。其中，单击"拾取点"按钮可以切换到绘图窗口直接拾取基点。还可以在 X、Y、Z 文本框中直接输入基点的坐标值（该设置区域仅当"源"选项组中的"对象"单选按钮被选中时有效）。
- 选择对象：用于切换到绘图窗口直接选择对象。
- 保留、转换为块、从图形中删除：与"块定义"对话框中的含义相同。
- 文件名和路径：用于指定图块被保存时的文件名并确定保存文件的路径位置。
- 插入单位：用于确定图块插入时所用的单位。

【例 7-2】：创建一个基准符号为 B 的外部图块，并将其插入图 5-79 的油封盖，如图 7-10 所示。

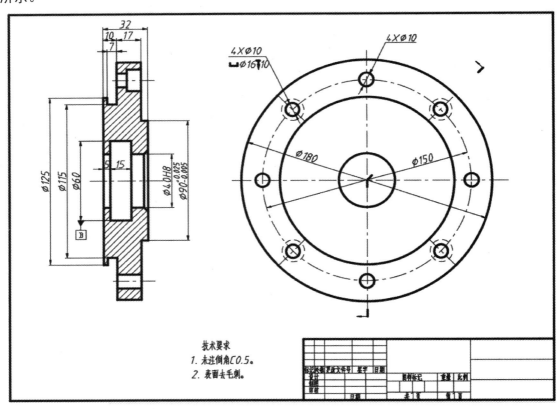

图 7-10　插入基准符号为 B 的外部图块

❶ 打开一个新的文件，绘制基准符号，如图 7-11 所示。

❷ 在命令行输入"WBLOCK"，弹出如图 7-12 所示的"写块"对话框。

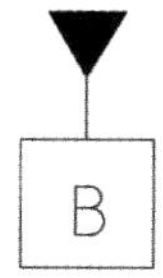

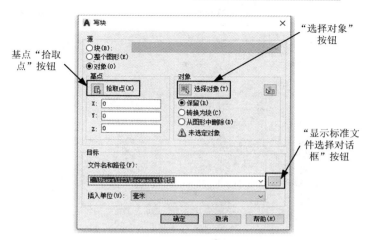

图 7-11　绘制基准符号

图 7-12　"写块"对话框

❸ 单击图 7-12 中 "基点" 选项组中的 "拾取点" 按钮📷，切换到绘图窗口，拾取如图 7-13 所示的基准符号上面的一点作为基点。单击图 7-12 中 "对象" 选项组中的 "选择对象" 按钮📷，切换到绘图窗口，根据命令行提示，选择图 7-11 的基准符号作为创建图块的对象，按回车键，返回 "写块" 对话框。单击图 7-12 中的 "显示标准文件选择对话框" 按钮⋯，弹出 "浏览图形文件" 对话框，选择要保存的文件夹并将当前外部图块命名为 "基准 B"，如图 7-14 所示。

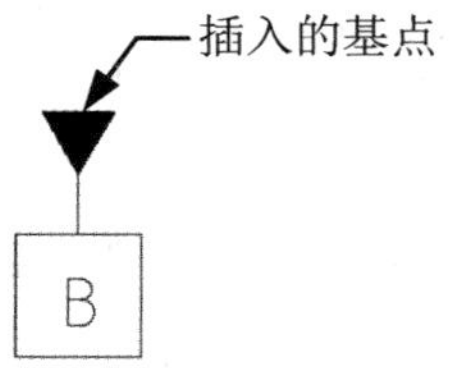

图 7-13　拾取插入的基点

图 7-14　"浏览图形文件" 对话框

❹ 单击 "保存" 按钮，返回 "写块" 对话框，如图 7-15 所示，单击 "确定" 按钮，即完成了外部图块 "基准 B" 的创建。

❺ 打开图 5-79 的油封盖，单击 "默认" → "块" 面板中的 "插入" 命令按钮📇，如图 7-16 所示，选择 "库中的块" 选项，弹出如图 7-17 所示的 "为块库选择文件夹或文件" 对话框，选择步骤❹中的 "基准 B" 所在的文件夹，单击 "基准 B"。

❻ 单击 "打开" 按钮，系统弹出 "插入块" 对话框，如图 7-18 所示，选择 "基准 B" 图块，根据命令行提示，将 "基准 B" 图块添加到图 5-79 中的指定位置，结果如图 7-10 所示。

图 7-15 "写块"对话框

图 7-16 选择"库中的块"选项

图 7-17 "为块库选择文件夹或文件"对话框

图 7-18 "插入块"对话框

在如图 7-18 所示的对话框中，各选项的含义如下。

- 插入点：用于指定图块的插入点。如果勾选"插入点"复选框，表示直接从绘图窗口或命令行窗口指定；如果不勾选"插入点"复选框，表示在 X、Y、Z 文本框中输入插入点的坐标。
- 比例：用于设置插入的比例因子。如果勾选"比例"复选框，表示可以从绘图窗口中指定插入图块的比例；如果不勾选"比例"复选框，表示可以从文本框中输入 X、Y、Z 三个方向的插入图块的比例。
- 旋转：用于设置插入图块的旋转角度。如果勾选"旋转"复选框，表示直接从绘图窗口或命令行窗口指定旋转比例；如果不勾选"旋转"复选框，表示可以从文本框中输入旋转角度。
- 分解：勾选此复选框，表示 AutoCAD 在插入图块的同时把图块分解成单个对象。

7.1.3 创建属性图块

在绘制图形时，常需要插入多个带有不同名称或附加信息的图块，如果依次对各个图块进行标注，则会浪费很多时间。为了增强图块的通用性，可以为图块附加一些文本信息。我们将这些文本信息称为属性。在插入有属性的图块时，用户可以根据具体情况，通过属性为图块设置不同的文本信息，这样就为绘图带来很大的方便。

1．什么是图块属性

属性是与图块相关联的文字信息。在创建一个块定义时，属性是预先被定义在块中的特殊文本对象。

在如图 7-19 所示的图形中，*Ra* 3.2、B 即为图块的属性值。若要插入不同数值的表面粗糙度和其他基准，如 *Ra* 1.6 和基准 A，则可以将这些属性值定义给相应的图块。在插入图块时，也可以为其指定相应的属性值，从而避免为图块进行多次文字标注的操作。

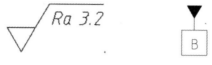

图 7-19　图块属性

为图块指定属性并将属性与图块重新定义为一个新的图块后，在插入图块时即可为图块指定新的属性值，图块的属性值在插入过程中是可以修改的。属性必须依赖图块而存在，没有图块就没有属性。

2．定义图块属性

使用定义图块属性命令可以为图块定义属性。在定义属性时，需要对属性的提示信息、默认值、属性值的高度、对齐方式等参数进行设置。

调用定义图块属性命令的方法有如下几种。

* 单击"默认"→"块"面板中的"定义属性"命令按钮 ✎，如图 7-20 所示。
* 单击菜单栏中的"绘图"→"块"→"定义属性"命令，如图 7-21 所示。
* 在命令行中执行 ATTDEF 命令。

图 7-20　"块"面板

图 7-21　"块"子菜单

单击菜单栏中的"绘图"→"块"→"定义属性"命令后，弹出如图 7-22 所示的"属性定义"对话框，在该对话框中即可为图块属性设置相应的参数。

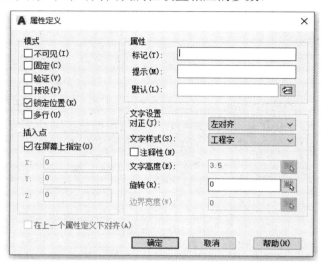

图 7-22 "属性定义"对话框

对话框中各选项的含义如下。

- 模式：通过"不可见""固定""验证"复选框可以设置属性是否可见、是否为常量、是否验证及是否预置。
- 标记：用于设置属性标签。
- 提示：用于设置属性提示。
- 默认：用于设置属性的默认值。
- 插入点：用于确定属性文字的插入点，勾选"在屏幕上指定"复选框并单击"确定"按钮后，AutoCAD 切换到绘图窗口要求指定插入点的位置。也可以在 X、Y、Z 文本框中输入插入基点的坐标。
- 对正：该下拉列表中的选项用于设置属性文字相对于插入点的排列形式。
- 文字样式：用于设置属性文字的样式。
- 文字高度：用于设置属性文字的高度。
- 旋转：用于设置属性文字行的倾斜角度。
- 在上一个属性定义下对齐：表示该属性采用上一个属性的字体、字高及倾斜角度，且与上一个属性对齐。

确定各项内容后，单击对话框中的"确定"按钮，即完成了属性定义。

【例 7-3】：创建属性值为 $Ra\ 3.2$ 的一个外部图块，并将其保存、插入第 6 章的图 6-87。

❶ 单击"默认"→"绘图"面板中的"直线"命令按钮，绘制如图 7-23 所示的图形。

❷ 单击菜单栏中的"绘图"→"块"→"定义属性"命令，弹出"属性定义"对话框，在该对话框中为图块属性设置相应的参数，如图 7-24 所示，单击"确定"按钮。

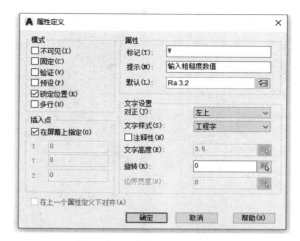

图 7-23　绘制基本符号　　　　　　　　　　图 7-24　"属性定义"对话框

❸ 在绘图区指定标记位置，如图 7-25 所示。

❹ 在命令行输入"WBLOCK"，弹出如图 7-26 所示的"写块"对话框。

图 7-25　指定标记位置　　　　　　　　　　图 7-26　"写块"对话框

❺ 单击图 7-26 中"基点"选项组中的"拾取点"按钮 🔲，切换到绘图窗口，拾取如图 7-27 所示的端点作为基点拾取点。单击"对象"选项组中的"选择对象"按钮 🔲，切换到绘图窗口，根据命令行提示，用窗选方式选择如图 7-28 所示的图形作为创建图块的对象，按回车键，返回"写块"对话框。单击图 7-26 中的"显示标准文件选择对话框"按钮 …，弹出"浏览图形文件"对话框，选择要保存的文件夹并将当前外部图块命名为"带属性的粗糙度"，结果如图 7-29 所示。

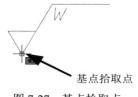

图 7-27　基点拾取点

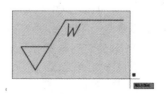

图 7-28　选择对象

图 7-29 "写块"对话框

❻ 单击"确定"按钮，完成"带属性的粗糙度"图块的创建。

❼ 打开第 6 章中的图 6-87，单击"默认"→"块"面板中的"插入"命令按钮，如图 7-30 所示，选择"库中的块"选项，在屏幕右下角打开如图 7-31 所示的"插入块"对话框，单击"显示文件导航对话框"命令按钮，弹出"为块库选择文件夹或文件"对话框，选择"带属性的粗糙度"所在的文件夹，单击"带属性的粗糙度"图块。

图 7-30 选择"库中的块"选项

图 7-31 "插入块"对话框

❽ 单击"打开"命令，此时"插入块"对话框如图 7-32 所示，选择"带属性的粗糙度"图块，根据命令行提示，将"带属性的粗糙度"图块添加到图 6-87 中的指定位置，此时弹出如图 7-33 所示的"编辑属性"对话框，在此对话框中可以输入粗糙度数值"Ra 1.6"，单击"确定"按钮，结果如图 7-34 所示。

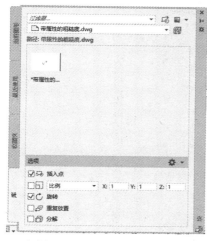

图 7-32 "插入块"对话框

图 7-33 "编辑属性"对话框

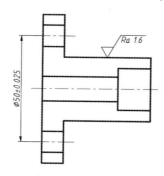

图 7-34 插入"带属性的粗糙度"图块

7.1.4 修改图块属性值

为图块指定相应的属性值后，若要对其进行修改，可以选择如图 7-35 所示的"修改"→"对象"→"属性"→"单个"命令，或者单击"默认"→"块"面板中的"编辑属性"命令按钮 ，根据命令行提示，选择"带属性的粗糙度"图块，系统弹出如图 7-36 所示的"增强属性编辑器"对话框。

图 7-35 "属性"子菜单

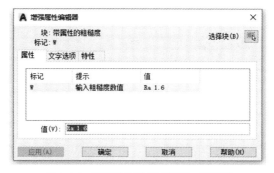

图 7-36 "增强属性编辑器"对话框

对话框中各选项的含义如下。

- 属性：在"值"文本框中可以对图块的属性值进行修改。
- 文字选项：如图 7-37 所示，在其中可以对图块属性的文字部分参数进行设置，如对正方式、宽度因子、旋转和倾斜角度等。

图 7-37 修改图块文字部分参数

- 特性：如图 7-38 所示，在其中可以对图块属性所在图层、线型和颜色等参数进行设置。

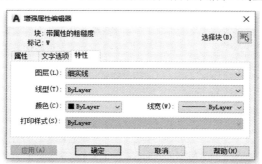

图 7-38 设置图块属性的参数

设置完成后，单击"确定"按钮即可。

【例 7-4】：将图 7-34 中的粗糙度数值修改为 Ra 6.3。

❶ 单击"默认"→"块"面板中的"编辑属性"命令按钮，根据命令行提示，选择"带属性的粗糙度"图块，系统弹出如图 7-39 所示的"增强属性编辑器"对话框。

❷ 在"值"文本框中将图块的值修改为"Ra 6.3",单击"确定"按钮,结果如图 7-40 所示。

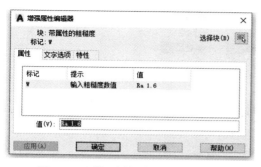

图 7-39 "增强属性编辑器"对话框

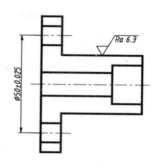

图 7-40 修改粗糙度数值

7.1.5 删除图块

在创建的众多图块中,也许有些图块已经不再使用了,此时可以删除这些图块,减少内存占用。在如图 7-41 所示的菜单栏中,单击"文件"→"图形实用工具"→"清理"命令,就可以删除多余的图块。下面通过一个具体的实例介绍删除图块的操作过程。

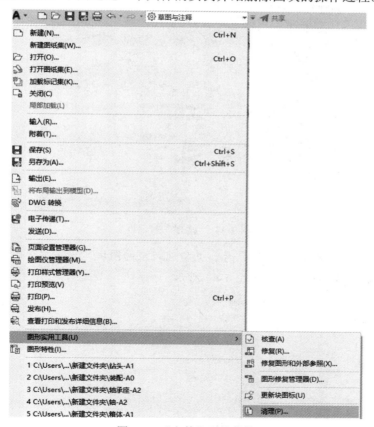

图 7-41 "文件"下拉菜单

【例 7-5】：删除图 7-42 中所有的图块。

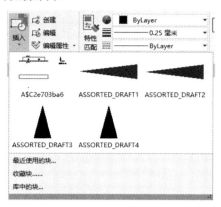

图 7-42 "插入"命令

❶ 单击"默认"→"块"面板中的"插入"命令按钮 🔲，显示当前视图中已有的图块，如图 7-42 所示。

❷ 单击菜单栏中的"文件"→"图形实用工具"→"清理"命令，弹出"清理"对话框，如图 7-43 所示。

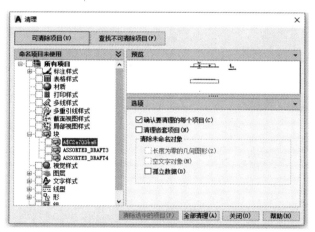

图 7-43 "清理"对话框

❸ 单击"块"复选框前面的"+"号，并勾选对应的图块，单击"全部清理"命令按钮，弹出"清理 - 确认清理"对话框，如图 7-44 所示。

图 7-44 "清理 - 确认清理"对话框

❹ 单击"清理此项目"选项，采用同样的步骤清理其余图块。

❺ 单击"默认"→"块"面板中的"插入"命令按钮 🗁，显示文件图块已经被全部删除，效果如图 7-45 所示。

图 7-45　删除图块的效果

7.2　AutoCAD 设计中心

　　AutoCAD 设计中心（AutoCAD Design Center，ADC）为用户提供了一个直观且高效的工具，它与 Windows 资源管理器类似。AutoCAD 设计中心经过不断被修改、完善和补充，已经成为一个集管理、查看和重复利用图形的多功能高效工具。利用 AutoCAD 设计中心，用户不但可以浏览、查找、管理 AutoCAD 图形等不同资源，而且只需拖动鼠标，就能轻松地将一张设计图纸中的图层、图块、文字样式、标注样式、线型、布局及图形等复制到当前图形文件中。

7.2.1　启动 AutoCAD 设计中心

　　可以从命令行、功能区、菜单栏启动 AutoCAD 设计中心，具体方法如下。

- 在命令行提示下输入"ADCENTER"，并按回车键或空格键。
- 从"视图"→"选项板"面板中单击"设计中心"图标按钮 🖼，如图 7-46 所示。

图 7-46　启动 AutoCAD 设计中心

- 单击菜单栏中的"工具"→"选项板"→"设计中心"命令，如图 7-47 所示。

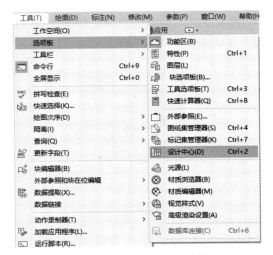

图 7-47 "选项板"子菜单

启动后，在 AutoCAD 的绘图区弹出"设计中心"窗口，如图 7-48 所示。左边框内为 AutoCAD 设计中心的资源管理器，显示系统资源的树形结构；右边框内为 AutoCAD 设计中心窗口的内容显示框，显示所浏览资源的内容。

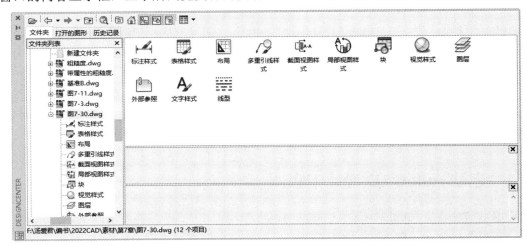

图 7-48 "设计中心"窗口

7.2.2 在文件之间复制图层

利用 AutoCAD 设计中心可以将图层从一个图形文件复制到其他图形文件中。例如，在绘制新图形时，可以通过 AutoCAD 设计中心将已有的图层复制到新的图形文件中，这样既可以节省时间，又可以保证图形间的一致性。

（1）拖动图层到当前打开的图形文件中，可以按以下步骤进行。

❶ 确认要复制图层的图形文件在当前是打开的。

❷ 在内容显示框中，选择要复制的图层，如图 7-49 所示。

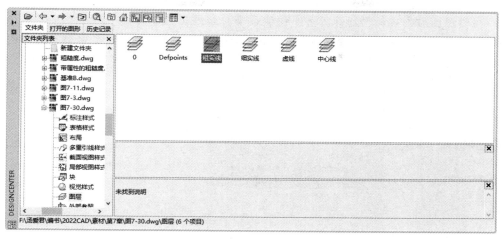

图 7-49　通过"设计中心"窗口复制图层

❸　先用鼠标左键拖动所选的图层到当前图形区，然后松开鼠标左键，所选的图层就被复制到了当前图形中，且图层的名称不变。

❹　此时，在"图层"面板中打开所有图层，如图 7-50 所示，即可以看到刚才选择的图层被复制到了当前文件中。

图 7-50　所有图层

（2）通过剪贴板复制图层，可以按以下步骤进行。

❶　确认要复制图层的图形文件在当前是打开的。

❷　在内容显示框中，选择要复制的图层。

❸　右击所选图层，打开快捷菜单，如图 7-51 所示，单击快捷菜单中的"复制"命令。

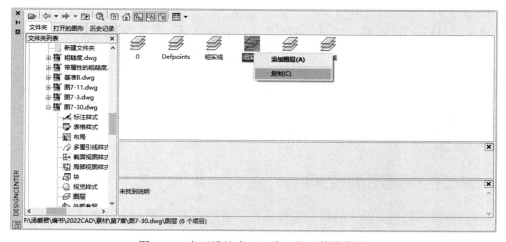

图 7-51　在"设计中心"窗口打开快捷菜单

❹ 在图形区右击鼠标，打开另一个快捷菜单，如图 7-52 所示。

❺ 单击该快捷菜单中的"剪贴板"→"粘贴"命令，所选图层即被复制到了当前图形中。

❻ 此时，在"图层"面板中打开所有图层，如图 7-53 所示，即可看到刚才选择的图层被复制到了当前文件中。

图 7-52　快捷菜单

图 7-53　所有图层

7.2.3　在文件之间复制其他元素

利用 AutoCAD 设计中心可以浏览和装载需要复制的图块、标注样式、文字样式等元素，先将图块复制到剪贴板，再利用剪贴板将图块粘贴到图形中，具体方法与复制图层类似，这里就不赘述了。

7.3　打印输出

在 AutoCAD 制图中，打印环节是必不可少的。当我们辛辛苦苦把图绘制好，最终还是要把图打印或生成图片让别人看到，所以必须弄明白 AutoCAD 打印及打印设置。打印时，用户常会遇到打印线型、背景、内容、比例和清晰度等问题。有些人将一幅完整的图形绘制好之后，打印时，不是图形不在图纸的中间，就是只打印了图形的一半，使绘制好的图形只能在计算机上被观看，而不能拿到实际当中去应用。因此，如何将绘制好的图形完整、正确、清晰、合理地打印出来，是非常重要的一个环节。

7.3.1　模型空间与布局空间

AutoCAD 窗口提供了两个并行的工作环境，即"模型"选项卡和"布局"选项卡。在"模型"选项卡上工作时，可以绘制主题的模型。在"布局"选项卡上工作时，可以布置模型的多个"快照"。一个布局代表一张可以使用各种比例显示一个或多个模型视图的图纸。

在默认情况下，模型空间就像一张没有边际的纸，不会存在画不下的情况，用户可以使用工具栏上的缩放工具将模型空间放大或缩小，以便将画的图形全部显示出来，这样做并不影响画图的比例。在模型空间中，可以按 1∶1 的比例绘制，还可以决定是采用英寸单位（用于支架）绘制还是采用米单位（用于桥梁）绘制。单击菜单栏中的"格式"→"单位"命令，弹出"图形单位"对话框，在该对话框中可以更改单位。

通过"布局"选项卡可以访问虚拟图纸。设置布局时，可以通知 AutoCAD 所使用图纸的尺寸。布局代表图纸，布局环境被称为图纸空间。

通俗地说，模型相当于一张草图，布局相当于一张虚拟图纸，可以在布局中确定出图的公共部分，常用的功能是利用布局给模型中的图纸套图框，这个功能类似于 Office 软件中的页眉、页脚功能。

布局空间中的样板图框标题栏的填写和修改，可以通过先双击样板图框中外围的空白部分，再双击样板图框的标题栏来实现。图形绘制过程大都是在模型空间进行的，成图后也在模型空间打印。

7.3.2 打印样式设置

利用布局出图，是学习和使用 AutoCAD 制图的一个不可或缺的重要部分。一张图画好了，能不能被打印出来，或者能不能正确、漂亮地被打印出来，是一件非常重要的事情。打印样式设置一般按照以下步骤进行。

❶ 单击菜单栏中的"工具"→"选项"命令，在"选项"对话框中，选择"打印和发布"选项卡，先选择要用的打印机名称，如图 7-54 所示。

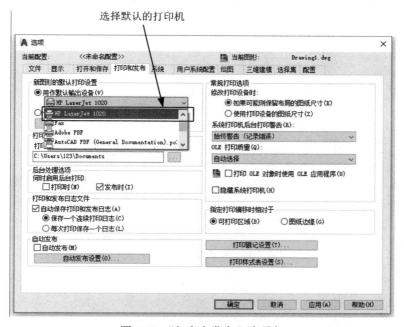

图 7-54 "打印和发布"选项卡

❷ 单击"打印样式表设置"按钮，弹出如图 7-55 所示的"打印样式表设置"对话框，选择默认的打印样式表。打印样式表选好后，如果进行彩色打印，就单击下面的"确定"按钮，即可完成打印设置。

图 7-55 "打印样式表设置"对话框

❸ 如果打印黑白的图纸，就需要对选定的样式表进行设置，单击图 7-55 中下方的"添加或编辑打印样式表"按钮，系统会自动进入样式表所在的文件夹，如图 7-56 所示。

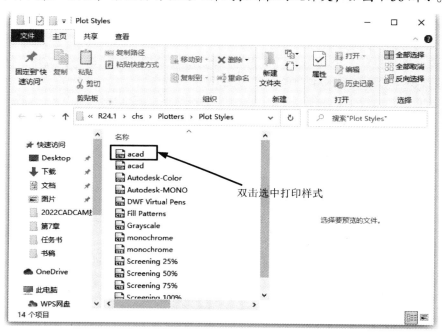

图 7-56 样式表所在的文件夹

❹ 双击选中打印样式，弹出如图 7-57 所示的"打印样式表编辑器-acad.ctb"对话框。在该对话框中，选择"表格视图"选项卡，在"特性"选项组的"颜色"下拉列表中，选择"黑色"选项，在"打印样式"列表框中，按住〈Shift〉键选中全部的 255 种颜色，单击下面的"保存并关闭"按钮，退出样式编辑。打印的设置全部完成后，单击下面的"确定"按钮退出。

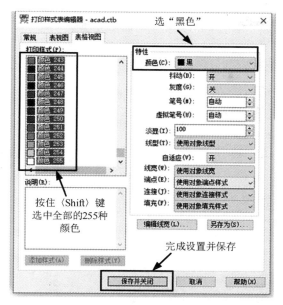

图 7-57 "打印样式表编辑器"对话框

7.3.3 在模型空间打印输出

在 AutoCAD 2022 中打开要打印的文件,可以按照以下步骤完成图形文件在模型空间的打印输出,具体步骤如下。

❶ 单击菜单栏中的"文件"→"打印"命令,系统弹出如图 7-58 所示的"打印-模型"对话框,在该对话框中可以进行打印机、图纸尺寸、打印范围和图形方向等选项的设置。

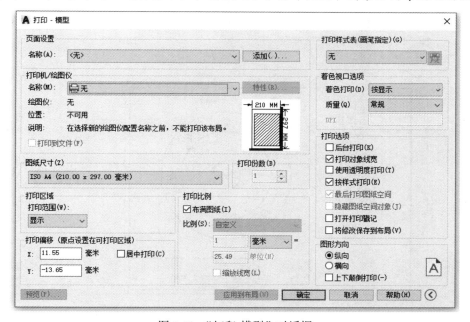

图 7-58 "打印-模型"对话框

❷ 在如图 7-58 所示的 "打印-模型" 对话框中的 "打印机/绘图仪" 选项组中，可以选择已有的打印机名称，如图 7-59 所示。

❸ 在 "图纸尺寸" 选项组中，可以选择纸张大小，根据需要选择 A3 图幅，如图 7-60 所示。

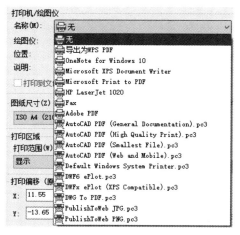

图 7-59 "打印机/绘图仪" 选项组

图 7-60 "图纸尺寸" 选项组

❹ 在 "打印比例" 选项组中，勾选 "布满图纸" 复选框，如图 7-61 所示。

❺ 在如图 7-62 所示的 "打印范围" 下拉列表中选择 "窗口" 选项后，回到图纸，如图 7-63 所示，以窗口方式选择要打印的区域。

图 7-61 "打印比例" 选项组

图 7-62 "打印范围" 选项

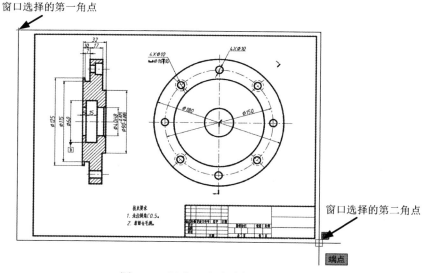

图 7-63 以窗口方式选择打印区域

❻ 在如图 7-64 所示的"打印偏移"选项组中，勾选"居中打印"复选框。在如图 7-65 所示的"打印样式表"选项组中，根据图纸要求可以选择黑白打印或彩色打印，"monochrome"为黑白打印，"Screening 100%"为彩色打印。

图 7-64 "打印偏移"选项组

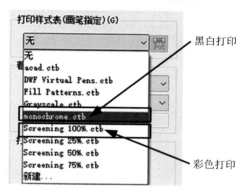

图 7-65 "打印样式表"选项组

❼ 在如图 7-66 所示的"图形方向"选项组中，可以根据图形方向来选择横向或纵向打印。

图 7-66 "图形方向"选项组

❽ 在全部选项设置完成以后，单击图 7-58"打印-模型"对话框中的"确定"按钮，即可完成已选图形的模型打印。

7.3.4 在布局空间打印输出

在 AutoCAD 绘图中，常常会遇到大量图纸被放在同一个.dwg 格式文件中的情况，使用常规打印方式打印这样的文件，不但非常麻烦，而且不利于观察和编辑。"布局"选项卡提供了一个名称为图纸空间的区域，在该图纸空间，可以直接显示图纸中当前配置的图纸尺寸和绘图仪的可打印区域，使打印前的编辑工作更为直观。一个文件可以包含多个"布局"选项卡，每个"布局"选项卡可以单独设置打印信息，而这些打印信息是可以随文件一起被存储的，这样就可以方便地打印包含多张图纸的.dwg 格式文件。具体步骤如下。

❶ 打开一个包含两张 A3 图幅的文件，如图 7-67 所示。在默认状态下，每个文件包含两个布局选项卡。

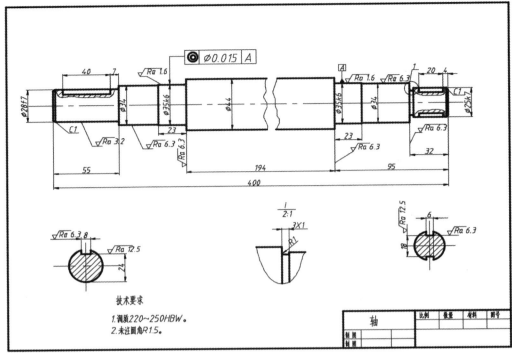

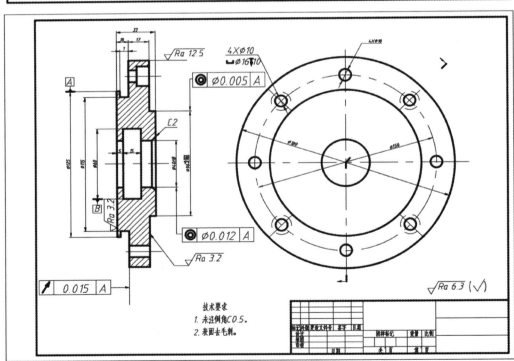

图 7-67　包含两张 A3 图幅的文件

❷ 为轴零件设置布局，将"布局 1"重命名为"轴零件"。在"布局 1"上右击鼠标，在弹出的快捷菜单中单击"重命名"命令，如图 7-68 所示。双击布局选项卡名称也可以进入该选项

卡并为其命名。当名称"布局1"为可编辑状态时,将其重命名为"轴零件",如图 7-69 所示。

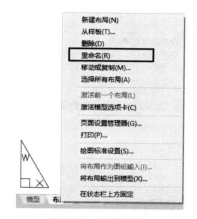

图 7-68　快捷菜单

图 7-69　重命名布局选项卡名称

❸ 单击"轴零件"选项卡名称,进入该选项卡,如图 7-70 所示。图中虚线部分显示为图纸中当前配置的图纸尺寸和绘图仪的可打印区域。

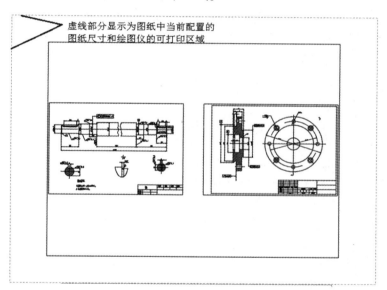

图 7-70　"轴零件"选项卡

❹ 在如图 7-71 所示的"输出"选项卡中,单击"页面设置管理器"按钮,弹出"页面设置管理器"对话框。也可通过执行如图 7-72 所示菜单栏中的"文件"→"页面设置管理器"命令,弹出该对话框,如图 7-73 所示。

图 7-71　"页面设置管理器"按钮

图 7-72 "文件"下拉菜单中的"页面设置管理器"命令　　图 7-73 "页面设置管理器"对话框

❺ 在"页面设置管理器"对话框的"当前页面设置"列表框中选择"轴零件"选项，并单击"修改"按钮，弹出"页面设置-轴零件"对话框，如图 7-74 所示，对其进行设置。

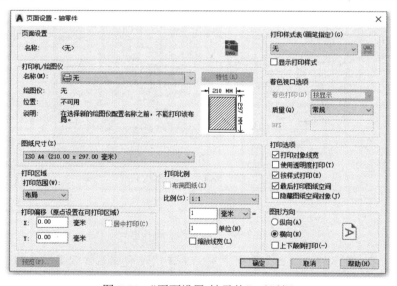

图 7-74 "页面设置-轴零件"对话框

❻ 在图 7-74 对话框中的"打印机/绘图仪"选项组中，可以选择已有的打印机名称，如图 7-75 所示。单击"名称"下拉列表右侧的"特性"按钮，弹出"绘图仪配置编辑器-导出为 WPS PDF"对话框，如图 7-76 所示，对其进行设置。选择"自定义特性"选项并单击"自定义特性"按钮，弹出如图 7-77 所示的"导出为 WPS PDF 属性"对话框，选择打印的纸张大小和方向。依次单击"确定"按钮，退出相应的对话框。

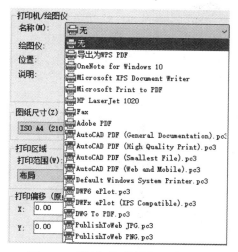

图 7-75 "打印机/绘图仪"选项组

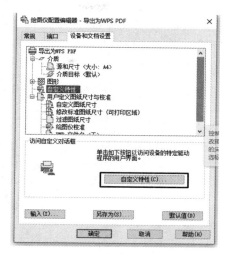

图 7-76 "绘图仪配置编辑器-导出为 WPS PDF"对话框

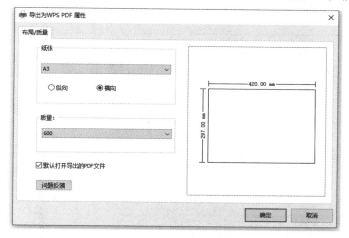

图 7-77 "导出为 WPS PDF 属性"对话框

❼ 此时，在"图纸尺寸"选项组中显示图纸尺寸为"A3"图幅，如图 7-78 所示。在如图 7-79 所示的"打印范围"下拉列表中，选择"窗口"选项，这时会直接进入"窗口"预览模式（与模型空间有所区别）。

图 7-78 "图纸尺寸"选项组

图 7-79 "打印范围"下拉列表

❽ 单击轴零件图左上角的端点，指定第一个角点，如图 7-80 所示。移动鼠标光标至轴零件图右下角，并单击确定对角点，如图 7-81 所示，此时会自动退出"窗口"预览模式。当返回"页面设置-轴零件"对话框后，勾选"布满图纸"和"居中打印"复选框，如图 7-82 所示。

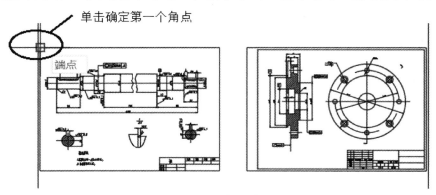

图 7-80　指定第一个角点

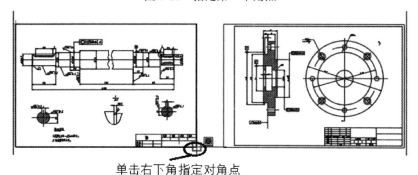

图 7-81　指定对角点

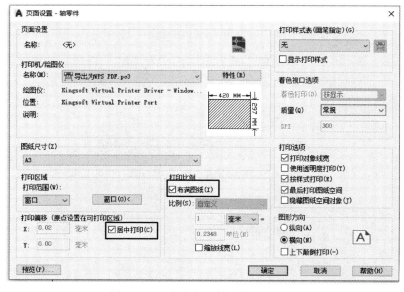

图 7-82　"页面设置-轴零件"对话框

❾ 单击"预览"按钮，进入"预览"模式，如图 7-83 所示，可以看到轴零件图处于合适的打印位置，单击"关闭预览"命令按钮，可以退出"预览"模式。依次单击"确定"按钮，退出"页面设置-轴零件"对话框，单击"关闭"按钮，退出"页面设置管理器"对话框，"轴零件"选项卡的显示发生了改变。

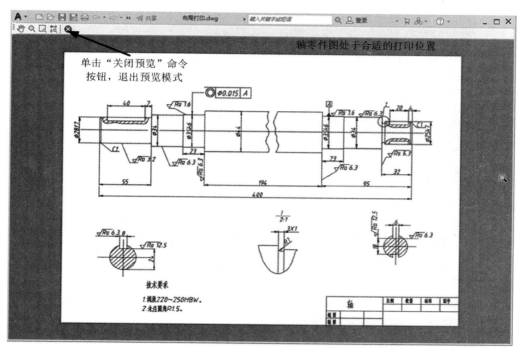

图 7-83 "预览"模式

❿ 在如图 7-84 所示的"输出"选项卡的"打印"面板中，单击"打印"按钮，系统弹出如图 7-85 所示的"批处理打印"对话框，选择"继续打印单张图纸"选项，弹出"打印-轴零件"对话框，如图 7-86 所示，单击"确定"按钮，即可打印当前选项卡设置的内容。

图 7-84 "打印"面板内的"打印"命令

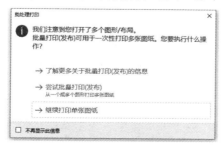

图 7-85 "批处理打印"对话框

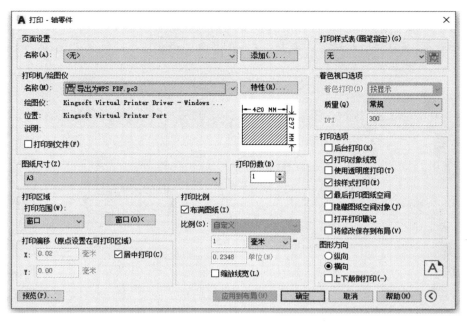

图 7-86 "打印-轴零件"对话框

单击"布局 2"选项卡，并将其名称更改为"油封盖"。重复步骤❶～❿，即可完成油封盖布局的打印。当前有"轴零件""油封盖"两个布局选项卡，进入相应的选项卡，即可打印相应的图纸。

7.4 工具选项板

工具选项板是一个比设计中心更加强大的帮手，它能够将块图形、几何图形（如直线、圆、多段线）、填充、外部参照、光栅图像及命令都组织到工具选项板里面，并将它们创建成工具，以便将这些工具应用于当前正在设计的图纸。

常用于打开"工具选项板"命令的方法有以下 3 种。

- 在"视图"选项卡中，单击"选项板"面板中的"工具选项板"命令按钮，如图 7-87 所示。

图 7-87 "选项板"面板中的"工具选项板"命令

- 单击菜单栏中的"工具"→"选项板"→"工具选项板"命令，如图 7-88 所示。

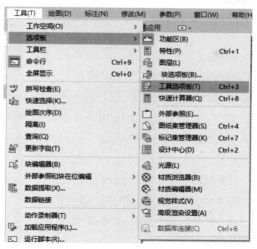

图 7-88 "选项板"子菜单中的"工具选项板"命令

- 按住〈Ctrl〉键的同时按大键盘上的数字键〈3〉。

打开工具选项板，如图 7-89 所示。工具选项板由许多选项板组成，每个选项板中包含若干个工具，这些工具可以是块，也可以是几何图形（如直线、圆、多段线）、填充、外部参照、光栅图像，甚至可以是命令。

若干个选项板可以组成选项板组。在工具选项板标题栏上右击鼠标，如图 7-90 所示，在弹出的快捷菜单的下端列出的就是选项板组名称。单击某个选项板组名称，该选项板组的选项板就被打开并显示出来。也可以直接单击选项板下方重叠在一起的地方，打开所需要的选项板。

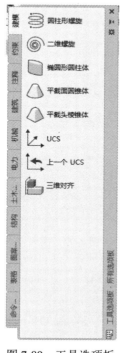

图 7-89 工具选项板

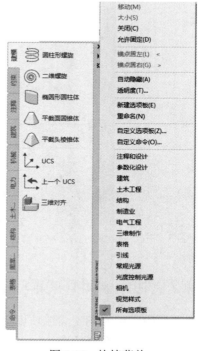

图 7-90 快捷菜单

7.4.1　将工具应用到当前图纸

用户可以将常用的图块和图案填充放置在工具选项板上，当需要向图形中添加图块或图案填充时，只需将其从工具选项板中拖动到图形中即可。

位于工具选项板中的图块或图案填充被称为工具，用户可以为每个工具单独设置若干个工具特性，其中包括比例、旋转和图层等。将图块从工具选项板中拖动到图形中时，可以根据图块中定义的单位比例和当前图形中定义的单位比例自动对图块进行缩放。

将工具选项板里的工具应用于当前正在设计的图纸十分简单，单击工具选项板里的工具，命令行将显示相应的提示，按照提示进行操作即可。

【例 7-6】：通过工具选项板将"六角螺母-公制"插入绘图区。

❶ 在"视图"选项卡中，单击"选项板"面板中的"工具选项板"命令按钮▦，打开工具选项板。

❷ 选择"机械"选项板，单击如图 7-91 所示的"六角螺母-公制"工具，此时命令行提示"命令:""指定插入点或 [基点(B)/比例(S)/X/Y/Z/旋转(R)]:"。

❸ 在图纸上要插入工具的地方进行捕捉并单击，该螺母就放置在图纸上了，如图 7-92 所示。

图 7-91　工具选项板

图 7-92　插入"六角螺母-公制"

7.4.2　利用设计中心向工具选项板中添加图块

利用设计中心向工具选项板中添加图块比较方便，不仅可以添加打开图纸中的图块，还可以添加未打开图纸的图块。下面以一个具体的实例介绍如何利用设计中心向工具选项板中添加图块。

【例 7-7】：利用设计中心将粗糙度符号添加到工具选项板中。

❶ 在"视图"选项卡的"选项板"面板中，单击"设计中心"命令按钮▦和"工具选项板"命令按钮▦，打开设计中心和工具选项板，分别如图 7-93 和图 7-94 所示。

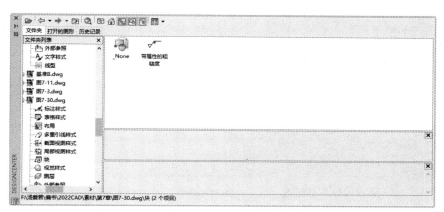

图 7-93　设计中心

图 7-94　工具选项板

❷ 在设计中心的"文件夹"选项卡中，浏览已有的 DWG\DXF 文件，选择要提取粗糙度图块的 DWG 图纸，选择"块"选项，在右侧窗口中显示图中所有图块，如图 7-95 所示。

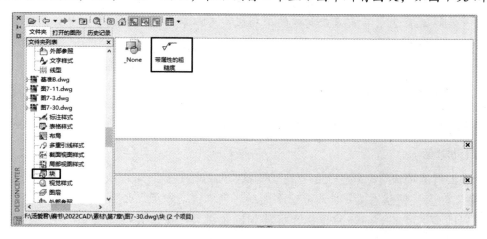

图 7-95　设计中心的"块"选项

❸ 在右侧窗口"带属性的粗糙度"图块上右击鼠标，在弹出的快捷菜单中单击"创建工具选项板"命令，如图 7-96 所示，工具选项板中会增加一个"新建选项板"，在工具选项板中可以通过右击对选项板进行重命名，如图 7-97 所示，将"新建选项板"重命名为"粗糙度"，

即可完成将粗糙度图块添加到工具选项板中。

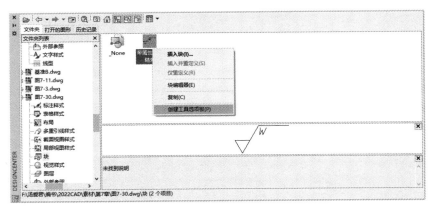

图 7-96　通过设计中心创建
工具选项板

图 7-97　通过右击对
"新建选项板"进行
重命名

注：AutoCAD 提供了很多材质样例、填充的选项板，这对于大多数绘制二维图纸的设计人员来说没有太大用处，可以通过右击将这些平时不用的选项板删除，只保留自己常用的选项板。如果在默认页面中没有显示新建的选项板，可以单击选项板底部重叠处，在弹出的列表中选择自己常用的选项板。

7.4.3　工具选项板的管理

工具选项板提供了一系列右键菜单，可以对图块工具、选项板显示和组织形式进行设置。

1．自动隐藏

单击"工具选项板"标题栏上的"自动隐藏"命令按钮 ，可以改变窗口的滚动行为。当"自动隐藏"命令按钮状态为 时，窗口不滚动。当"自动隐藏"命令按钮状态为 （在图标上单击可以改变其状态）时，将鼠标光标移到标题栏上，窗口会自动滚动打开，将鼠标光标移出标题栏时，窗口会自动缩到标题栏。

2．透明度

在"工具选项板"标题栏上右击鼠标，在弹出的快捷菜单中单击"透明度"命令，弹出"透明度"对话框，如图 7-98 所示。

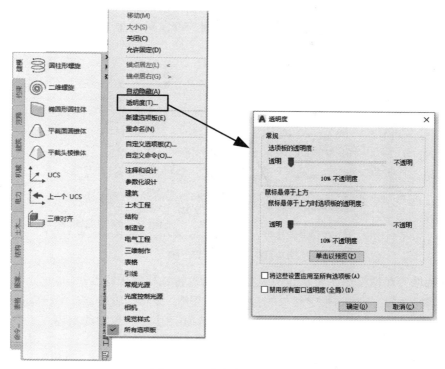

图 7-98 "透明度"对话框

在"透明度"对话框中，使用滑块调整"工具选项板"窗口的透明度级别，单击 确定(O) 按钮，"工具选项板"窗口变为透明，下面的对象会透出来。

3. 修改选项板的名称

在"工具选项板"中也可以修改已有选项板的名称，对已有的选项板进行重命名。在需要重命名选项板的名称上右击鼠标，在弹出的快捷菜单中单击"重命名选项板"命令，如图 7-99 所示，将"粗糙度"选项板修改为"常用工具"选项板。

图 7-99 "重命名选项板"命令

7.4.4 控制工具特性

通过控制工具特性可以修改工具选项板上任何工具的插入特性或图案特性。例如，可以更改块的插入比例或填充图案的角度等。

要更改这些工具的特性，首先需要在某个工具上右击鼠标，在弹出的快捷菜单上单击"特性"命令，如图 7-100 所示，弹出"工具特性"对话框，然后在该对话框中更改工具的特性。

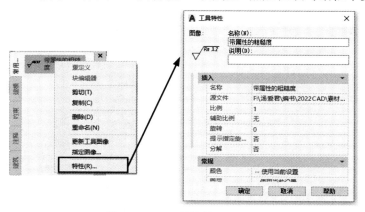

图 7-100 "工具特性"对话框

"工具特性"对话框中主要包含两类特性：插入特性和常规特性。

- 插入特性：用于控制指定对象的特性，如比例、旋转角度等。
- 常规特性：用于替代当前图形特性的设置，如图层、颜色和线型等。

7.4.5 整理工具选项板

为了方便管理，若干选项板可以组成选项板组。右击工具选项板的标题栏，在弹出的快捷菜单上单击"自定义选项板"命令，弹出"自定义"对话框，如图 7-101 所示。

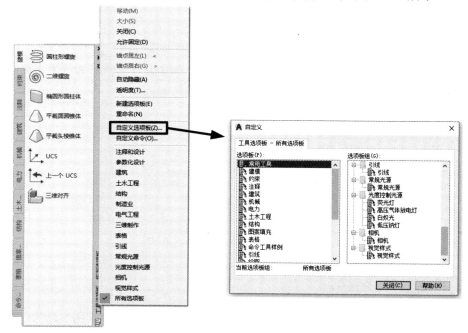

图 7-101 "自定义"对话框

"自定义"对话框中，右边的"选项板组"列表框里列出的是选项板组及组里包含的选项板，左边的"选项板"列表框里列出的是所有的选项板。

在"选项板组"列表框里的空白处右击鼠标，单击快捷菜单里的"新建组"命令可以建立一个新组，如图 7-102 所示，并且可以给这个新组命名。

若按住鼠标左键，将"选项板"列表框里的某个选项板拖到右边新建的选项板组里，则该选项板就被添加进了这个选项板组，如图 7-103 所示。

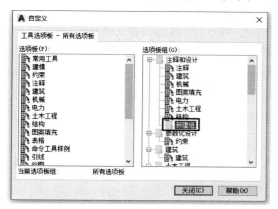

图 7-102　新建组

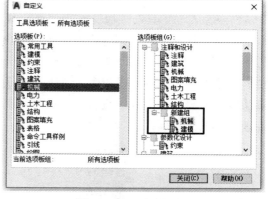

图 7-103　添加选项板

在"选项板组"列表框里将某个选项板拖到左边的"选项板"列表框里，即可将该选项板从"选项板组"列表框里清除；或者在"选项板组"列表框里右击要清除的选项板，在弹出的快捷菜单中单击"删除"命令，也能将该选项板从"选项板组"列表框里清除，如图 7-104 所示。

还可以在"选项板组"列表框里将某个选项板从一个组里拖到另一个组里。

要从工具选项板里删除某个选项板，那就在"自定义"对话框左边的"选项板"列表框里右击这个选项板，在弹出的快捷菜单中单击"删除"命令，如图 7-105 所示；也可以直接在工具选项板里右击要删除的选项板的名称，在弹出的快捷菜单中单击"删除选项板"命令。

图 7-104　删除选项板

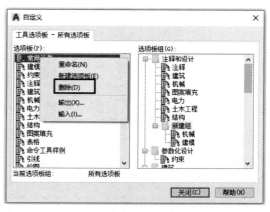

图 7-105　删除选项板

在工具选项板里直接用鼠标将工具拖到另一个选项板里，或者先右击某个工具，在弹出的快捷菜单中单击"剪切"命令，然后到另一选项板里进行"粘贴"，即可将工具从一个选项板搬移到另一个选项板。

7.4.6　保存工具选项板

将工具选项板按照自己的习惯进行了整理，就需要将它保存下来。可以通过将工具选项板输出或输入为工具选项板文件来保存和共享工具选项板，工具选项板文件的扩展名为.xpg。

右击工具选项板的标题栏，在弹出的快捷菜单中单击"自定义选项板"命令，弹出"自定义"对话框，在"自定义"对话框中右击选项板或选项板组，如图 7-106 所示，在弹出的快捷菜单中单击"输出"命令，弹出如图 7-107 所示的"输出编组"对话框，在该对话框中可以将选项板或选项板组进行保存。使用如图 7-106 所示快捷菜单中的"输入"命令，可以共享外部工具选项板。

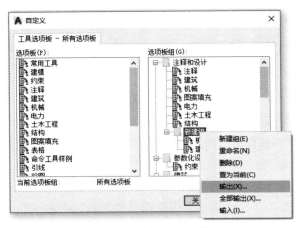

图 7-106　输出选项板组

图 7-107　"输出编组"对话框

7.5 综合实例

【例 7-8】：利用图块命令标注第 5 章综合实例中油封盖的基准和粗糙度，如图 7-108 所示，并将其打印输出。

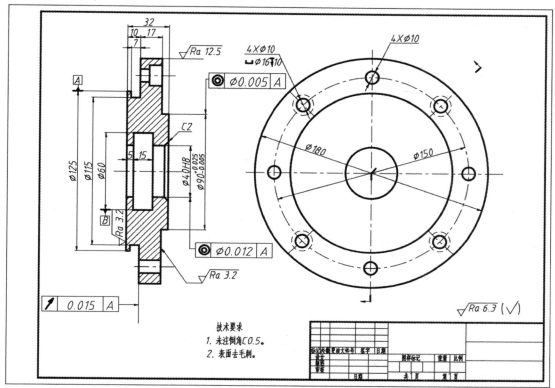

图 7-108 标注基准和粗糙度

步骤一 创建基准符号图块

❶ 在"默认"选项卡中，单击"绘图"面板中的"直线"命令按钮，绘制如图 7-109 所示的图形。

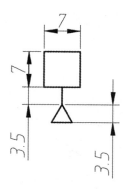

图 7-109 绘制图形

AutoCAD 2022 中文版实用教程

❷ 在"默认"选项卡中，单击"绘图"面板中的"图案填充"命令按钮 ⊞ ，打开如图 7-110 所示的操作面板。选择"SOLID"图案，根据命令行提示，分别拾取图 7-111 中三角形区域中的点，单击图 7-110 中的"关闭图案填充创建"按钮 ✓ ，结果如图 7-112 所示。

图 7-110 "图案填充创建"选项卡的"图案"面板

图 7-111 拾取点

图 7-112 图案填充

❸ 单击"绘图"→"块"→"定义属性"命令，弹出"属性定义"对话框，在该对话框中为图块属性设置相应的参数，如图 7-113 所示，单击"确定"按钮。

图 7-113 "属性定义"对话框

❹ 在绘图区指定起点，如图 7-114 所示。

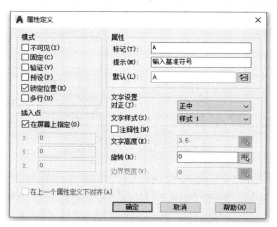

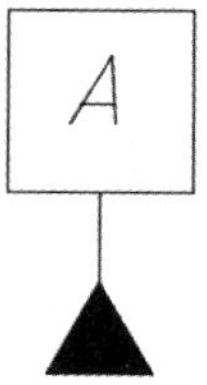

图 7-114 指定起点

❺ 在命令行输入"WBLOCK"，弹出如图 7-115 所示的对话框，分别拾取如图 7-116 所示的插入基点和创建为图块的对象，并选择保存的路径和文件名"基准"，单击"确定"按钮。

图 7-115 "写块"对话框

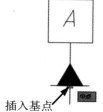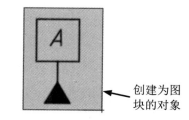

图 7-116 插入基点和创建为图块的对象

❻ 采用同样的步骤创建如图 7-117 所示的基准图块，并将其保存为"基准 2"。

图 7-117 基准 2

步骤二 标注基准

❶ 打开第 6 章的图 6-155，在如图 7-118 所示的"默认"选项卡中，单击"块"面板中的
"插入"命令按钮 ，选择如图 7-119 所示的"库中的块"选项，在屏幕右下角弹出如图 7-120
所示的"插入块"对话框，单击"显示文件导航对话框"命令按钮 ，弹出"为块库选择文
件夹或文件"对话框，如图 7-121 所示，选择"基准"所在的文件夹，单击"基准"图块，并
单击"打开"按钮。

图 7-118 "插入"命令按钮

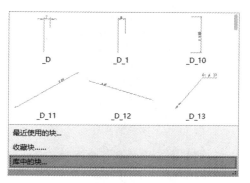

图 7-119 选择"库中的块"选项

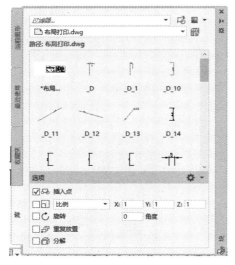

图 7-120 "插入块"对话框

图 7-121 "为块库选择文件夹或文件"对话框

❷ 根据命令行提示,选择图 7-122 中的点为插入点,弹出如图 7-123 所示的"编辑属性"对话框,单击"确定"按钮。

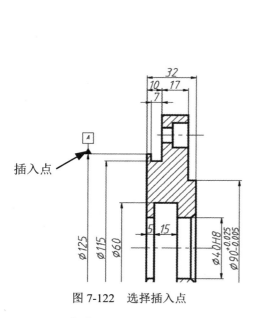

图 7-122 选择插入点

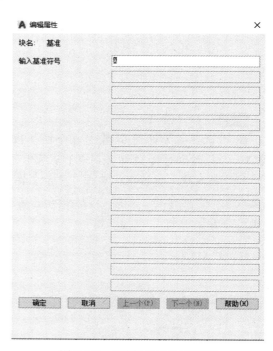

图 7-123 "编辑属性"对话框

❸ 重复步骤二中的❶、❷步骤,插入基准 B,在弹出的如图 7-123 所示的"编辑属性"对话框中,将"输入基准符号"文本框内的符号改为"B",插入基准后如图 7-124 所示。

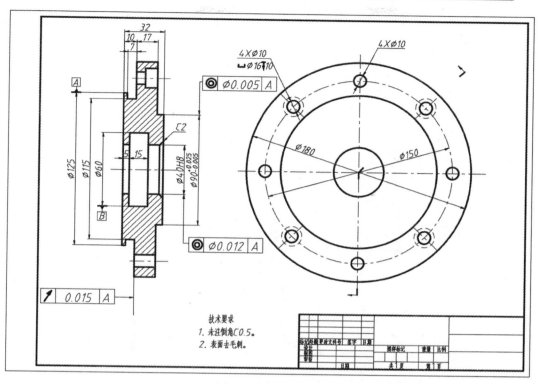

图 7-124　标注基准

步骤三　标注粗糙度

❶ 利用【例 7-3】中建立的粗糙度图块标注油封盖中需要标注的表面粗糙度。在"默认"选项卡中，单击"绘图"面板中的"直线"命令按钮，在"细实线"图层中的主视图上方绘制一条直线，如图 7-125 所示。

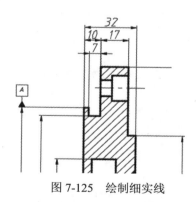

图 7-125　绘制细实线

❷ 在"默认"选项卡中，单击"块"面板中的"插入"命令按钮，选择"库中的块"选项，在屏幕右下角弹出"插入块"对话框，单击"显示文件导航对话框"命令按钮，弹出"为块库选择文件夹或文件"对话框，选择"带属性的粗糙度"所在的文件夹，单击"带属性的粗糙度"图块，并单击"打开"按钮。

❸ 根据命令行提示，选择如图 7-125 所示的细实线上的一点为插入点，弹出如图 7-126 所

示的"编辑属性"对话框，在"输入粗糙度数值"文本框中输入粗糙度数值"Ra 12.5"，并单击"确定"按钮，结果如图 7-127 所示。

图 7-126 "编辑属性"对话框

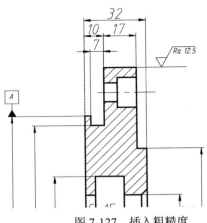

图 7-127 插入粗糙度

❹ 继续选择要插入的"带属性的粗糙度"图块，在"插入块"对话框的"旋转"选项输入角度"90"，如图 7-128 所示。

❺ 根据命令行提示，选择插入点，结果如图 7-129 所示。

图 7-128 "插入块"对话框

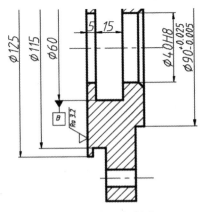

图 7-129 插入粗糙度

❻ 单击"格式"下拉菜单中的"多重引线样式"命令，如图 7-130 所示，系统弹出"多重引线样式管理器"对话框。在"多重引线样式管理器"对话框中，单击 新建(N)... 按钮，弹出"创建新多重引线样式"对话框，在新样式名栏中输入"引线"，单击"继续"按钮，弹出"修改多重引线样式：引线"对话框，如图 7-131 所示。

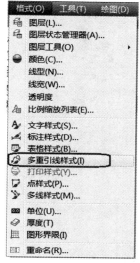

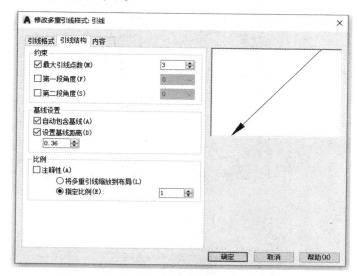

图 7-130 "格式"下拉菜单　　　　　　图 7-131 "修改多重引线样式：引线"对话框

❼ 在"引线结构"选项卡中，将"约束"选项组中的最大引线点数改为"3"，在"内容"选项卡中，将多重引线类型改为"块"，如图 7-132 所示。

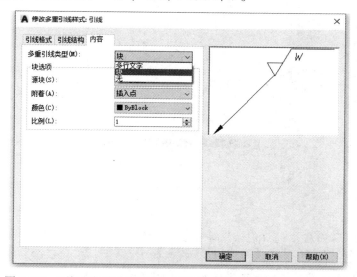

图 7-132 "修改多重引线样式：引线"对话框中的"内容"选项卡

❽ 在"源块"下拉列表中选择"用户块"选项，如图 7-133 所示，弹出如图 7-134 所示的"选择自定义内容块"对话框，选择需要插入的图块"带属性的粗糙度"，并单击"确定"按钮，将"引线"样式置为当前样式。

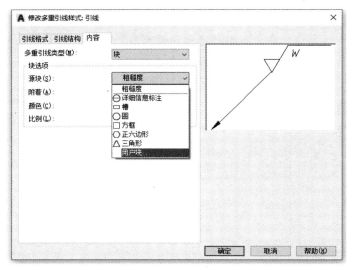

图 7-133 选择"用户块"选项

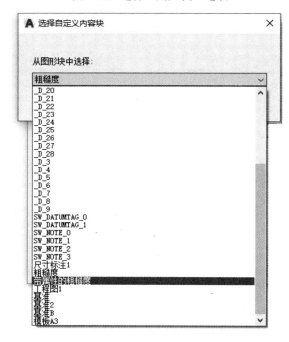

图 7-134 "选择自定义内容块"对话框

❾ 单击"注释"面板中的"引线"命令按钮 ，命令行提示如下：

命令：_mleader
指定引线箭头的位置或 [引线基线优先(L)/内容优先(C)/选项(O)] <选项>：
　　　　　　　　　　　　　　　　　　　　//捕捉最近点；
　_nea 到：　　　　　　　　　　　　　　//选择图 7-135 中的最近点 1；
指定下一点：　　　　　　　　　　　　　//选择图 7-135 中的点 2；
指定引线基线的位置：　　　　　　　　　//选择图 7-135 中的点 3。

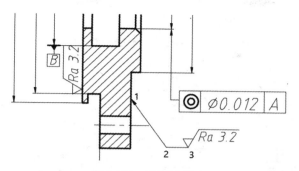

图 7-135　选择引线点

❿ 采用同样的方式在标题栏右上角插入粗糙度符号，完成的最终结果如图 7-136 所示。

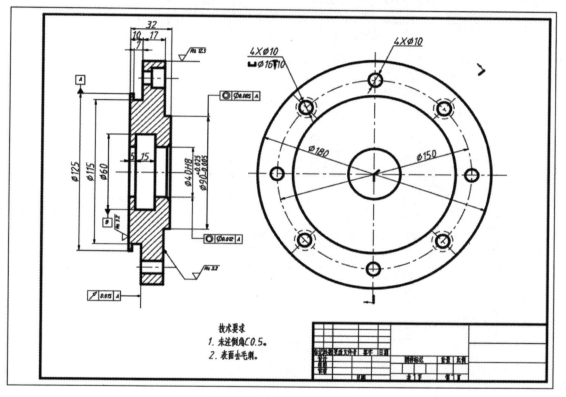

图 7-136　标注表面粗糙度

7.6　课后练习

1．怎样建立和调用样板图？

2．如何建立图块和定义块属性？

3．如何使用 AutoCAD 2022 设计中心调用已有文件中的图层设置、标注样式与文本样式？

4．如何使用 AutoCAD 2022 设计中心向当前已打开的文件中添加图块？

5．绘制如图 7-137 所示的图样。

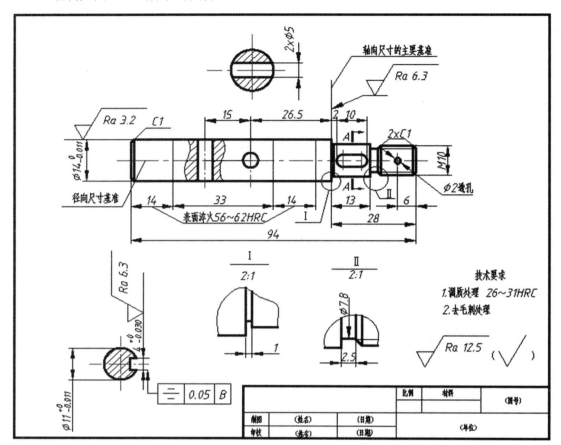

图 7-137　轴零件图

第 8 章　三维实体图形的绘制

📋 **内容与要求**

使用 AutoCAD 2022 不仅可以绘制二维图形，还可以进行零件或产品造型的三维实体设计等。实际上，在机械设计领域，三维图形的应用也越来越广泛。现代的很多技术都需要以三维图形为基础。使用 AutoCAD 2022 可以很方便地建立相关的三维线条、曲面及零件的三维造型。

通过本章的学习，读者应达到如下目标：

- 掌握 AutoCAD 2022 基本三维实体图形的绘制
- 掌握 AutoCAD 2022 由二维图形创建三维实体图形

8.1　三维建模环境设置

AutoCAD 具有较强的三维绘图功能，可以用多种方法绘制三维实体图形，方便进行编辑，并可以从多种角度进行三维观察。三维建模与二维制图是有所不同的。三维建模需要在三维坐标系下进行创建，也就是需要建立正确的三维空间概念。在讲解具体的实例之前，首先简单地介绍一下如何进入三维建模的工作空间，如何建立合适的坐标系，以及怎样调整观察视点的位置和角度等环境设置的知识。

8.1.1　进入三维制图的工作空间

在 AutoCAD 中进行三维建模时，首先要进入三维空间，当需要处理不同的任务时，可以随时切换到另一个工作空间。另外，可以根据个人习惯，创建自己喜欢的工作空间，并将其修改为默认的工作空间。切换工作空间常用的方法有以下几种。

- 使用三维制图的图样样板创建新图形文件。
- 通过"草图与注释"切换工作空间。

1. 使用三维制图的图样样板创建新图形文件

打开 AutoCAD 后，单击快速访问工具栏中的"新建"命令按钮□，弹出如图 8-1 所示的"选择样板"对话框，从样板列表中选择"acadiso3D.dwt"文件样板，单击"打开"按钮，即可创建一个新的三维建模图形文件，其工作界面如图 8-2 所示。

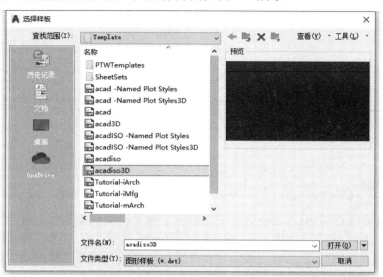

图 8-1 "选择样板"对话框

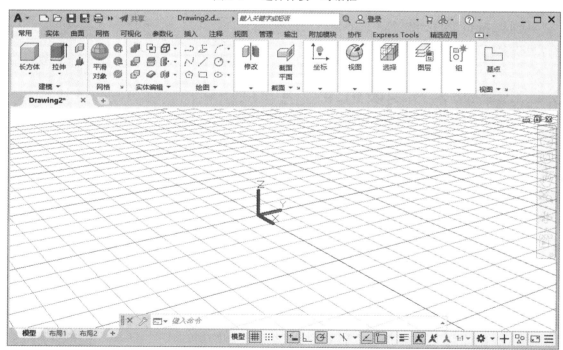

图 8-2 三维建模的工作界面

2. 通过"草图与注释"切换工作空间

从快速访问工具栏的"工作空间"下拉列表中选择"三维建模"工作空间选项（见图 8-3），或者单击 AutoCAD 界面中右下角的"切换空间"按钮，选择"三维建模"工作空间选项（见图 8-4），可以很方便地从二维绘图切换到三维建模空间。

图 8-3　通过快速访问工具栏切换工作界面

图 8-4　单击"切换空间"按钮切换工作空间

8.1.2　三维坐标系

在使用 AutoCAD 绘制二维图形时，通常使用的是忽略了第三维坐标（Z 轴）的绝对或相对坐标系，用户坐标系的作用并不是那么突出，但是在三维绘图中，通过改变用户坐标系，可以更方便地编辑实体。

三维笛卡儿坐标系是在二维笛卡儿坐标系的基础上根据右手定则增加第三维坐标（Z 轴）而形成的。同二维坐标系一样，AutoCAD 中的三维坐标系有世界坐标系（WCS）和用户坐标系（UCS）两种形式。

1．右手定则

在三维坐标系中，Z 轴的正轴方向是根据右手定则确定的。右手定则也决定了三维空间中任一坐标轴的正旋转方向。

要标注 X、Y 和 Z 轴的正轴方向，就将右手背对着屏幕放置，拇指即指向 X 轴的正方向。伸出食指和中指，如图 8-5（a）所示，食指指向 Y 轴的正方向，中指所指示的方向即为 Z 轴的正方向。

要确定轴的正旋转方向，如图 8-5（b）所示，用右手的大拇指指向轴的正方向，弯曲手指。那么手指所指示的方向即为轴的正旋转方向。

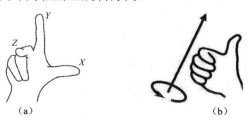

图 8-5　右手定则

2．世界坐标系（WCS）

在 AutoCAD 中，三维世界坐标系是在二维世界坐标系的基础上根据右手定则增加 Z 轴而形成的。同二维世界坐标系一样，三维世界坐标系是其他三维坐标系的基础，不能对其重新定义。

3．用户坐标系（UCS）

用户坐标系为坐标输入、操作平面和观察提供了一种可变动的坐标系。定义一个用户坐标系即改变原点(0,0,0)的位置及 XY 平面和 Z 轴的方向。可以在 AutoCAD 的三维空间中的任何位置定位和定向用户坐标系，也可以随时定义、保存和复用多个用户坐标系。

8.1.3 三维坐标形式

AutoCAD 提供了下列 3 种三维坐标形式。

1．三维笛卡儿坐标

三维笛卡儿坐标(X,Y,Z)与二维笛卡儿坐标(X,Y)相似，即在 X 和 Y 值基础上增加 Z 值。同样还可以使用基于当前坐标系原点的绝对坐标值或基于上个输入点的相对坐标值。

2．圆柱坐标

圆柱坐标与二维极坐标类似，但增加了从所要确定的点到 XY 平面的距离值。即三维点的圆柱坐标可以通过该点与用户坐标系原点（或前一个点）连线在 XY 平面上的投影长度，该投影与 X 轴的夹角，以及该点垂直于 XY 平面的 Z 值来确定。

其表示格式如下。

绝对坐标：XY 平面中与原点的距离<XY 平面上与 X 轴的角度，Z 坐标。例如，坐标(10<60,20)表示某点与原点的连线在 XY 平面上的投影长度为 10 个单位，其投影与 X 轴的夹角为 60°，在 Z 轴上的投影点的 Z 值为 20。

相对坐标：@XY 平面中与前一点的距离<XY 平面上与 X 轴的角度，Z 坐标。例如，相对圆柱坐标(@10<45,30)表示某点与前一个输入点连线在 XY 平面上的投影长度为 10 个单位，该投影与 X 轴正方向的夹角为 45°且在 Z 轴上的距离为 30 个单位。

3．球面坐标

球面坐标也类似于二维极坐标。在确定某点时，应分别指定该点与当前坐标系原点（或前一个点）的距离，二者连线在 XY 平面上的投影与 X 轴的角度，以及二者连线与 XY 平面的角度。

其表示格式如下。

绝对坐标：与原点的距离<XY 平面上与 X 轴的角度<与 XY 平面的夹角。例如，坐标"10<45<60"表示一个点，它与当前用户坐标系原点的距离为 10 个单位，二者连线在 XY 平面的投影与 X 轴的夹角为 45°，二者连线与 XY 平面的夹角为 60°。

相对坐标：@与前一个点的距离<*XY*平面上与*X*轴的角度<与*XY*平面的夹角。例如，坐标"@10<45<30"表示某点相对于前一个输入点的距离是 10 个单位，二者连线在*XY*平面上的投影与*X*轴的角度是 45°，二者连线与*XY*平面的角度为 30°。

8.1.4　三维视点

要进行三维绘图，首先要掌握观看三维视图的方法，以便在绘图过程中随时掌握绘图信息，并且可以调整好视图效果进行出图。视点是指观察图形的方向，在 AutoCAD 中，用户可以使用系统本身提供的标准视图（俯视图、仰视图、前视图、后视图、右视图及各种轴侧视图）观察图形。下面介绍 5 种常用的方法：使用"命名 USC 组合框控制""视点预设""视点"命令、三维动态观察模式和 ViewCube 工具。

1．使用"命名 USC 组合框控制"命令

在三维建模工作空间功能区单击"常用"选项卡的"坐标"面板中的"命名 USC 组合框控制"命令下拉按钮，弹出如图 8-6 所示的隐藏命令。从中可以选择"俯视""仰视""左视""右视""前视""后视"中的一个作为预定义视图选项，从而指定一个视角方向来观察图形。

图 8-6　"命名 USC 组合框控制"命令

2．使用"视点预设"命令

在菜单栏中单击"视图"→"三维视图"→"视点预设"命令（见图 8-7），或者在当前命令行中输入"DDVPOINT"命令，弹出如图 8-8 所示的"视点预设"对话框。首先选中"绝对于 WCS"或"相对于 UCS"单选按钮，然后进行设置。使用视点设置视图由两个因素决定：一个是观察角度在*XY*平面上与*X*轴之间的夹角（在*X*轴进行设置），另一个是观察角度与*XY*平面之间的角度（在*XY*平面进行设置）。由这两个因素可以确定一个观察视角。如果使用"设置为平面视图"按钮，将会取观察角度在*XY*平面上与*X*轴成 270°、与*XY*平面成 90°的视角。

图 8-7 "视点预设"命令

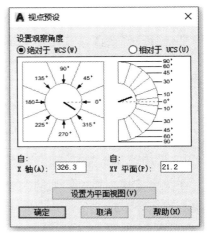

图 8-8 "视点预设"对话框

3. 使用"视点"命令

在菜单栏中单击"视图"→"三维视图"→"视点"命令，可以在模型空间中显示定义观察方向的坐标球指南针和三轴架，如图 8-9 所示，也可以通过相关操作为当前视口设置相对于 WCS 的视点等。当移动鼠标光标时，坐标球中的小指针也跟着移动，三轴架的方向也随之改变，从而确定视点。坐标球的圆心表示北极$(0,0,n)$，内环表示赤道$(n,n,0)$，外环表示南极$(0,0,-n)$（n 是任意的数字）。

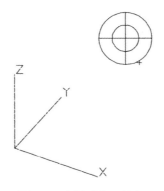

图 8-9 坐标球和三轴架

4. 使用三维动态观察模式

使用三维动态观察器可以在三维空间动态地观察三维对象。在菜单栏中单击"视图"→"动态观察"命令，展开"动态观察"子菜单，如图 8-10 所示，或者先单击导航栏中的"动态观察"命令按钮，再从中单击"受约束的动态观察""自由动态观察""连续动态观察"命令。

- 受约束的动态观察：沿 *XY* 平面或 *Z* 轴约束三维动态观察。
- 自由动态观察：在当前视口中显示一个观察球，有助于定位动态观察的有利点。
- 连续动态观察：连续地进行动态观察。

如果单击"自由动态观察"命令，系统将显示如图 8-11 所示的观察球，在圆的 4 个象限点处带有 4 个小圆，这便是三维动态观察器。观察器的圆心点就是要观察的点（目标点），观察的出发点相当于相机的位置。查看时，目标点是固定不动的，通过移动鼠标光标可以使相机在目标点周围移动，从不同的视点动态地观察对象。结束命令后，三维图形将按照新的视点方向重新定位。

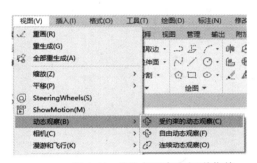

图 8-10 "动态观察"级联菜单

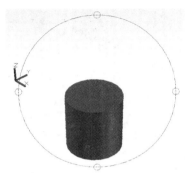

图 8-11 观察器

5．使用 ViewCube 工具

ViewCube 工具位于 AutoCAD 三维建模工作空间图形窗口的右上角区域，如图 8-12 所示。它是在二维模型空间或三维视觉样式中处理图形时显示的导航工具，使用此工具可以在标准视图和等轴测视图之间切换，还可以很直观地调整模型的视点。

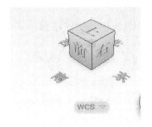

图 8-12 ViewCube 工具

ViewCube 工具以不活动状态或活动状态显示。当 ViewCube 工具处于不活动状态时，在默认情况下显示为半透明状态，这样便不会遮挡模型的视图对象；当 ViewCube 工具处于活动状态时，显示为不透明状态，可能会遮挡模型当前的视图对象。

8.2 创建基本三维实体

在 AutoCAD 中，三维实体是最能完整表达对象几何形状和物体特征的空间模型，绘制三维实体图形已经被视为机械零件造型设计中的重要组成部分。在 AutoCAD 2022 中，创建基本三维实体的命令位于菜单栏的"绘图"→"建模"子菜单中，如图 8-13 所示。创建基本三维实体的工具按钮位于功能区的"实体"选项卡中，如图 8-14 所示。

图 8-13　三维建模的菜单命令

图 8-14　实体建模工具

8.2.1　长方体

用户可以采用以下几种方法来创建三维实心长方体。
- 面板 1：单击"常用"→"建模"→"长方体"命令按钮□。
- 面板 2：单击"实体"→"图元"→"长方体"命令按钮□。
- 命令行：输入"BOX"命令。

【例 8-1】：建立一个中心在坐标原点，长度为 80，宽度为 60，高度为 40 的长方体。

单击"常用"→"建模"→"长方体"命令按钮□，命令行提示如下：

命令：_BOX	
指定第一个角点或 [中心(C)]：C	//切换到"中心(C)"选项；
指定中心：0,0,0	//指定长方体的中心；
指定角点或 [立方体(C)/长度(L)]：L	//切换到"长度(L)"选项；
指定长度：80	//指定长方体的长度；

| 指定宽度：60 | //指定长方体的宽度； |
| 指定高度或 [两点(2P)] <767.2824>：40 | //指定长方体的高度。 |

结果如图 8-15 所示。

图 8-15　长方体

📖 说明：在输入长方体的长度、宽度和高度时，可以输入正值和负值。

8.2.2　圆柱体

用户可以采用以下几种方法来创建三维圆柱实体。

- 面板 1：单击"常用"→"建模"→"圆柱体"命令按钮🛢️。
- 面板 2：单击"实体"→"图元"→"圆柱体"命令按钮🛢️。
- 命令行：输入"CYLINDER"命令。

【例 8-2】：建立一个底面中心在坐标原点，半径为 50，高度为 80 的圆柱体。

单击"常用"→"建模"→"圆柱体"命令按钮🛢️，命令行提示如下：

命令：_cylinder	
指定底面的中心点或 [三点(3P)/两点(2P)/切点、切点、半径(T)/椭圆(E)]：0,0,0	
	//指定底面中心点；
指定底面半径或 [直径(D)]：50	//指定底面半径；
指定高度或 [两点(2P)/轴端点(A)] <-40.0000>：80	//指定圆柱高度。

结果如图 8-16 所示。

图 8-16　圆柱体

8.2.3 圆锥体

用户可以采用以下几种方法来创建三维圆锥实体。

- 面板 1：单击"常用"→"建模"→"圆锥体"命令按钮 △。
- 面板 2：单击"实体"→"图元"→"圆锥体"命令按钮 △。
- 命令行：输入"CONE"命令。

【例 8-3】：建立一个底面中心在坐标原点，底面半径为 80，顶面半径为 30，高度为 60 的圆锥体。

单击"常用"→"建模"→"圆锥体"命令按钮 △，命令行提示如下：

命令：_cone

指定底面的中心点或 [三点(3P)/两点(2P)/切点、切点、半径(T)/椭圆(E)]：0,0,0

//指定底面中心点；

指定底面半径或 [直径(D)] <40.0000>：80   //指定底面半径；

指定高度或 [两点(2P)/轴端点(A)/顶面半径(T)] <-4.0000>：T

//切换到"顶面半径(T)"选项

指定顶面半径 <0.0000>：30   //指定顶面半径；

指定高度或 [两点(2P)/轴端点(A)] <-4.0000>：60   //指定圆锥高度。

结果如图 8-17 所示。

图 8-17　圆锥体

8.2.4 球体

用户可以采用以下几种方法来创建球实体。

- 面板 1：单击"常用"→"建模"→"球体"命令按钮 ◯。
- 面板 2：单击"实体"→"图元"→"球体"命令按钮 ◯。
- 命令行：输入"SPHERE"命令。

【例 8-4】：建立一个中心在坐标原点，半径为 30 的球体。

单击"常用"→"建模"→"球体"命令按钮 ◯，命令行提示如下：

命令：_sphere

指定中心点或 [三点(3P)/两点(2P)/切点、切点、半径(T)]：0,0,0   //指定球的中心点；

指定半径或 [直径(D)] <80.0000>：30   //指定球半径。

结果如图 8-18 所示。

图 8-18　球体

8.2.5　棱锥体

用户可以采用以下几种方法来创建三维棱锥实体。

- 面板 1：单击"常用"→"建模"→"棱锥体"命令按钮△。
- 面板 2：单击"实体"→"图元"→"棱锥体"命令按钮△。
- 命令行：输入"PYRAMID"命令。

【例 8-5】：建立一个底面中心点为(10,10,10)，底面半径为 100，顶面半径为 40，高度为 80，有 8 个侧面的棱锥台。

单击"常用"→"建模"→"棱锥体"命令按钮△，命令行提示如下：

命令：_pyramid
　4 个侧面　外切
指定底面的中心点或 [边(E)/侧面(S)]：S　　　　　　//切换到"侧面(S)"选项；
输入侧面数 <4>：8　　　　　　　　　　　　　　　//指定侧面数为 8 个；
指定底面的中心点或 [边(E)/侧面(S)]：10,10,10　　//指定底面中心点；
指定底面半径或 [内接(I)] <141.4214>：100　　　　//指定底面半径；
指定高度或 [两点(2P)/轴端点(A)/顶面半径(T)] <-80.0000>：T
　　　　　　　　　　　　　　　　　　　　　　　//切换到"顶面半径(T)"选项；

指定顶面半径 <56.5685>：40　　　　　　　　　　 //指定顶面半径；
指定高度或 [两点(2P)/轴端点(A)] <-80.0000>：80　//指定棱锥高度。

结果如图 8-19 所示。

图 8-19　棱锥台

8.2.6 楔体

用户可以采用以下几种方法来创建楔体。

- 面板 1：单击"常用"→"建模"→"楔体"命令按钮◢。
- 面板 2：单击"实体"→"图元"→"楔体"命令按钮◢。
- 命令行：输入"WEDGE"命令。

【例 8-6】：建立一个底面中心点在坐标原点，长度为 80，宽度为 40，高度为 60 的楔体。

单击"常用"→"建模"→"楔体"命令按钮◢，命令行提示如下：

命令：_wedge	
指定第一个角点或 [中心(C)]：C	//切换到"中心(C)"选项；
指定中心：0,0,0	//指定中心点；
指定角点或 [立方体(C)/长度(L)]：L	//切换到"长度(L)"选项；
指定长度 <80.0000>：80	//指定楔体长度；
指定宽度 <40.0000>：40	//指定楔体宽度；
指定高度或 [两点(2P)] <-60.0000>：60	//指定楔体高度。

结果如图 8-20 所示。

图 8-20 楔体

8.2.7 圆环体

用户可以采用以下几种方法来创建圆环体。

- 面板 1：单击"常用"→"建模"→"圆环体"命令按钮◎。
- 面板 2：单击"实体"→"图元"→"圆环体"命令按钮◎。
- 命令行：输入"TORUS"命令。

【例 8-7】：建立一个中心点在坐标原点，圆环面直径为 100，圆管直径为 20 的圆环体。

单击"常用"→"建模"→"圆环体"命令按钮◎，命令行提示如下：

命令：_torus	
指定中心点或 [三点(3P)/两点(2P)/切点、切点、半径(T)]：0,0,0	
	//指定中心点；
指定半径或 [直径(D)]：D	//切换到"直径(D)"选项；

指定圆环面的直径：100	//指定圆环面直径；
指定圆管半径或 [两点(2P)/直径(D)]：D	//切换到圆管"直径(D)"选项；
指定圆管直径：20	//指定圆管直径。

结果如图 8-21 所示。

图 8-21　圆环体

8.2.8　多段体

多段体命令可以创建具有固定高度和宽度的直线段与曲线段的墙状对象。用户可以采用以下几种方法来创建多段体。

- 面板 1：单击"常用"→"建模"→"多段体"命令按钮 。
- 面板 2：单击"实体"→"图元"→"多段体"命令按钮 。
- 命令行：输入"POLYSOLID"命令。

【例 8-8】：建立如图 8-22 所示的高度为 50，宽度为 6 的多段体。

单击"常用"→"建模"→"多段体"命令按钮 ，命令行提示如下：

命令：_Polysolid 高度 = 50.0000, 宽度 = 6.0000, 对正 = 居中	
指定起点或 [对象(O)/高度(H)/宽度(W)/对正(J)] <对象>：H	//切换到"高度(H)"选项；
指定高度 <50.0000>：50	//指定高度；
高度 = 50.0000, 宽度 = 6.0000, 对正 = 居中	
指定起点或 [对象(O)/高度(H)/宽度(W)/对正(J)] <对象>：W	//切换到"宽度(W)"选项；
指定宽度 <6.0000>：6	//指定宽度；
高度 = 50.0000, 宽度 = 6.0000, 对正 = 居中	
指定起点或 [对象(O)/高度(H)/宽度(W)/对正(J)] <对象>：0,0,0	
	//指定起点；
指定下一个点或 [圆弧(A)/放弃(U)]：100	//指定下一点；
指定下一个点或 [圆弧(A)/放弃(U)]：A	//切换到"圆弧(A)"选项；
指定圆弧的端点或 [闭合(C)/方向(D)/直线(L)/第二个点(S)/放弃(U)]：	
指定下一个点或 [圆弧(A)/闭合(C)/放弃(U)]：	
指定圆弧的端点或 [闭合(C)/方向(D)/直线(L)/第二个点(S)/放弃(U)]：L	
	//切换到"直线(L)"选项；

指定下一个点或 [圆弧(A)/闭合(C)/放弃(U)]：100　　//指定下一点；
指定下一个点或 [圆弧(A)/闭合(C)/放弃(U)]：C　　//切换到“闭合(C)”选项。

结果如图 8-22 所示。

图 8-22　多段体

8.3　由二维图形创建三维实体

对于一些复杂的三维实体，可以先绘制出二维图形，然后将这些二维图形进行拉伸、旋转、扫掠和放样等操作，从而创建出三维实体。

8.3.1　拉伸

拉伸命令可以将选择的二维图形对象沿着路径进行拉伸，或者指定拉伸实体的倾斜角度，再或者改变拉伸的方向来创建拉伸实体。用户可以采用以下几种方法来创建拉伸实体。

- 面板 1：单击“常用”→“建模”→“拉伸”命令按钮 。
- 面板 2：单击“实体”→“实体”→“拉伸”命令按钮 。
- 命令行：输入“EXTRUDE”命令。

【例 8-9】：创建如图 8-23 所示的拉伸实体。

图 8-23　拉伸实体

❶ 利用“常用”选项卡的“绘图”面板中的“矩形”命令按钮 和“圆”命令按钮 ，以及“修改”面板中的“倒角”命令按钮 ，绘制如图 8-24 所示的平面图形。

图 8-24　绘制平面图形

❷ 在"常用"选项卡中，单击"绘图"面板中的"面域"命令按钮◙，根据命令行提示进行下列操作：

命令：_region
选择对象：
指定对角点：找到 2 个　　　　　　　　　//以窗口方式选择整个二维图形；
选择对象：回车

已提取 2 个环。

已创建 2 个面域。

❸ 在"常用"选项卡中，单击"实体编辑"面板中的"差集"命令按钮▣，根据命令行提示进行下列操作：

命令：_subtract 选择要从中减去的实体、曲面和面域...
选择对象：找到 1 个　　　　　　　　　//选择大面域；
选择对象：回车
选择要减去的实体、曲面和面域...
选择对象：找到 1 个　　　　　　　　　//选择小面域；
选择对象：回车

❹ 在"常用"选项卡中，单击"建模"面板中的"拉伸"命令按钮▤，命令行提示如下：

命令：_extrude
当前线框密度：ISOLINES = 4，闭合轮廓创建模式 = 实体
选择要拉伸的对象或 [模式(MO)]：_MO
闭合轮廓创建模式 [实体(SO)/曲面(SU)] <实体>：_SO
选择要拉伸的对象或 [模式(MO)]：找到 1 个　　　//选择面域；
选择要拉伸的对象或 [模式(MO)]：回车
指定拉伸的高度或 [方向(D)/路径(P)/倾斜角(T)/表达式(E)]：20

结果如图 8-23 所示。

8.3.2　旋转

旋转命令是指将草绘截面绕指定的旋转中心线转一定的角度后所创建的实体，它主要用来创建具有回转性质的实体。

用户可以采用以下几种方法来创建放样实体。

- 面板 1：单击"常用"→"建模"→"旋转"命令按钮 。
- 面板 2：单击"实体"→"实体"→"旋转"命令按钮 。
- 命令行：输入"REVOLVE"命令。

【例 8-10】：创建如图 8-25 所示的旋转实体。

图 8-25　旋转实体

❶ 在"常用"选项卡中，单击"绘图"面板中的"直线"命令按钮 ，绘制如图 8-26 所示的平面图形。

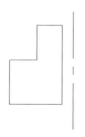

图 8-26　绘制平面图形

❷ 在"常用"选项卡中，单击"建模"面板中的"旋转"命令按钮 ，命令行提示如下：

```
命令：_revolve
当前线框密度：ISOLINES＝4，闭合轮廓创建模式 ＝ 实体
选择要旋转的对象或 [模式(MO)]：_MO
闭合轮廓创建模式 [实体(SO)/曲面(SU)] <实体>：_SO
选择要旋转的对象或 [模式(MO)]：
指定对角点：找到 6 个                        //以窗口方式选择图 8-26 中的实线；
选择要旋转的对象或 [模式(MO)]：回车
指定轴起点或根据以下选项之一定义轴 [对象(O)/X/Y/Z] <对象>：
                                        //选择中心线的上端点；

指定轴端点：                              //选择中心线的下端点；
指定旋转角度或 [起点角度(ST)/反转(R)/表达式(EX)] <360>：回车
```

结果如图 8-25 所示。

8.3.3 扫掠

扫掠命令是截面轮廓沿着路径扫掠成实体或曲面的，开放的曲线可以创建曲面，闭合的曲线既可以创建曲面也可以创建实体（取决于指定的模式）。

用户可以采用以下几种方法来创建放样实体。

- 面板1：单击"常用"→"建模"→"扫掠"命令按钮 🔊。
- 面板2：单击"实体"→"实体"→"扫掠"命令按钮 🔊。
- 命令行：输入"SWEEP"或"SW"命令。

【例8-11】：创建如图8-27所示的扫掠实体，底面半径为30，顶面半径为10，圈数为10，螺旋高度为100，弹簧半径为2。

图8-27 扫掠实体

❶ 在"常用"选项卡中，单击"绘图"面板中的"螺旋"命令按钮 🗐，绘制如图8-28所示的螺旋线。此时命令行提示如下：

命令：_Helix	
圈数 = 3.0000　　　　扭曲 = CCW	
指定底面的中心点：0,0,0	//指定底面中心点；
指定底面半径或 [直径(D)] <1.0000>：30	//指定底面半径；
指定顶面半径或 [直径(D)] <30.0000>：10	//指定顶面半径；
指定螺旋高度或 [轴端点(A)/圈数(T)/圈高(H)/扭曲(W)] <1.0000>：T	
	//切换到螺旋"圈数(T)"选项；
输入圈数 <3.0000>：10	//指定螺旋圈数；
指定螺旋高度或 [轴端点(A)/圈数(T)/圈高(H)/扭曲(W)] <1.0000>：100	
	//指定螺旋高度。

❷ 在"常用"选项卡中，单击"绘图"面板中的"圆"命令按钮 ⊙，绘制如图8-29所示的小圆。此时命令行提示如下：

命令：_circle	
指定圆的圆心或 [三点(3P)/两点(2P)/切点、切点、半径(T)]：	
	//选择螺旋线的一个端点；
指定圆的半径或 [直径(D)]：2	//指定小圆的半径。

图 8-28 绘制螺旋线

图 8-29 绘制小圆

❸ 在"常用"选项卡中，单击"建模"面板中的"扫掠"命令按钮 🔲，命令行提示如下：

命令：_sweep
当前线框密度：ISOLINES = 4，闭合轮廓创建模式 = 实体
选择要扫掠的对象或 [模式(MO)]：_MO
闭合轮廓创建模式 [实体(SO)/曲面(SU)] <实体>：_SO
选择要扫掠的对象或 [模式(MO)]：找到 1 个　　　　　//选择绘制的小圆；
选择要扫掠的对象或 [模式(MO)]：回车
选择扫掠路径或 [对齐(A)/基点(B)/比例(S)/扭曲(T)]：　　//选择螺旋线。

结果如图 8-27 所示。

8.3.4 放样

放样命令是通过指定一系列截面来创建新的实体或曲面的。在进行放样操作时，必须至少指定两个横截面，横截面决定了实体或曲面的形状。值得注意的是，横截面既可以是开放的，也可以是闭合的。

用户可以采用以下几种方法来创建放样实体。

- 面板 1：单击"常用"→"建模"→"放样"命令按钮 🔲。
- 面板 2：单击"实体"→"实体"→"放样"命令按钮 🔲。
- 命令行：输入"LOFT"命令。

【例 8-12】：创建如图 8-30 所示的放样实体。

图 8-30 放样实体

❶ 在"常用"选项卡中，单击"绘图"面板中的"圆"命令按钮 ⊙，绘制如图8-31所示的3个圆，半径分别为30、10、30。此时命令行提示如下：

命令：_circle
指定圆的圆心或 [三点(3P)/两点(2P)/切点、切点、半径(T)]：0,0,0
指定圆的半径或 [直径(D)]：10
命令：_circle
指定圆的圆心或 [三点(3P)/两点(2P)/切点、切点、半径(T)]：0,0,50
指定圆的半径或 [直径(D)] <10.0000>：30
命令：_circle
指定圆的圆心或 [三点(3P)/两点(2P)/切点、切点、半径(T)]：0,0,-50
指定圆的半径或 [直径(D)] <30.0000>：30

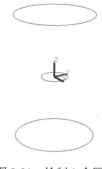

图8-31　绘制3个圆

❷ 在"常用"选项卡中，单击"建模"面板中的"放样"命令按钮 🛢，命令行提示如下：

命令：_loft
当前线框密度：ISOLINES = 4，闭合轮廓创建模式 = 实体
按放样次序选择横截面或 [点(PO)/合并多条边(J)/模式(MO)]：_MO
闭合轮廓创建模式 [实体(SO)/曲面(SU)] <实体>：_SO
按放样次序选择横截面或 [点(PO)/合并多条边(J)/模式(MO)]：找到 1 个
　　　　　　　　　　　　　　　　　　　//选择上面的圆；
按放样次序选择横截面或 [点(PO)/合并多条边(J)/模式(MO)]：找到 1 个，总计 2 个
　　　　　　　　　　　　　　　　　　　//选择中间的圆；
按放样次序选择横截面或 [点(PO)/合并多条边(J)/模式(MO)]：找到 1 个，总计 3 个
　　　　　　　　　　　　　　　　　　　//选择下面的圆；
按放样次序选择横截面或 [点(PO)/合并多条边(J)/模式(MO)]：回车
　　　　　　　　　　　　　　　　　　　//选中了 3 个横截面
输入选项 [导向(G)/路径(P)/仅横截面(C)/设置(S)] <仅横截面>：S
　　　　　　　　　　　　　　　　　　　//切换到"设置(S)"选项。

系统弹出如图8-32所示的"放样设置"对话框，在对话框中单击"确定"按钮，结果如图8-30所示。

图 8-32 "放样设置"对话框

8.4 综合实例

【例 8-13】：创建如图 8-33 所示的油封盖。

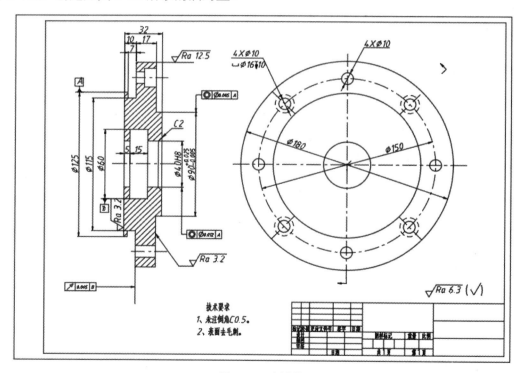

图 8-33 油封盖

❶ 在"常用"选项卡中，利用"绘图"面板中的"直线"命令按钮 ╱ 和"圆"命令按钮 ⊙，以及"修改"面板中的"倒角"命令按钮 ⬜，绘制如图 8-34 所示的二维图形，图中的

两处倒角尺寸为C1.5。

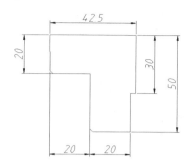 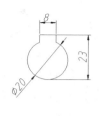

图8-34　绘制二维图形

❷ 在"常用"选项卡中，单击"绘图"面板中的"面域"命令按钮⬡，命令行提示如下：

命令：_region
选择对象：
指定对角点：找到 14 个　　　　　　　　//以窗口方式选择整个二维图形；
选择对象：回车
已提取 2 个环。
已创建 2 个面域。

❸ 在"常用"选项卡中，单击"建模"面板中的"旋转"命令按钮，命令行提示如下：

命令：_revolve
当前线框密度：ISOLINES＝4，闭合轮廓创建模式＝实体
选择要旋转的对象或 [模式(MO)]：_MO
闭合轮廓创建模式 [实体(SO)/曲面(SU)] <实体>：_SO
选择要旋转的对象或 [模式(MO)]：找到 1 个　　//选择如图8-35所示的面域；
选择要旋转的对象或 [模式(MO)]：回车
指定轴起点或根据以下选项之一定义轴 [对象(O)/X/Y/Z] <对象>：
　　　　　　　　　　　　　　　　　　//选择如图8-35所示的点1；
指定轴端点：　　　　　　　　　　　　//选择如图8-35所示的点2；
指定旋转角度或 [起点角度(ST)/反转(R)/表达式(EX)] <360>：回车

结果如图8-36所示。

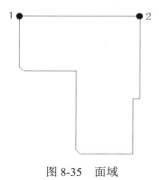 

图8-35　面域　　　　　　　　　图8-36　旋转实体

❹ 在"常用"选项卡中，单击"建模"面板中的"拉伸"命令按钮▇▋，命令行提示如下：

命令：_extrude

当前线框密度：ISOLINES = 4，闭合轮廓创建模式 = 实体

选择要拉伸的对象或 [模式(MO)]：_MO

闭合轮廓创建模式 [实体(SO)/曲面(SU)] <实体>：_SO

选择要拉伸的对象或 [模式(MO)]：找到 1 个   //选择键槽面域；

选择要拉伸的对象或 [模式(MO)]：回车

指定拉伸的高度或 [方向(D)/路径(P)/倾斜角(T)/表达式(E)]：52

结果如图 8-37 所示。

图 8-37　拉伸实体

❺ 在"常用"选项卡中，单击"修改"面板中的"对齐"命令按钮▣▎，命令行提示如下：

命令：_align

选择对象：找到 1 个   //选择第❹步的拉伸体；

选择对象：回车

指定第一个源点：   //选择图 8-38 中的圆心点 1；

指定第一个目标点：   //选择图 8-38 中的圆心点 2；

指定第二个源点：   //选择图 8-38 中的圆心点 3；

指定第二个目标点：   //选择图 8-38 中的圆心点 4；

指定第三个源点或 <继续>：回车

是否基于对齐点缩放对象？[是(Y)/否(N)] <否>：回车

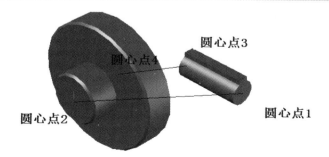

图 8-38　指定源点和目标点

❻ 在"常用"选项卡中，单击"实体编辑"面板中的"差集"命令按钮◎，命令行提示

如下：

命令：_subtract 选择要从中减去的实体、曲面和面域...
选择对象：找到 1 个   //选择图 8-39 中的实体 1；
选择对象：回车
选择要减去的实体、曲面和面域...
选择对象：找到 1 个   //选择图 8-39 中的实体 2；
选择对象：回车

结果如图 8-40 所示。

图 8-39　选择差集的实体

图 8-40　实体求差集

❼ 在"常用"选项卡中，单击"坐标"面板中的"原点"命令按钮 ⌞，选择如图 8-41 所示的圆心点作为 UCS 新原点。

图 8-41　指定 UCS 新原点

❽ 在"常用"选项卡中，单击"绘图"面板中的"圆"命令按钮 ⊙，绘制一个圆心坐标为(0,40,0)，半径为 6 的圆。在"常用"选项卡中，单击"建模"面板中的"拉伸"命令按钮 🔲，命令行提示如下：

命令：_extrude
当前线框密度：ISOLINES = 4，闭合轮廓创建模式 = 实体
选择要拉伸的对象或 [模式(MO)]：_MO
闭合轮廓创建模式 [实体(SO)/曲面(SU)] <实体>：_SO
选择要拉伸的对象或 [模式(MO)]：找到 1 个   //选择半径为 6 的小圆；
选择要拉伸的对象或 [模式(MO)]：回车
指定拉伸的高度或 [方向(D)/路径(P)/倾斜角(T)/表达式(E)]：50

结果如图 8-42 所示。

图 8-42 拉伸小圆柱体

❾ 在"常用"选项卡中，单击"修改"面板中的"环形阵列"命令按钮 ▩，命令行提示如下：

命令：_arraypolar

选择对象：找到 1 个 　　　　　　　　　　//选择刚拉伸的小圆柱体；

选择对象：回车

类型 = 极轴　关联 = 否

指定阵列的中心点或 [基点(B)/旋转轴(A)]：A 　　//切换到"旋转轴(A)"选项；

指定旋转轴上的第一个点：0,0,0

指定旋转轴上的第二个点：@1,0,0

选择夹点以编辑阵列或 [关联(AS)/基点(B)/项目(I)/项目间角度(A)/填充角度(F)/行(ROW)/层(L)/旋转项目(ROT)/退出(X)]<退出>：I 　　//切换到"项目(I)"选项；

输入阵列中的项目数或 [表达式(E)] <6>：

选择夹点以编辑阵列或 [关联(AS)/基点(B)/项目(I)/项目间角度(A)/填充角度(F)/行(ROW)/层(L)/旋转项目(ROT)/退出(X)]<退出>：F 　　//切换到"填充角度(F)"选项；

指定填充角度(+=逆时针、-=顺时针)或 [表达式(EX)] <360>：回车

选择夹点以编辑阵列或 [关联(AS)/基点(B)/项目(I)/项目间角度(A)/填充角度(F)/行(ROW)/层(L)/旋转项目(ROT)/退出(X)]<退出>：AS 　　//切换到"关联(AS)"选项；

创建关联阵列 [是(Y)/否(N)]<否>：回车

选择夹点以编辑阵列或 [关联(AS)/基点(B)/项目(I)/项目间角度(A)/填充角度(F)/行(ROW)/层(L)/旋转项目(ROT)/退出(X)]<退出>：回车

结果如图 8-43 所示。

图 8-43 环形阵列小圆柱体

❿ 在"常用"选项卡中，单击"实体编辑"面板中的"差集"命令按钮 ▩，命令行提示如下：

命令：_subtract 选择要从中减去的实体、曲面和面域...

选择对象：找到 1 个   //选择外面的旋转实体；

选择对象：回车

选择要减去的实体、曲面和面域...

选择对象：找到 1 个   //选择第 1 个小圆柱体；

选择对象：找到 1 个，总计 2 个   //选择第 2 个小圆柱体；

选择对象：找到 1 个，总计 3 个   //选择第 3 个小圆柱体；

选择对象：找到 1 个，总计 4 个   //选择第 4 个小圆柱体；

选择对象：找到 1 个，总计 5 个   //选择第 5 个小圆柱体；

选择对象：找到 1 个，总计 6 个   //选择第 6 个小圆柱体；

选择对象：回车

结果如图 8-44 所示。

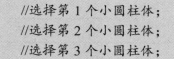

图 8-44　求差集的结果

8.5　课后练习

1．在 AutoCAD 中，有几种常见的观察三维图形的方法？

2．使用拉伸命令，创建如图 8-45 所示的零件实体。

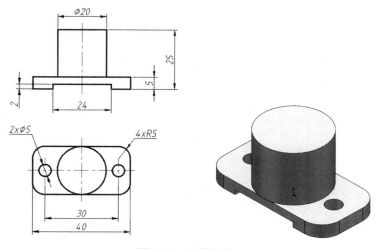

图 8-45　拉伸实体

3．使用旋转命令，创建如图 8-46 所示的零件实体。

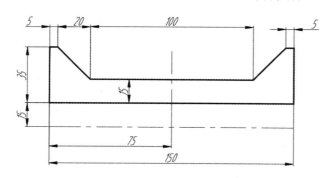

图 8-46　旋转实体

第9章 工程制图的综合应用实例

内容与要求

用户在使用 AutoCAD 2022 绘制工程图时，仅仅掌握绘图命令的用法是远远不够的，要做到高效、精确地绘图，还必须掌握使用 AutoCAD 2022 绘制零件图和装配图的基本步骤和方法。本章将以实例的方式具体讲解常见的典型零件图和装配图的绘制流程，使读者掌握综合应用 AutoCAD 2022 图形绘制和编辑命令，精确绘制零件图和装配图的方法，以及对常见的典型零件的绘制方法和特点有一个较为完整的认识。

通过本章的学习，读者应达到如下目标：
- 掌握 AutoCAD 2022 零件图绘制的步骤与方法
- 掌握 AutoCAD 2022 装配图绘制的步骤与方法

9.1 绘制零件图

表达零件的图样被称为零件工作图，简称零件图，它是制造和检验零件的主要依据，是设计部门提交给生产部门的重要技术文件，也是进行技术交流的重要资料，常被称为"工程界的语言"。

一张完整的零件图应包括下列基本内容。
- 一组图形。按照零件的特征，合理地选用视图、剖视、断面及其他规定画法，正确、完整、清晰地表达零件的各部分形状和结构。
- 尺寸。除了应该保证正确、完整、清晰这些基本要求，还应该尽量合理，以满足零件制造和检验的需要。
- 技术要求。用规定的符号、数字和文字来说明零件在制造、检验等过程中应达到的一些技术要求，如表面粗糙度、尺寸公差、形状公差、位置公差、热处理要求等。统一的技术要求一般用文字注写在标题栏上方的图纸空白处。
- 标题栏。标题栏位于图纸的右下角，应填写零件的名称、材料、数量，图的比例，设计、制图、审核人的签字，日期等各项内容。

无论以何种方式绘制零件图，其绘制过程大致可以按以下步骤进行。

（1）根据零件的用途、形状特点、加工方法等选取主视图和其他视图。

（2）根据视图数量和实物大小确定适当的比例，并选择合适的图幅。

（3）调用相应的样板图。

（4）绘制各视图的中心线、轴线、基准线，确定各视图的基本位置，应注意在各视图之间留有充分的尺寸标注余地。

（5）由主视图开始，绘制各视图的主要轮廓线，绘制过程中注意各视图之间的投影关系。

（6）绘制各视图的细节，如螺纹孔、销孔、倒角、圆角、剖面线等。

（7）仔细检查各视图，标注尺寸、公差及表面粗糙度等。

（8）书写技术要求及标题栏。

零件图千变万化，但可以将其分为几大类，如轴套类、箱体类及板类零件等。不同的零件图，其绘制方法不同，但也有一定的规律性。例如，当绘制对称零件（如轴、端盖等）时，可以先绘制其一半的图形，然后相对于轴线或对称线进行镜像操作；当绘制若干行或若干列均匀排列的图形时（如螺栓孔），可以先绘制其中的一个图形，然后利用阵列来得到其他图形；当绘制有 3 个视图的零件时，可以利用栅格显示、栅格捕捉的方式绘制，也可以利用射线按投影关系先绘制一些辅助线，然后绘制零件的各个视图。下面以其中较为典型的零件为例，来说明一般零件的视图选择及尺寸标注方法等内容。

9.1.1　轴套类零件图的绘制

轴一般是用来支承传动零件和传递动力的，轴套类零件的各个组成部分多是同一条轴线的回转体，且轴向尺寸大于径向尺寸，如图 9-1 所示。在绘制轴套类零件图时，一般应按形状特征和加工位置确定主视图，轴体水平放置，与车削、磨削的加工状态一致，便于加工者看图。只用一个主视图来表示轴上各轴段长度、直径及各种结构的轴向位置，大头在左、小头在右，键槽、孔等结构朝前。

图 9-1　轴套类零件

实心轴主视图以显示外形为主，局部孔、槽可以采用局部剖视表达，键槽、花键、退刀槽、越程槽和中心孔等可以用断面图、剖面图、局部视图和局部放大视图等加以补充。对于形状简单且较长的零件，还可以采用折断的方法表示。实心轴没有剖开的必要；对于空心轴套类零件，则需要剖开表达它的内部结构形状；对于外部结构形状简单的零件，可以采用全剖视；对于外部形状较复杂的零件，则采用半剖视（或局部剖视）；对于内部形状简单的零件，也可以不剖或采用局部剖视。

轴套类零件是机械领域很典型的零件，主视图由一系列水平线、垂直线和键槽组成，图形相对简单，因此在绘制轴套类零件的主视图时，多采用下面两种方法。

- 先用直线命令画出轴线和其中一个端面作为绘图基准，然后综合应用偏移、修剪等编辑命令绘制出主视图上每一轴段的投影线。
- 使用直线、偏移、修剪等命令先绘制出主视图投影的上半部分，然后进行镜像操作即可。

除了以上两种常规画法，还可以根据轴套类零件主视图的几何特点，通过合理使用图块功能，有效地提高绘图速度。特别是对轴段较多的零件，效果尤其明显。

运用上述方法之一先绘制出主视图，再绘制出轴的断面图和局部放大视图等。

下面以铣刀头的轴零件（见图9-2）为例，讲述使用AutoCAD 2022绘制轴套类零件图的方法与步骤。

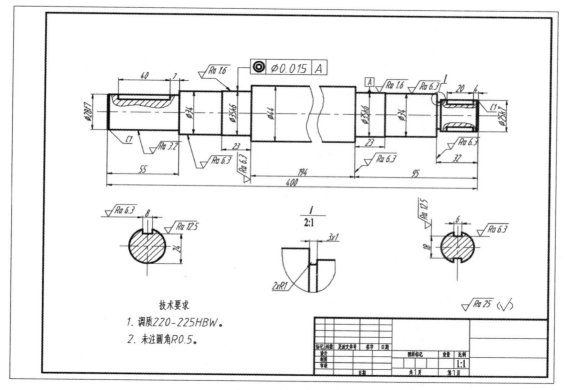

图9-2　轴零件图

步骤一　绘制主视图

❶ 根据如图9-2所示的尺寸和图形，确定选用A3图幅，打开已经建立好的A3样板图，如图9-3所示。在建好的样板图里面，包括已经设置好的绘图单位、图形界限、图层、文字样式和标注样式等基本绘图环境。

❷ 分析零件的结构形状和结构特点，确定零件的视图表达方式。在"默认"选项卡中，单击"图层"面板中右侧的下拉按钮，如图9-4所示，将"中心线"图层切换为当前图层。在"默认"选项卡中，单击"绘图"面板中的"直线"命令按钮，绘制主视图中心线，如图9-5所示。

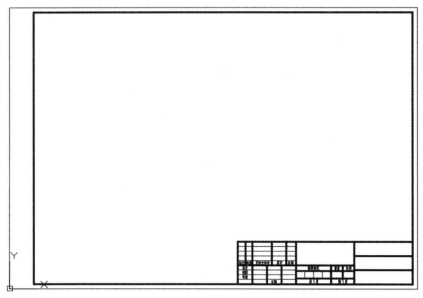

图 9-3　样板图

图 9-4　切换图层

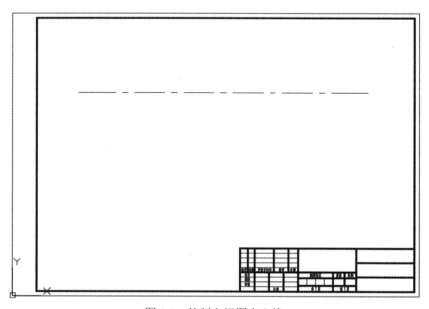

图 9-5　绘制主视图中心线

❸ 将"粗实线"图层切换为当前图层，在"默认"选项卡中，单击"绘图"面板中的"直线"命令按钮 ╱，绘制主视图左侧的端面，并单击"修改"面板中的"偏移"命令按钮 ⊂，依次绘制出轴的各个端面的上半部分，如图 9-6 所示。命令行提示如下：

命令：_line
指定第一个点：　　　　　　//指定主视图中心线上的一点作为直线起点；
指定下一点或 [放弃(U)]：　　　　　　　　　　　//指定直线的终点；
命令：OFFSET
当前设置：删除源 = 否　　图层 = 源　OFFSETGAPTYPE = 0
指定偏移距离或 [通过(T)/删除(E)/图层(L)] <通过>：55　　//输入偏移的距离；
选择要偏移的对象，或 [退出(E)/放弃(U)] <退出>：　　　//选择左端面的直线；
指定要偏移的那一侧上的点，或 [退出(E)/多个(M)/放弃(U)] <退出>：
　　　　　　　　　　　　　　　　　　　//在左端面右侧选一点；
选择要偏移的对象，或 [退出(E)/放弃(U)] <退出>：
命令：OFFSET　　　　　　　　　　　　　　//按回车键重复偏移命令；
当前设置：删除源 = 否　　图层 = 源　OFFSETGAPTYPE = 0
指定偏移距离或 [通过(T)/删除(E)/图层(L)] <55.0000>：56
选择要偏移的对象，或 [退出(E)/放弃(U)] <退出>：
指定要偏移的那一侧上的点，或 [退出(E)/多个(M)/放弃(U)] <退出>：
选择要偏移的对象，或 [退出(E)/放弃(U)] <退出>：
命令：OFFSET
当前设置：删除源 = 否　　图层 = 源　OFFSETGAPTYPE = 0
指定偏移距离或 [通过(T)/删除(E)/图层(L)] <56.0000>：80
　　　　　　　　　//因为直径最大的轴段是断开的，所以这里将194的长度缩为80；
选择要偏移的对象，或 [退出(E)/放弃(U)] <退出>：
指定要偏移的那一侧上的点，或 [退出(E)/多个(M)/放弃(U)] <退出>：
选择要偏移的对象，或 [退出(E)/放弃(U)] <退出>：
命令：OFFSET
当前设置：删除源 = 否　　图层 = 源　OFFSETGAPTYPE = 0
指定偏移距离或 [通过(T)/删除(E)/图层(L)] <80.0000>：95
选择要偏移的对象，或 [退出(E)/放弃(U)] <退出>：
指定要偏移的那一侧上的点，或 [退出(E)/多个(M)/放弃(U)] <退出>：
选择要偏移的对象，或 [退出(E)/放弃(U)] <退出>：
命令：OFFSET
当前设置：删除源 = 否　　图层 = 源　OFFSETGAPTYPE = 0
指定偏移距离或 [通过(T)/删除(E)/图层(L)] <95.0000>：32
选择要偏移的对象，或 [退出(E)/放弃(U)] <退出>：

指定要偏移的那一侧上的点，或 [退出(E)/多个(M)/放弃(U)] <退出>：

选择要偏移的对象，或 [退出(E)/放弃(U)] <退出>：

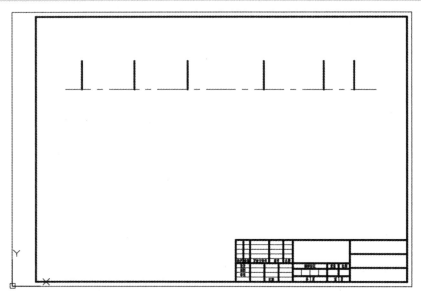

图 9-6　绘制各个端面

❹ 在"默认"选项卡中，单击"修改"面板中的"偏移"命令按钮 ⊑，将主视图的中心线偏移，并通过夹点命令，将偏移后的中心线切换到"粗实线"图层上，绘制出轴的各个端面的上半部分的轴径高度，如图 9-7 所示。

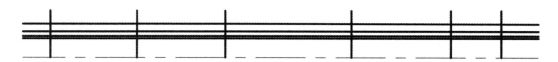

图 9-7　绘制轴的各个端面的上半部分的轴径高度

❺ 在"默认"选项卡中，分别单击"修改"面板中的"修剪"命令按钮 和"删除"命令按钮 ，将主视图轴的各个端面的上半部分的轴径高度修剪为如图 9-8 所示的图形。初学者可以根据自己的熟练程度，一个一个地修剪。如果比较熟练，可以选择全部直线作为修剪边，分别修剪出最终的图形。

❻ 倒角。在"默认"选项卡中，单击"修改"面板中的"倒角"命令按钮 ，将主视图左右轴的端面的上半部分进行倒角处理，倒角距离大小为 C1，如图 9-9 所示。

❼ 绘制退刀槽。在"默认"选项卡中，分别单击"修改"面板中的"偏移"命令按钮 ⊑ 和"修剪"命令按钮 ，绘制退刀槽，并通过圆角命令，绘制退刀槽的圆角，如图 9-10 所示。

❽ 镜像绘制轴的下半部分。在"默认"选项卡中，单击"修改"面板中的"镜像"命令按钮 ，根据命令行提示，选择如图 9-11 所示的矩形框内所有的直线为需要镜像的对象，选择如图 9-12 所示的中心线的两个端点作为镜像线的两点，镜像后的图形如图 9-13 所示。

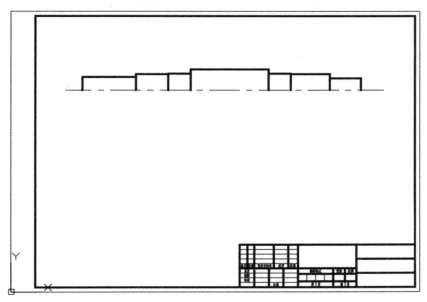

图 9-8　修剪主视图轴的各个端面的上半部分的轴径高度

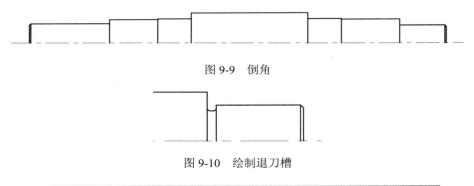

图 9-9　倒角

图 9-10　绘制退刀槽

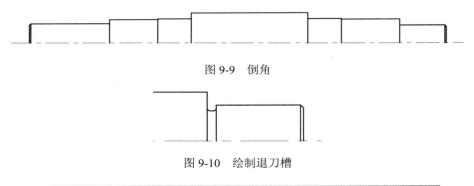

图 9-11　选择镜像对象

镜像线第一点　　　　　　　　　　　　　　　　　　　镜像线第二点

端点

图 9-12　选择镜像线的两点

图 9-13　镜像后的图形

❾ 绘制键槽。在"默认"选项卡中，分别单击"修改"面板中的"偏移"命令按钮⊏和"修剪"命令按钮￥，绘制轴的左右两端的键槽。将当前图层切换为"细实线"图层，在"默认"选项卡中，单击"绘图"面板中的"样条曲线"命令按钮∿，绘制局部剖切区域，如图9-14所示。

图 9-14　绘制键槽

❿ 绘制最大轴的径段的断裂线。在"默认"选项卡中，单击"绘图"面板中的"样条曲线拟合"命令按钮∿，绘制断裂线，单击"修改"面板中的"修剪"命令按钮￥，将轴修剪为如图 9-15 所示的图形。

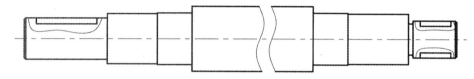

图 9-15　绘制断裂线

步骤二　绘制断面图

❶ 将当前图层切换到"中心线"图层，在"默认"选项卡中，单击"绘图"面板中的"直线"命令按钮／，在键槽下方的对应位置绘制两个断面图的中心线，如图 9-16 所示。

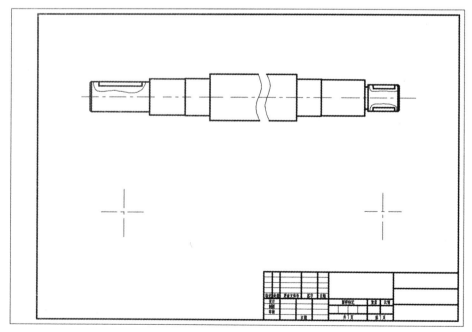

图 9-16　绘制断面图的中心线

❷ 将当前图层切换为"粗实线"图层，在"默认"选项卡中，单击"绘图"面板中的"圆"

命令按钮 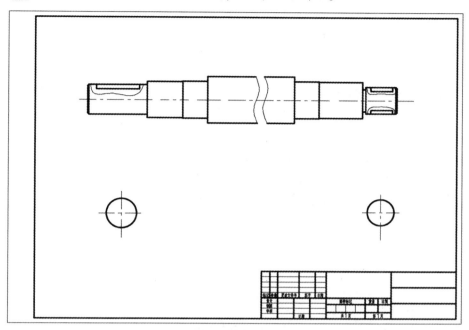 ，分别绘制直径为 28 和 25 的圆，如图 9-17 所示。

图 9-17　绘制断面图的圆

❸ 在"默认"选项卡中，单击"修改"面板中的"偏移"命令按钮 ，将中心线偏移对应的距离，并将偏移后的直线所在的图层切换为"粗实线"图层，如图 9-18 所示，绘制轴的左右两端的键槽。

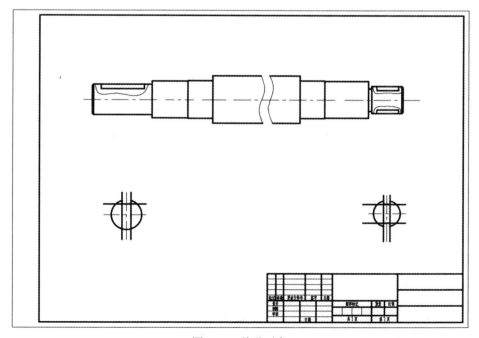

图 9-18　偏移对象

❹ 在"默认"选项卡中，单击"修改"面板中的"修剪"命令按钮，将两个断面图修剪为如图 9-19 所示的图形。

图 9-19 修剪断面图

步骤三 绘制局部放大视图

❶ 将当前图层切换为"细实线"图层，在"默认"选项卡中，单击"绘图"面板中的"圆"命令按钮，在主视图上绘制细实线圆，如图 9-20 所示。

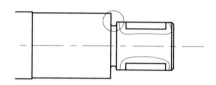

图 9-20 绘制细实线圆

❷ 在"默认"选项卡中，单击"修改"面板中的"复制"命令按钮，根据命令行提示，选择图 9-21 中左图所示的圆内及其相交的线条作为要复制的对象，并将其复制到图 9-21 中右图所示的位置。

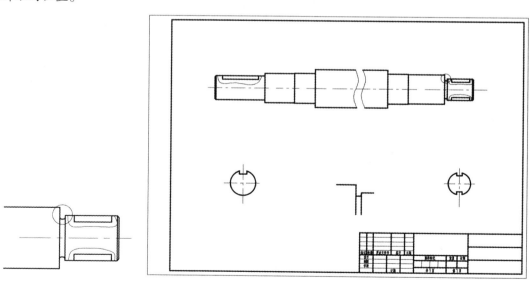

图 9-21 复制对象

❸ 在"默认"选项卡中，单击"修改"面板中的"缩放"命令按钮，根据命令行提示，将图 9-21 中所复制的对象放大 2 倍，如图 9-22 所示。

❹ 在"默认"选项卡中，单击"绘图"面板中的"样条曲线拟合"命令按钮，绘制局

部放大视图的边界，并通过修剪命令，将局部放大视图修剪为如图 9-23 所示的图形。

图 9-22　放大对象

图 9-23　修剪视图

步骤四　填充剖面线和标注尺寸

❶ 将当前图层切换为"剖面线"图层，在"默认"选项卡中，单击"绘图"面板中的"图案填充"命令按钮 ▨，打开如图 9-24 所示的"图案填充创建"选项卡，在"图案"面板中选择"ANSI31"图案类型，依次选择如图 9-25 所示的填充区域，单击面板中的"关闭图案填充创建"命令按钮 ✔，完成图案填充。

图案类型

图 9-24　"图案填充创建"选项卡

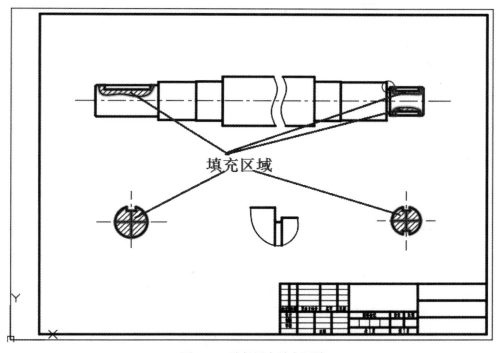

填充区域

图 9-25　选择图案填充区域

❷ 将当前图层切换为"标注"图层，在"默认"选项卡中，单击"注释"面板中的"标注样式"命令按钮右侧的下拉按钮 ▾，在打开的"管理标注样式"下拉列表中选择"线性标注"选项，如图 9-26 所示。

图9-26 选择"线性标注"选项

在"默认"选项卡中，单击"注释"面板中的"线性"命令按钮┝┤，依次标注轴的线性尺寸，如图9-27所示。

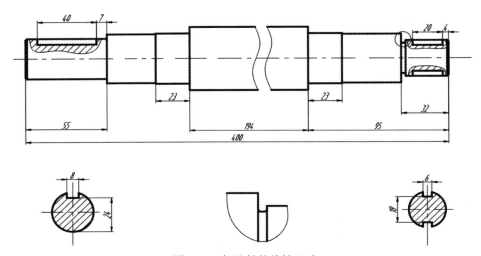

图9-27 标注轴的线性尺寸

❸ 标注轴的各段直径尺寸。在"默认"选项卡中，单击"注释"面板中的"线性"命令按钮┝┤，根据命令行提示，选择"多行文字（M）"编辑尺寸，依次标注轴的直径尺寸，如图9-28所示。

❹ 标注退刀槽尺寸。在"默认"选项卡中，单击"注释"面板中的"线性"命令按钮┝┤，根据命令行提示，选择"多行文字（M）"编辑尺寸，在局部放大视图上标注退刀槽线性尺寸。将标注样式切换为"半径标注"，在"默认"选项卡中，单击"注释"面板中的"半径"命令按钮⟋，在局部放大视图上标注退刀槽半径尺寸，如图9-29所示。

❺ 设置多重引线样式。单击菜单栏中的"格式"→"多重引线样式"命令，弹出如图9-30所示的"多重引线样式管理器"对话框，单击"修改"按钮，将"引线格式"选项卡中的"箭头"选项组中的"符号"设置为"无"，如图9-31所示。将"内容"选项卡中的"多重引线类型"设置为"多行文字"，并将"引线连接"选项组中的"连接位置-左"和"连接位置-右"设

置为"最后一行加下画线",如图 9-31 所示,单击"确定"按钮。

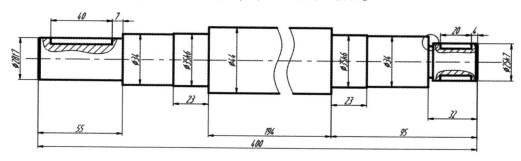

图 9-28　标注轴的各段直径尺寸

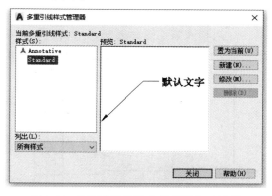

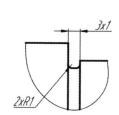

图 9-29　标注退刀槽半径尺寸

图 9-30　"多重引线样式管理器"对话框

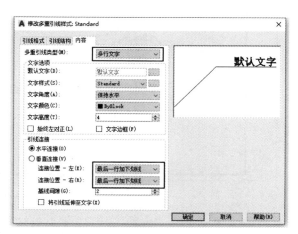

图 9-31　"修改多重引线样式:Standard"对话框

❻ 标注倒角尺寸和局部放大视图标志。在"默认"选项卡中，单击"注释"面板中的"引线"命令按钮，在主视图上标注倒角尺寸和局部放大视图标志，如图 9-32 所示。

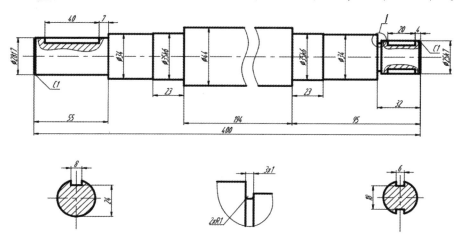

图 9-32   标注倒角尺寸和局部放大视图标志

❼ 标注基准和表面粗糙度。在"默认"选项卡中，单击"块"面板中的"插入"命令按钮，分别插入第 7 章建立的基准图块和表面粗糙度图块，如图 9-33 所示。

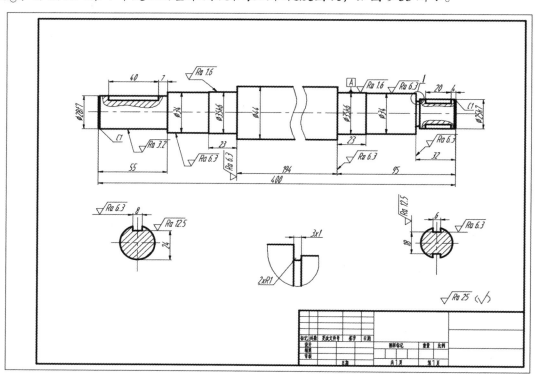

图 9-33   标注基准和表面粗糙度

单击菜单栏中的"格式"→"多重引线样式"命令，弹出如图 9-30 所示的"多重引线样式管理器"对话框，单击"新建"按钮，在弹出的"创建新多重引线样式"对话框中输入新样式名为"形位公差",单击"继续"按钮。系统弹出"修改多重引线样式:形位公差"对话框,如图 9-34 所示,将"引线格式"选项卡中的"箭头"选项组中的"符号"设置为"实心闭合",将"内容"选项卡中的"多重引线类型"设置为"无",如图 9-35 所示,单击"确定"按钮。

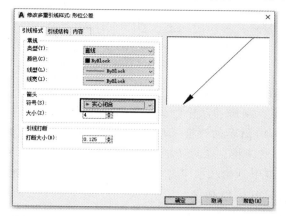

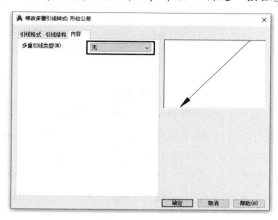

图 9-34 "修改多重引线样式:形位公差"对话框   图 9-35 "内容"选项卡

❽ 标注几何公差。在"默认"选项卡中,单击"注释"面板中的"引线"命令按钮 ⌔ ,在主视图左侧与直径为 35 的尺寸线对齐标注引线,如图 9-36 所示。将当前标注样式切换为"形位公差"样式,在"注释"选项卡中,单击"标注"面板中的"形位公差"命令按钮 ⊞ ,如图 9-37 所示。在弹出的"形位公差"对话框中分别设置几何公差符号、公差值和基准,如图 9-38 所示,单击"确定"按钮,结果如图 9-39 所示。

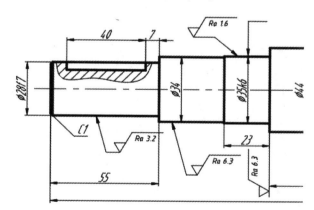

图 9-36 标注引线

图 9-37 "注释"选项卡中的"标注"面板

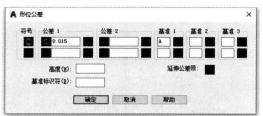

图9-38 "形位公差"对话框

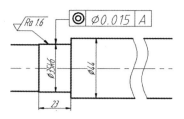

图9-39 标注几何公差

❾ 标注局部放大视图比例。在"默认"选项卡中，单击"绘图"面板中的"直线"命令按钮 ∕ ，在局部放大视图的上方绘制一条水平线，单击"注释"面板中的"文字"命令按钮 **A**，在文字输入框中右击鼠标，在弹出的如图9-40所示的快捷菜单中，单击"符号"→"其他"命令，弹出如图9-41所示的"字符映射表"对话框，在对话框中找到拉丁字符"Ⅰ"，并分别单击"选择"和"复制"按钮，在文字输入框中粘贴拉丁字符"Ⅰ"，单击"关闭"按钮。重复使用文字输入框，书写比例"2∶1"，结果如图9-42所示。

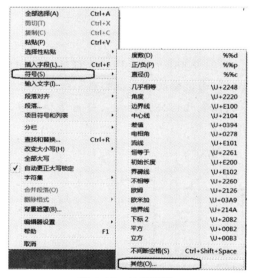

图9-40 快捷菜单

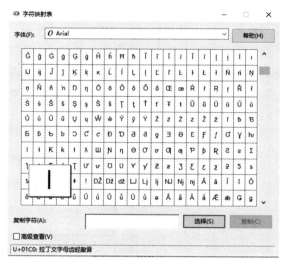

图9-41 "字符映射表"对话框

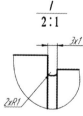

图9-42 标注局部放大视图比例

❿ 书写技术要求和标题栏。将"文字"图层切换为当前图层，在"默认"选项卡中，单击"注释"面板中的"文字"命令按钮 **A**，在文字输入框中书写技术要求，并填写标题栏，结果如图9-43所示。

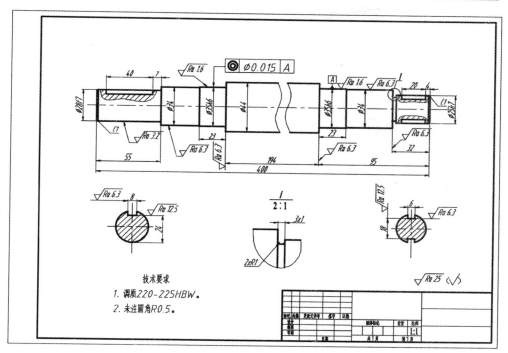

图 9-43　书写技术要求和标题栏

9.1.2　轮盘类零件图的绘制

　　轮盘类零件包括手轮、胶带轮、端盖、盘座等，如图 9-44 所示，主要起支撑、轴向定位及密封等作用。轮盘类零件不但大多有回转体，而且经常带有各种形状的凸缘、均匀分布的圆孔和肋板等局部结构。轮盘类零件一般都是中心轴对称图形，绘制时一般都以过中心轴线的全剖视图为主视图，将中心轴线水平放置，与车削、磨削时的加工状态一致，便于加工者看图。用侧视图表达孔、槽的分布情况，某些局部细节需要用放大视图表示。在机械制图中，通过一个图形了解一个零件，仅仅利用主视图是远远不够的，至少还需要剖面图或侧视图，这样才能更清楚地了解零件的真实形状。

图 9-44　轮盘类零件

　　下面以端盖零件（见图 9-45）为例，讲述使用 AutoCAD 2022 绘制轮盘类零件图的方法与步骤。

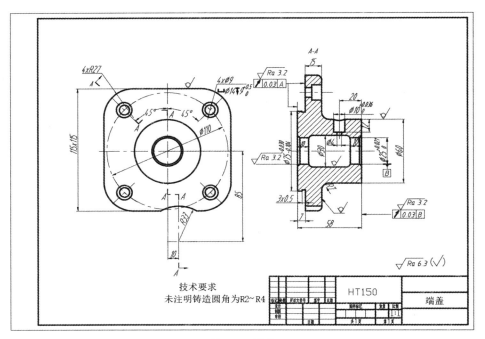

图 9-45　端盖

步骤一　绘制图形

❶ 根据如图 9-45 所示的尺寸和图形，确定选用 A3 图幅，打开已经建立好的 A3 样板图。将"中心线"图层切换为当前图层，在"默认"选项卡中，单击"绘图"面板中的"直线"命令按钮 ╱，绘制主视图和左视图中心线，如图 9-46 所示。

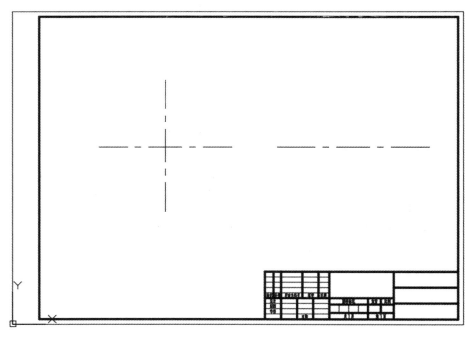

图 9-46　绘制中心线

❷ 将"粗实线"图层切换为当前图层，在"默认"选项卡中，单击"绘图"面板中的"矩形"命令按钮 □ ，此时命令行提示如下：

命令：_rectang
指定第一个角点或 [倒角(C)/标高(E)/圆角(F)/厚度(T)/宽度(W)]: F
　　　　　　　　　　　　　　　　　　　　//切换到"圆角(F)"选项；
指定矩形的圆角半径 <0.0000>: 27　　　　//设置圆角半径为27；
指定第一个角点或 [倒角(C)/标高(E)/圆角(F)/厚度(T)/宽度(W)]:
　　　　　　　　　　　　　　　　　　　　//单击捕捉"自"命令；
_from 基点：　　　　　　　　　　　　　 //选择主视图中心线的交点
作为基点；
<偏移>: @-57.5,57.5
指定另一个角点或 [面积(A)/尺寸(D)/旋转(R)]: D　//切换到"尺寸(D)"选项；
指定矩形的长度 <10.0000>: 115　　　　　//指定矩形的长度；
指定矩形的宽度 <10.0000>: 115　　　　　//指定矩形的宽度；
指定另一个角点或 [面积(A)/尺寸(D)/旋转(R)]:　//确定矩形的另一个角点。

结果如图 9-47 所示。

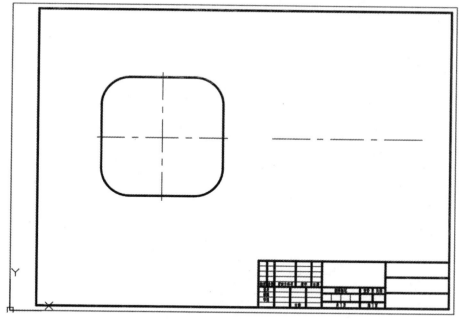

图 9-47　绘制矩形

❸ 在"默认"选项卡中，单击"绘图"面板中的"圆"命令按钮 ⊙ ，依次绘制出主视图直径为 25、27 和 60 的同心圆，如图 9-48 所示。

❹ 在"默认"选项卡中，单击"修改"面板中的"偏移"命令按钮 ⊂ ，分别将主视图的中心线偏移，找到圆弧半径为 33 的圆心点，并绘制半径为 33 的圆。单击"修改"面板中的"修剪"命令按钮 ，对多余的直线和圆弧进行修剪，如图 9-49 所示。

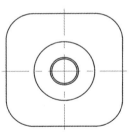

图 9-48　绘制同心圆

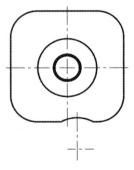

图 9-49　绘制圆弧

❺　因为左视图是一个旋转剖视图，所以需要找到左视图旋转后对应的点。在"默认"选项卡中，单击"绘图"面板中的"直线"命令按钮 ╱，绘制一条通过圆心点且与水平方向成135°夹角的直线，并将其旋转到垂直方向，如图 9-50 所示。

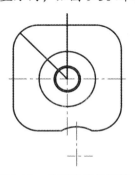

图 9-50　绘制直线并旋转

❻　利用对象捕捉和对象追踪功能，绘制左视图中间的阶梯孔的上半部分。在"默认"选项卡中，单击"绘图"面板中的"直线"命令按钮 ╱，绘制左视图外轮廓，如图 9-51 所示。

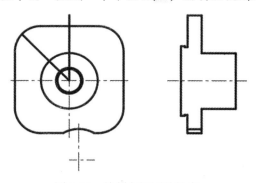

图 9-51　绘制左视图外轮廓

❼　利用对象捕捉和对象追踪功能，绘制左视图外轮廓。单击"默认"选项卡的"绘图"面板中的"直线"命令按钮 ╱，绘制左视图中间的阶梯孔的上半部分，如图 9-52 所示。

❽　在"默认"选项卡中，单击"修改"面板中的"倒角"命令按钮 ╱ 和"圆角"命令按钮 ╱，绘制左视图中间的倒角和圆角。单击"修改"面板中的"镜像"命令按钮 ⚠，根据命令行提示，对阶梯孔的上半部分进行镜像，如图 9-53 所示。

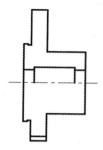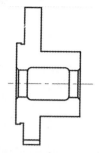

图 9-52　绘制左视图中间的阶梯孔的上半部分　　　　图 9-53　镜像阶梯孔的上半部分

❾　绘制沉头孔。将当前图层切换为"中心线"图层，在主视图上绘制直径为 110 的定位圆和与水平方向成 45°夹角的直线，确定沉头孔圆心位置。在"默认"选项卡中，单击"修改"面板中的"打断"命令按钮，将沉头孔的中心线打断，如图 9-54 所示。单击"修改"面板中的"环形阵列"命令按钮，将沉头孔围绕圆心点阵列 4 个，如图 9-54 所示。

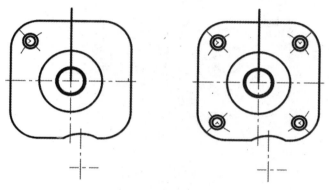

图 9-54　绘制主视图沉头孔

利用对象捕捉和对象追踪功能，通过直线、偏移、修剪命令，绘制左视图上沉头孔的投影图，如图 9-55 所示。

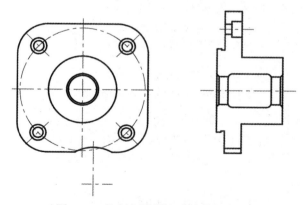

图 9-55　绘制左视图沉头孔的投影图

❿　在左视图上绘制直径为 10 的孔的投影图。在"默认"选项卡中，分别单击"修改"面板中的"偏移"命令按钮和"修剪"命令按钮，并通过夹点命令和圆命令，绘制左视图

上直径为 10 的孔的投影图，如图 9-56 所示。在"默认"选项卡中，单击"修改"面板中的"圆角"命令按钮 ⌐，在左视图上倒圆角 R7 和 R4，结果如图 9-57 所示。

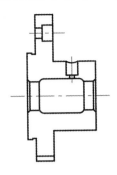

图 9-56　绘制左视图上直径为 10 的孔的投影图

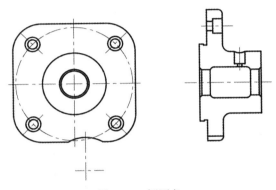

图 9-57　倒圆角

步骤二　填充剖面线和标注尺寸

❶ 将当前图层切换为"剖面线"图层，在"默认"选项卡中，单击"绘图"面板中的"图案填充"命令按钮 ▦，选择"ANSI31"图案类型，依次选择如图 9-58 所示的填充区域，单击面板中的"关闭图案填充创建"命令按钮 ✔，完成图案填充。

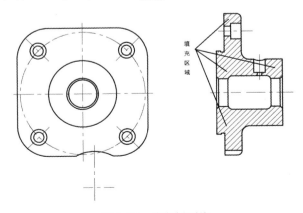

图 9-58　填充剖面线

❷ 将当前图层切换为"标注"图层，在"默认"选项卡中，单击"注释"面板中的"标注样式"命令按钮右侧的下拉按钮▼，在打开的标注样式下拉菜单中选择"线性标注"样式，单击"注释"面板中的"线性"命令按钮├─┤，标注线性尺寸，如图9-59所示。

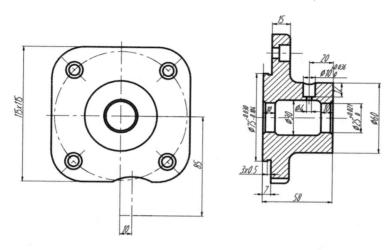

图9-59　标注线性尺寸

❸ 标注直径和半径尺寸。在"默认"选项卡中，单击"注释"面板中的"标注样式"命令按钮右侧的下拉按钮▼，在打开的标注样式下拉菜单中选择"直径标注"样式，单击"注释"面板中的"直径"命令按钮◇，标注直径尺寸；选择"半径标注"样式，单击"注释"面板中的"半径"命令按钮✓，标注半径尺寸，如图9-60所示。

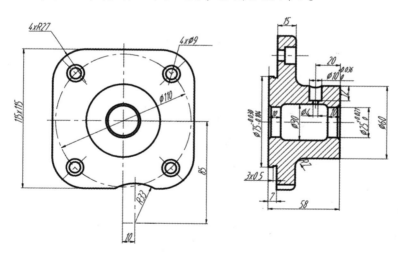

图9-60　标注直径和半径尺寸

❹ 标注角度尺寸。选择"线性标注"样式，在"默认"选项卡中，单击"注释"面板中的"角度"命令按钮△，在主视图上标注角度尺寸，如图9-61所示。

❺ 标注基准和公差尺寸。在"默认"选项卡中，单击"块"面板中的"插入"命令按钮⊡，插入在第7章建立的基准图块。单击"注释"面板中的"引线"命令按钮↗，在左视图

上绘制公差的引线，将当前标注样式切换为"形位公差"样式，在"注释"选项卡中，单击"标注"面板中的"形位公差"命令按钮 ⊕1，在弹出的"形位公差"对话框中分别设置几何公差符号、公差值和基准，单击"确定"按钮，结果如图 9-62 所示。

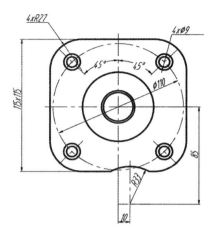

图 9-61　标注角度尺寸

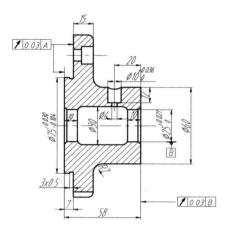

图 9-62　标注基准和公差尺寸

❻ 标注表面粗糙度。在"插入"选项卡中，单击"块"面板中的"插入"命令按钮 ，插入在第 7 章建立的粗糙度图块，结果如图 9-63 所示。

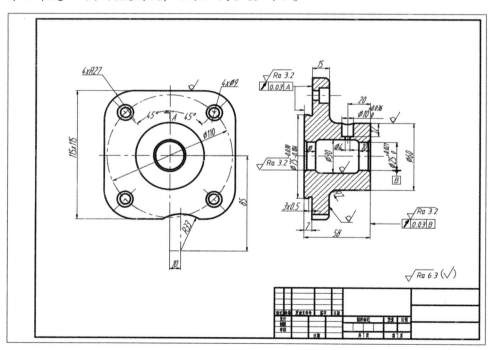

图 9-63　标注表面粗糙度

❼ 标注剖切符号、沉头孔符号和尺寸。在"默认"选项卡中，单击"绘图"面板中的"多段线"命令按钮 ，绘制剖切符号。命令行提示如下：

命令：_pline

指定起点： //在主视图左侧沉头孔的中心线延长线上选取一点；

当前线宽为 2.0000

指定下一个点或 [圆弧(A)/半宽(H)/长度(L)/放弃(U)/宽度(W)]: W

//切换到"宽度(W)"选项；

指定起点宽度 <2.0000>: 0.5 //指定多段线起点宽度为0.5；

指定端点宽度 <0.5000>: //按回车键，默认端点宽度为0.5；

指定下一个点或 [圆弧(A)/半宽(H)/长度(L)/放弃(U)/宽度(W)]: 5

//指定线段长度为5；

指定下一点或 [圆弧(A)/闭合(C)/半宽(H)/长度(L)/放弃(U)/宽度(W)]: W

//切换到"宽度(W)"选项；

指定起点宽度 <0.5000>: 0 //指定多段线起点宽度为0；

指定端点宽度 <0.0000>: //按回车键，默认端点宽度为0；

指定下一点或 [圆弧(A)/闭合(C)/半宽(H)/长度(L)/放弃(U)/宽度(W)]: 5

//指定线段长度为5；

指定下一点或 [圆弧(A)/闭合(C)/半宽(H)/长度(L)/放弃(U)/宽度(W)]: W

//切换到"宽度(W)"选项；

指定起点宽度 <0.0000>: 1 //指定多段线起点宽度为1；

指定端点宽度 <1.0000>: 0 //指定多段线端点宽度为0；

指定下一点或 [圆弧(A)/闭合(C)/半宽(H)/长度(L)/放弃(U)/宽度(W)]: 3.5

//指定箭头长度为3.5；

命令：_pline

指定起点： //指定多段线起点位置；

当前线宽为 0.0000

指定下一个点或 [圆弧(A)/半宽(H)/长度(L)/放弃(U)/宽度(W)]: W

//切换到"宽度(W)"选项；

指定起点宽度 <0.0000>: 0.5 //指定多段线起点宽度为0.5；

指定端点宽度 <0.5000>: //按回车键，默认端点宽度为0.5；

指定下一个点或 [圆弧(A)/半宽(H)/长度(L)/放弃(U)/宽度(W)]: 5

//指定线段长度为5；

指定下一点或 [圆弧(A)/闭合(C)/半宽(H)/长度(L)/放弃(U)/宽度(W)]: 5

//指定线段长度为5；

命令：_pline

指定起点：_nea 到

当前线宽为 0.5000

指定下一个点或 [圆弧(A)/半宽(H)/长度(L)/放弃(U)/宽度(W)]: 5

指定下一点或 [圆弧(A)/闭合(C)/半宽(H)/长度(L)/放弃(U)/宽度(W)]: 5

命令：_pline

指定起点：_nea 到

当前线宽为 0.5000

指定下一个点或 [圆弧(A)/半宽(H)/长度(L)/放弃(U)/宽度(W)]: 5

指定下一点或 [圆弧(A)/闭合(C)/半宽(H)/长度(L)/放弃(U)/宽度(W)]: 3

命令：_pline

指定起点：_nea 到

当前线宽为 0.5000

指定下一个点或 [圆弧(A)/半宽(H)/长度(L)/放弃(U)/宽度(W)]: 5

指定下一点或 [圆弧(A)/闭合(C)/半宽(H)/长度(L)/放弃(U)/宽度(W)]: 3

命令：_pline

指定起点：

当前线宽为 0.5000

指定下一个点或 [圆弧(A)/半宽(H)/长度(L)/放弃(U)/宽度(W)]: 5

指定下一点或 [圆弧(A)/闭合(C)/半宽(H)/长度(L)/放弃(U)/宽度(W)]: W

指定起点宽度 <0.5000>: 0

指定端点宽度 <0.0000>:   //按回车键；

指定下一点或 [圆弧(A)/闭合(C)/半宽(H)/长度(L)/放弃(U)/宽度(W)]: 5

指定下一点或 [圆弧(A)/闭合(C)/半宽(H)/长度(L)/放弃(U)/宽度(W)]: W

指定起点宽度 <0.0000>: 1

指定端点宽度 <1.0000>: 0

指定下一点或 [圆弧(A)/闭合(C)/半宽(H)/长度(L)/放弃(U)/宽度(W)]: 3.5

绘制的剖切符号如图 9-64 所示。

在"默认"选项卡中，单击"块"面板中的"插入"命令按钮，插入前面所建立的沉头孔符号和深度符号图块，并通过文字输入框书写直径、深度和公差数值，将其移动到合适的位置，结果如图 9-65 所示。

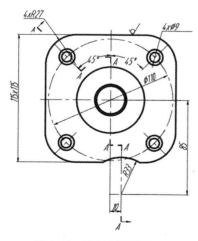

图 9-64　绘制剖切符号

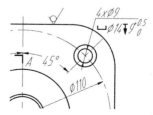

图 9-65　标注沉头孔和深度符号

❽ 书写技术要求和标题栏。将"文字"图层切换为当前图层，在"默认"选项卡中，单击"注释"面板中的"文字"命令按钮 **A**，在文字输入框中书写技术要求，并填写标题栏，结果如图 9-66 所示。

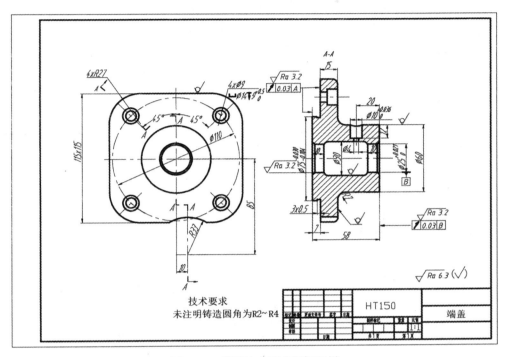

图 9-66　书写技术要求和标题栏

9.1.3　叉架类零件图的绘制

在机械制图中，叉架类零件也很常见。叉架类零件包括各种用途的拨叉和支架，如图 9-67 所示。拨叉主要用在机床、内燃机等各种机器的操纵机构上，用于操纵机器、调节速度。支架主要起支撑和连接的作用。

图 9-67　叉架类零件

叉架类零件一般都是铸件或锻件毛坯，毛坯形状较为复杂，需要经过不同的机械加工，而且加工位置难以分出主次。所以在选主视图时，主要按形状特征和工作位置（或自然位置）确定。

叉架类零件的结构形状较为复杂，一般都需要两个以上的视图。由于它的某些结构形状不平行于基本投影面，所以常常采用斜视图、斜剖视图和剖面图来表示。对于零件上的一些内部几何结构形状，可采用局部剖视；对于某些较小的结构，可采用局部放大视图。

下面以托架零件（见图9-68）为例，讲述使用 AutoCAD 2022 绘制托架零件图的方法与步骤。

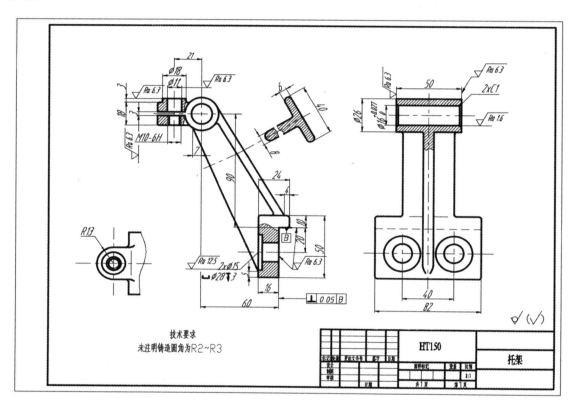

图 9-68　托架零件图

步骤一　绘制图形

❶ 根据如图 9-68 所示的托架的尺寸和图形，确定选用 A3 图幅，打开已经建立好的 A3 样板图。将"中心线"图层切换为当前图层，在"默认"选项卡中，单击"绘图"面板中的"直线"命令按钮/，绘制主视图和左视图中心线，如图 9-69 所示。

❷ 将"粗实线"图层切换为当前图层，利用直线、偏移、修剪、夹点、删除命令，绘制托架外轮廓，如图 9-70 所示。

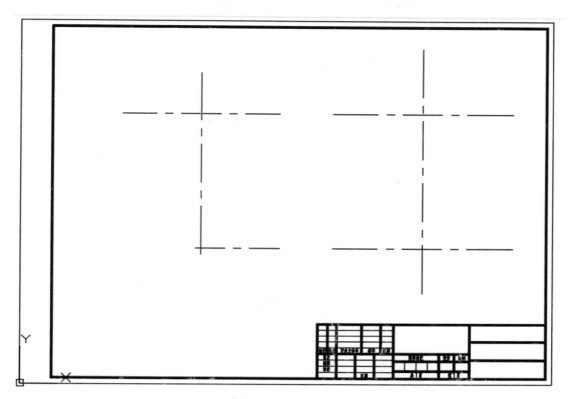

图 9-69　绘制中心线

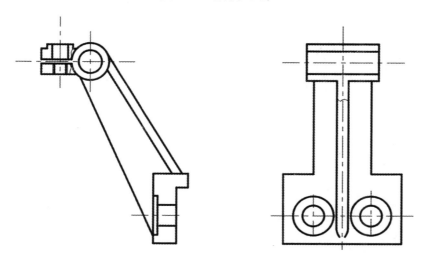

图 9-70　绘制托架外轮廓

❸ 绘制断面图。先将"中心线"图层切换为当前图层，在主视图上绘制中心线，再将"粗实线"图层切换为当前图层，并利用直线、圆、偏移、修剪、删除命令，绘制托架断面图，如图 9-71 所示。

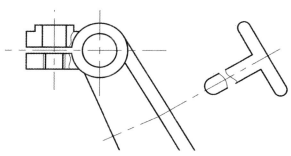

图 9-71   绘制托架断面图

❹ 绘制向视图。先将"中心线"图层切换为当前图层，在主视图上绘制中心线，再将"粗实线"图层切换为当前图层，并利用直线、圆、偏移、修剪、删除命令，绘制托架向视图，如图 9-72 所示。

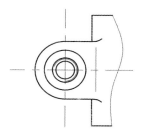

图 9-72   绘制托架向视图

❺ 绘制托架铸造圆角。在"默认"选项卡中，单击"修改"面板中的"圆角"命令按钮 ，绘制托架铸造圆角，如图 9-73 所示。

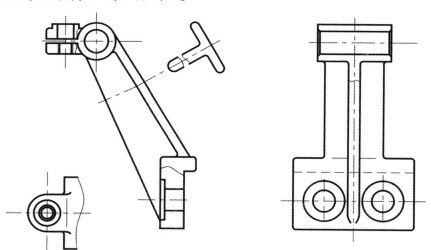

图 9-73   绘制托架铸造圆角

❻ 填充剖面线。将当前图层切换为"剖面线"图层，在"默认"选项卡中，单击"绘图"面板中的"图案填充"命令按钮 ，选择"ANSI31"图案类型，依次选择如图 9-74 所示的填充区域，单击面板中的"关闭图案填充创建"命令按钮 ，完成图案填充。

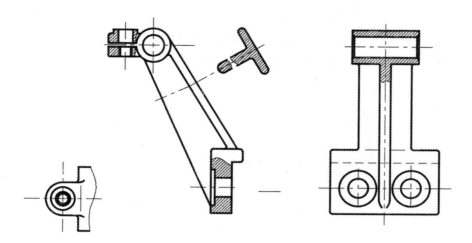

图 9-74　填充剖面线

步骤二　标注尺寸

❶ 将当前图层切换为"标注"图层，在"默认"选项卡中，单击"注释"面板中的"标注样式"命令按钮右侧的下拉按钮 ▾，在打开的"管理标注样式"下拉列表中选择"线性标注"选项，单击"注释"面板中的"线性"命令按钮 ┠┤，标注线性尺寸，如图 9-75 所示。

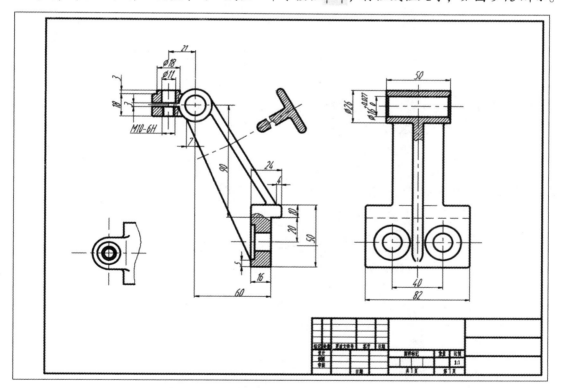

图 9-75　标注线性尺寸

❷ 标注断面图和向视图尺寸。在"默认"选项卡中，单击"注释"面板中的"对齐"命

令按钮 ，标注断面图上的对齐尺寸。将"半径标注"样式置为当前样式，单击"注释"面板中的"半径"命令按钮 ，标注半径尺寸，如图 9-76 所示。

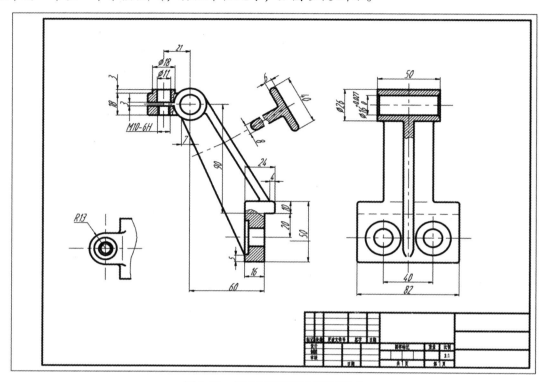

图 9-76 标注断面图和向视图尺寸

❸ 设置多重引线样式。单击菜单栏中的"格式"→"多重引线样式"命令，弹出如图 9-77 所示的"多重引线样式管理器"对话框，单击"修改"按钮，将"引线格式"选项卡中的"箭头"选项组中的"符号"设置为"无"，如图 9-78 所示。将"内容"选项卡中的"多重引线类型"设置为"多行文字"，并将"引线连接"选项组中的"连接位置-左"和"连接位置-右"设置为"最后一行加下画线"，如图 9-78 所示，单击"确定"按钮。

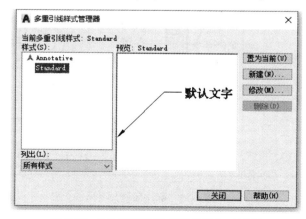

图 9-77 "多重引线样式管理器"对话框

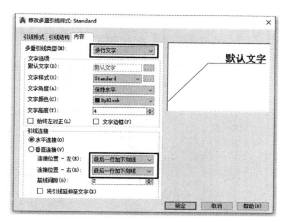

图 9-78　"修改多重引线样式：Standard"对话框

❹ 标注倒角尺寸。将"标注"图层切换为当前图层，在"默认"选项卡中，单击"注释"面板中的"引线"命令按钮 ，在左视图上标注倒角尺寸，如图 9-79 所示。

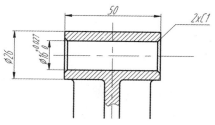

图 9-79　标注倒角尺寸

❺ 标注沉头孔尺寸。在"默认"选项卡中，单击"注释"面板中的"引线"命令按钮 ，在主视图上标注沉头孔尺寸。在"默认"选项卡中，单击"块"面板中的"插入"命令按钮 ，插入在前面的案例中建立的沉头孔符号和深度符号图块，并通过文字输入框书写直径、深度数值，将其移动到合适的位置，结果如图 9-80 所示。

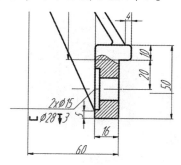

图 9-80　标注沉头孔尺寸

❻ 标注基准和表面粗糙度。在"默认"选项卡中，单击"块"面板中的"插入"命令按钮 ，分别插入在第 7 章建立的基准图块和表面粗糙度图块，如图 9-81 所示。

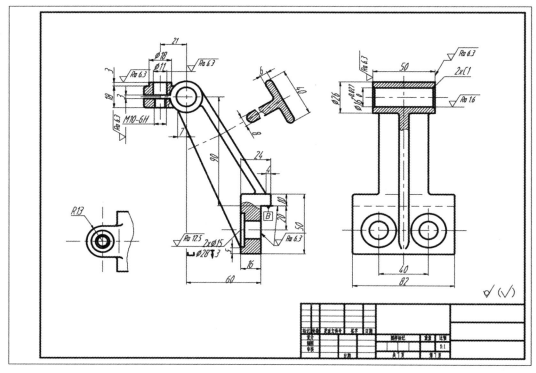

图 9-81　标注基准和表面粗糙度

❼　新建多重引线样式。单击菜单栏中的"格式"选项卡的"多重引线样式"命令，弹出"多重引线样式管理器"对话框，单击"新建"按钮，在弹出的"创建新多重引线样式"对话框中输入新样式名为"形位公差"，单击"继续"按钮。系统弹出"修改多重引线样式：形位公差"对话框，如图 9-82 所示，将"引线格式"选项卡中的"箭头"选项组中的"符号"设置为"实心闭合"，将"内容"选项卡中的"多重引线类型"设置为"无"，如图 9-83 所示，单击"确定"按钮。

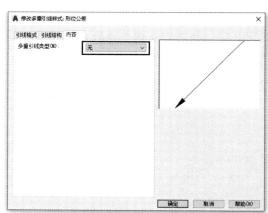

图 9-82　"修改多重引线样式：形位公差"对话框　　　　图 9-83　"内容"选项卡

❽　标注几何公差。在"默认"选项卡中，单击"注释"面板中的"引线"命令按钮，

在主视图右下侧标注引线，如图 9-84 所示。将当前标注样式切换为"形位公差"样式，在"注释"选项卡中，单击"标注"面板中的"形位公差"命令按钮，在弹出的"形位公差"对话框中分别设置几何公差符号、公差值和基准，单击"确定"按钮，结果如图 9-84 所示。

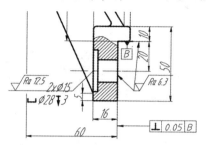

图 9-84　标注几何公差

❾ 书写技术要求和标题栏。将"文字"图层切换为当前图层，在"默认"选项卡中，单击"注释"面板中的"文字"命令按钮 **A**，在文字输入框中书写技术要求，并填写标题栏，结果如图 9-85 所示。

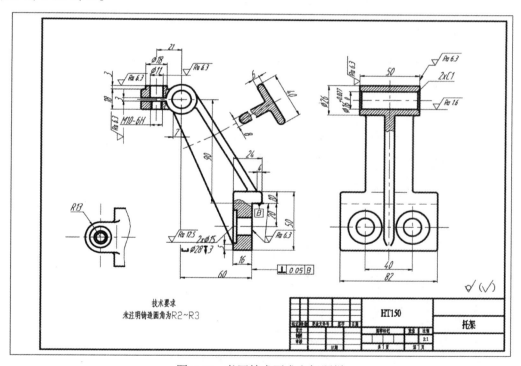

图 9-85　书写技术要求和标题栏

9.1.4　箱体类零件图的绘制

箱体类零件多为铸件，一般可起支承、容纳、定位和密封等作用，如图 9-86 所示。箱体类零件一般较为复杂，为了清楚、完整地表达其复杂的内、外部结构形状，所采用的视图较多，以能反映箱体工作状态和表达箱体结构与形状特征为选择主视图的出发点。箱体类零件的功能特点决定了其结构和加工要求的重点在于内腔，所以大量地采用剖视画法。选取剖视图时，一般以把完整孔形剖出为原则，当轴孔不在同一平面时，要善于使用局部剖视、阶梯剖视和复合剖视来表达。

图 9-86　箱体类零件

当箱体类零件的外部结构形状简单，内部结构形状复杂且具有对称平面时，可采用半剖视；当外部结构形状复杂，内部结构形状简单且具有对称平面时，可采用局部剖视或用虚线表示；当内、外部结构形状都较复杂且投影并不重叠时，也可采用局部剖视；当内、外部结构形状都较复杂且投影重叠时，外部结构形状和内部结构形状应分别表达；对局部的内、外部结构形状可采用局部视图、局部剖视和剖面图来表示。

本节以虎钳中的钳座零件（见图 9-87）为例，讲述使用 AutoCAD 2022 绘制箱体类零件的方法与步骤。

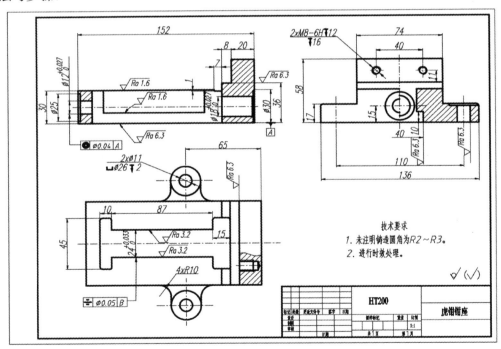

图 9-87　钳座零件图

步骤一　绘制图形

❶ 根据如图 9-87 所示钳座的尺寸和图形，确定选用 A3 图幅，打开已经建立好的 A3 样板图。将"中心线"图层切换为当前图层，在"默认"选项卡中，单击"绘图"面板中的"直线"命令按钮，绘制主视图和左视图中心线，如图 9-88 所示。

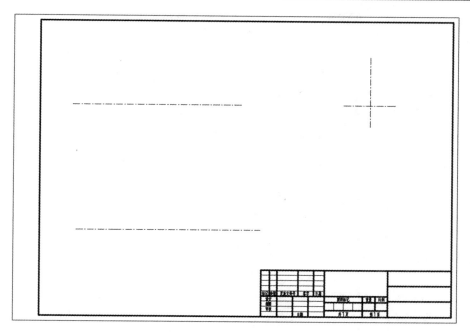

图 9-88　绘制中心线

❷ 将"粗实线"图层切换为当前图层，利用直线、偏移、修剪、夹点、删除命令，绘制钳座的 3 个视图，如图 9-89 所示。

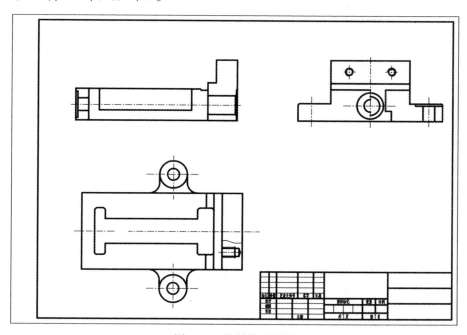

图 9-89　绘制钳座视图

❸ 填充剖面线。将当前图层切换为"剖面线"图层，在"默认"选项卡中，单击"绘图"面板中的"图案填充"命令按钮▨，选择"ANSI31"图案类型，依次选择如图 9-90 所示的填充区域，单击面板中的"关闭图案填充创建"命令按钮✔，完成图案填充。

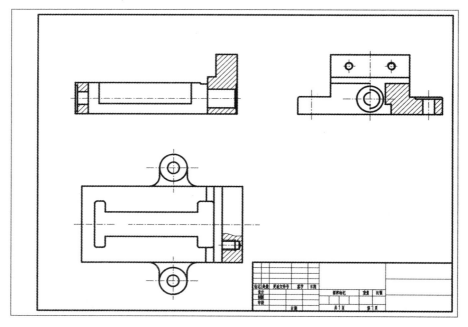

图 9-90　填充剖面线

步骤二　标注尺寸

❶ 将当前图层切换为"标注"图层，在"默认"选项卡中，单击"注释"面板中的"标注样式"命令按钮右侧的下拉按钮▾，在打开的"管理标注样式"下拉列表中选择"线性标注"选项，单击"注释"面板中的"线性"命令按钮⊢⊣，标注线性尺寸，如图 9-91 所示。

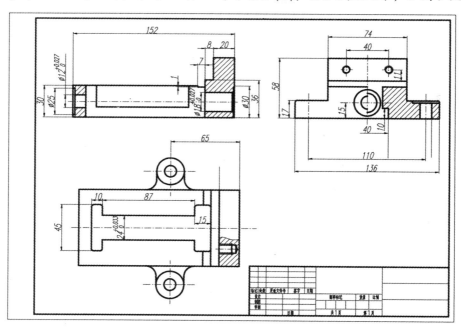

图 9-91　标注线性尺寸

❷ 标注直径和半径尺寸。在"默认"选项卡中，单击"注释"面板中的"标注样式"命令按钮右侧的下拉按钮 ▼，在打开的"管理标注样式"下拉列表中选择"直径标注"选项，单击"注释"面板中的"直径"命令按钮 ⊘，标注直径尺寸；选择"半径标注"标注样式，单击"注释"面板中的"半径"命令按钮 ⌒，标注半径尺寸，如图9-92所示。

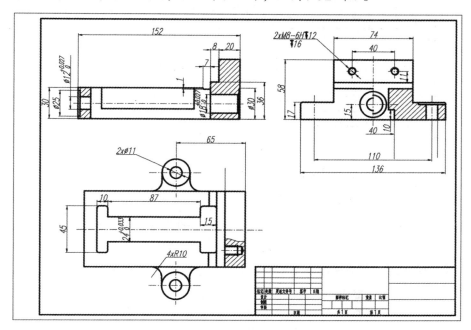

图9-92 标注直径和半径尺寸

❸ 标注沉头孔和深度符号。在"插入"选项卡中，单击"块"面板中的"插入"命令按钮 ，插入在前面的案例中建立的沉头孔符号和深度符号图块，并通过文字输入框书写直径、深度数值，将其移动到合适的位置，结果如图9-93所示。

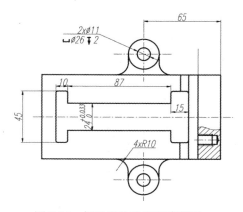

图9-93 标注沉头孔和深度符号

❹ 标注基准和表面粗糙度。在"默认"选项卡中，单击"块"面板中的"插入"命令按钮 ，分别插入在第7章建立的基准图块和表面粗糙度图块，如图9-94所示。

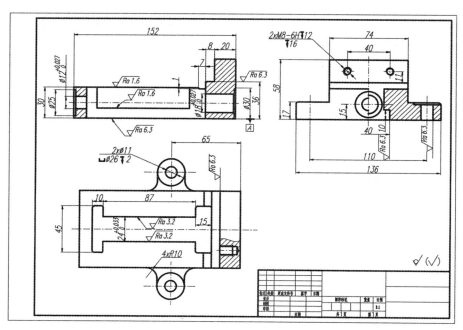

图 9-94　标注基准和表面粗糙度

❺ 标注几何公差。参考前面的实例，建立"形位公差"多重引线样式。在"默认"选项卡中，单击"注释"面板中的"引线"命令按钮 ，在主视图和俯视图上标注引线。将当前标注样式切换为"形位公差"样式，在"注释"选项卡中，单击"标注"面板中的"形位公差"命令按钮 ，在弹出的"形位公差"对话框中分别设置几何公差符号、公差值和基准，单击"确定"按钮，结果如图 9-95 所示。

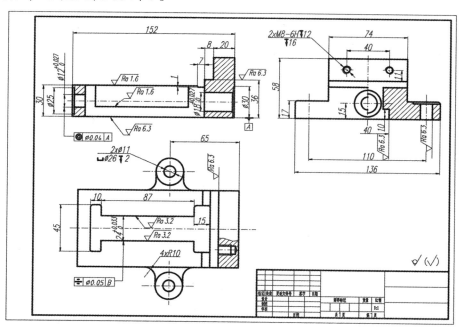

图 9-95　标注几何公差

❻ 书写技术要求和标题栏。将"文字"图层切换为当前图层，在"默认"选项卡中，单击"注释"面板中的"文字"命令按钮 **A**，在文字输入框中书写技术要求，并填写标题栏，结果如图 9-96 所示。

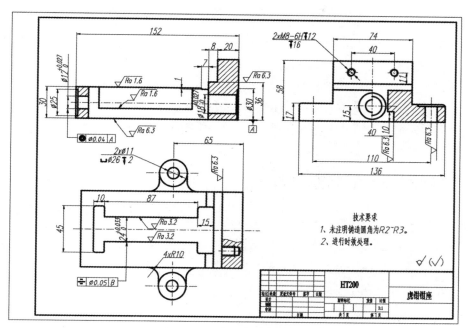

图 9-96　书写技术要求和标题栏

9.2　绘制装配图

装配图是表示一部机器或一个部件的图样。装配图表达了机器或部件的工作原理、性能要求和零件之间的装配关系等，是对机器或部件进行装配、调整、使用和维修的依据。

一张完整的装配图应包括下列基本内容。

- 一组视图。用一般表达方法和特殊表达方法，正确、清晰、简便地表达机器或部件的工作原理，零件间的装配关系，零件的主要结构与形状等。

- 必要的尺寸。根据装配图拆画零件图，以及根据装备、检验、安装、使用机器的需要，装配图中必须标注出反映机器或部件的性能、规格、安装情况，部件或零件的相对位置、配合要求和机器的总体大小等尺寸数据。

- 技术要求。用文字和符号标注出机器或部件在质量、装配、检验、使用等方面的要求。

- 标题栏。说明机器或部件的名称、图号、比例、设计单位、制图人、审核人、设计日期等。

- 编号和明细栏。为了满足生产和管理上的需要，在装配图上按一定的格式对零部件进行编号并填写在明细栏中。

装配图不是制造零件的直接依据。因此，在装配图中不需要标注零件的全部尺寸，而只需要标注一些必要的尺寸。在装配图中主要标注以下几种尺寸。

- 性能（规格）尺寸。表示机器或部件性能（规格）的尺寸，该尺寸在设计时已经被确定，是设计、了解和选用该机器或部件的依据。
- 装配尺寸。包括零件间配合性质的尺寸、零件间相对位置的尺寸、装配时进行加工的尺寸。
- 安装尺寸。在安装机器或部件时所需的尺寸。
- 外形尺寸。表示机器或部件外形轮廓的大小，即总长、总宽和总高。
- 其他重要尺寸。如运动零件的极限尺寸、主体零件的重要尺寸等。

9.2.1　装配图的一般绘制过程

装配图的绘制过程与零件图相似，但又有其自身的特点。装配图的一般绘制过程如下。

（1）在绘制装配图之前，同样需要根据图纸幅面大小和版式的不同，分别建立符合机械制图国家标准的若干机械图样模板。模板中包括图纸幅面、图层、使用文字的一般样式和尺寸标注的一般样式等。在绘制装配图时，可以直接调用建立好的模板进行绘图，这样有利于提高工作效率。

（2）使用绘制装配图的方法绘制完成装配图（这些方法将在 9.2.2 节做详细介绍）。

（3）对装配图进行尺寸标注。

（4）编写零部件序号。用快速引线标注命令 QLEADER 绘制序号的指引线及注写序号。

（5）绘制明细栏（也可以将明细栏的单元格创建为图块，在使用时插入即可），填写标题栏及明细栏，书写技术要求。

（6）保存图形文件。

绘制装配图的方法一般有两种：一种是从头开始直接绘制装配图，另一种是根据零件图拼装装配图。

9.2.2　采用直接绘制法绘制二维装配图

直接绘制法，即根据装配体结构直接绘制整个装配图，适用于绘制比较简单的装配图。本节通过滑动轴承装配图（见图 9-97）的绘制过程来说明采用直接绘制法绘制装配图的方法与步骤。此外，在该实例中还将重点介绍装配图中序号的标注方法和明细栏的绘制方法。

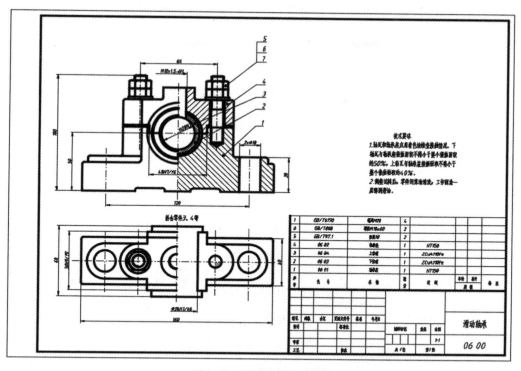

图 9-97　滑动轴承装配图

步骤一　绘制图形

❶ 根据如图 9-97 所示滑动轴承装配图的尺寸和图形，确定选用 A3 图幅，打开已经建立好的 A3 样板图。将"中心线"图层切换为当前图层，在"默认"选项卡中，单击"绘图"面板中的"直线"命令按钮╱，绘制主视图和俯视图中心线，如图 9-98 所示。

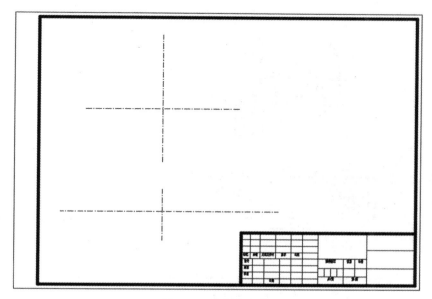

图 9-98　绘制中心线

❷ 将"粗实线"图层切换为当前图层，利用直线、偏移、修剪、夹点、打断、删除等命令，绘制滑动轴承装配图的主视图，如图 9-99 所示。

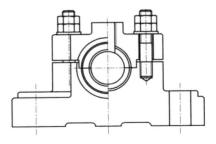

图 9-99　绘制主视图

❸ 采用同样的方法，绘制滑动轴承装配图的俯视图，如图 9-100 所示。

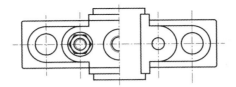

图 9-100　绘制俯视图

❹ 填充剖面线。将当前图层切换为"剖面线"图层，在"默认"选项卡中，单击"绘图"面板中的"图案填充"命令按钮▨，选择"ANSI31"图案类型，通过角度和比例调整剖面线的方向和稀疏，依次选择如图 9-101 所示的填充区域，单击面板中的"关闭图案填充创建"命令按钮✔，完成图案填充。

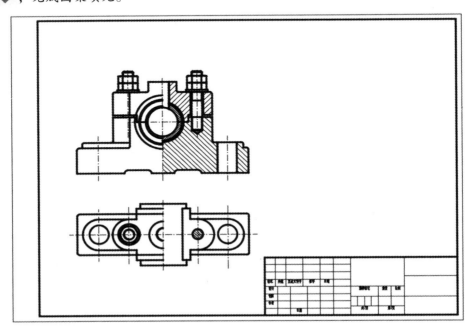

图 9-101　填充剖面线

❺ 标注尺寸。根据装配图的要求，标注滑动轴承的特征尺寸、零件之间的配合尺寸、安装尺寸、外形尺寸及其他重要尺寸，如图 9-102 所示。

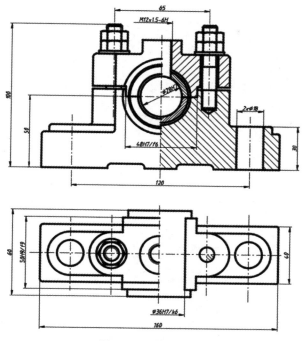

图 9-102　标注尺寸

步骤二　编写零件序号

❶ 设置多重引线样式。在"默认"选项卡中，单击"注释"面板中的"多重引线样式"命令按钮 ，系统弹出"多重引线样式管理器"对话框，如图 9-103 所示。在"多重引线样式管理器"对话框中，单击 新建(N)... 按钮，弹出"创建新多重引线样式"对话框，将新样式名设为"零件序号"，单击"继续"按钮，弹出"修改多重引线样式：零件序号"对话框，如图 9-104 所示。

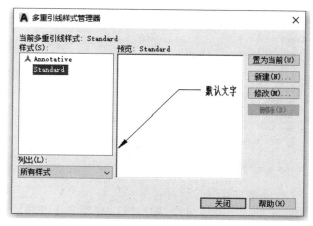

图 9-103　"多重引线样式管理器"对话框

图 9-104 "修改多重引线样式：零件序号"对话框

❷ 在"引线格式"选项卡中，将"箭头"选项组中的"符号"设置为"点"，如图 9-104 所示。在"内容"选项卡中，将"文字样式"设置为"工程字体"，将"引线连接"选项组中的"连接位置–左"和"连接位置–右"设置为"最后一行加下画线"，如图 9-105 所示。单击"确定"按钮，返回"多重引线样式管理器"对话框，单击"置为当前"按钮，关闭对话框即可。

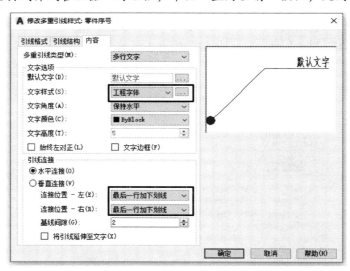

图 9-105 "内容"选项卡

❸ 单击"注释"面板中的"引线"命令按钮 ，分别在主视图上标注对应的零件序号，如图 9-106 所示。

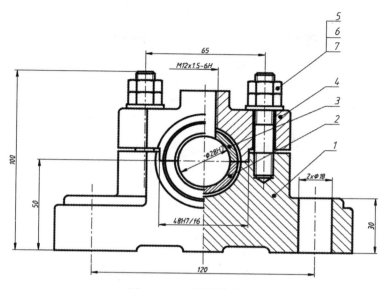

图 9-106　标注零件序号

步骤三　绘制明细栏

❶ 在"默认"选项卡中，单击"注释"面板中的"表格样式"命令按钮▦，弹出"表格样式"对话框，单击"新建"按钮，弹出"创建新的表格样式"对话框，在"新样式名"文本框中输入文本"明细栏"，如图 9-107 所示。

❷ 单击"继续"按钮，弹出"修改表格样式：明细栏"对话框，如图 9-108 所示。将"表格方向"设置为"向下"；将"单元样式"设置为"数据"；在"常规"选项卡中，将"特性"选项组中的"对齐"设置为"左中"，将"页边距"选项组中的"水平"设置为"1"，"垂直"设置为"0.2"，其余选项均采用默认选项。

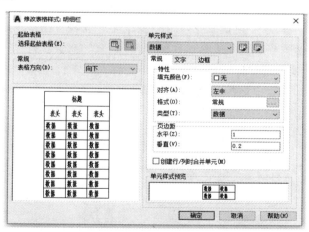

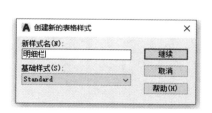

图 9-107　"创建新的表格样式"对话框　　　图 9-108　"修改表格样式：明细栏"对话框

❸ 在"文字"选项卡的"文字样式"下拉列表中选择"机械标注"样式，如图 9-109 所示。

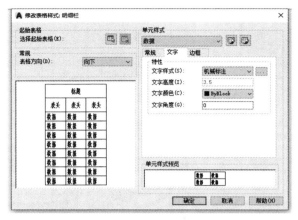

图 9-109　设置文字样式

❹　单击"确定"按钮，返回"表格样式"对话框，即建立了名为"明细栏"的表格样式，如图 9-110 所示，将"明细栏"样式置为当前样式，并关闭该对话框。

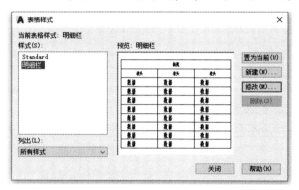

图 9-110　"表格样式"对话框

❺　在"默认"选项卡中，单击"注释"面板中的"表格"命令按钮▦，系统弹出"插入表格"对话框，如图 9-111 所示。设置"列数"为"8"，"列宽"为"20"，"数据行数"为"7"，"行高"为"1"，在"第一行单元样式"下拉列表中选择"数据"选项，在"第二行单元样式"下拉列表中选择"数据"选项。

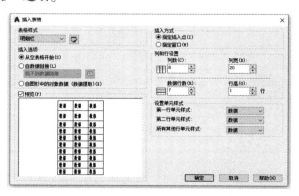

图 9-111　"插入表格"对话框

❻ 单击"确定"按钮，根据命令行提示确定表格的位置，先任意放置在一个地方，如图 9-112 所示。

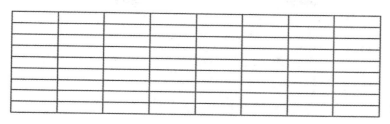

图 9-112　插入表格

❼ 双击表格，系统弹出"特性"选项板，选取第 9 行第 A 列单元格，如图 9-113 所示。在"单元宽度"编辑框中将数值设置为"8"，在"单元高度"编辑框中将数值设置为"7"。采用同样的方式分别选择不同的单元格，将对应的单元格宽度、高度、线宽和表格样式修改为如图 9-114 所示的尺寸，结果如图 9-115 所示。

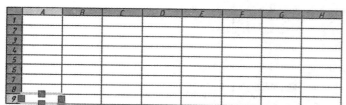

图 9-113　设置单元格宽度和高度

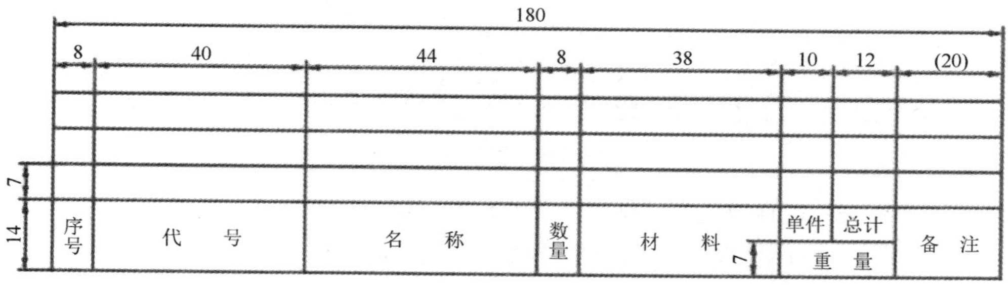

图 9-114　国家标准规定的明细栏格式

图 9-115　绘制明细栏

❽ 在"默认"选项卡中，单击"修改"面板中的"移动"命令按钮 ✛，将绘制好的明细栏移动到标题栏的上方，如图 9-116 所示。

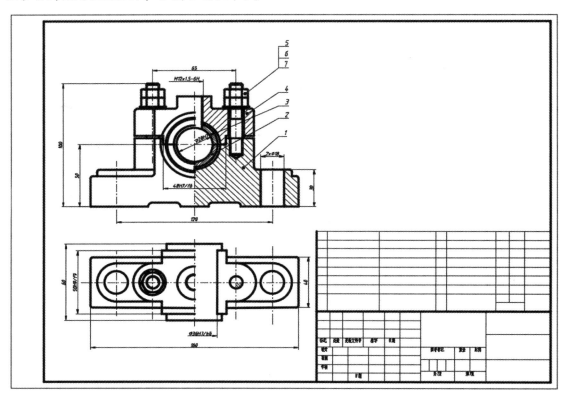

图 9-116　移动明细栏

❾ 书写技术要求、标题栏和明细栏。将"文字"图层切换为当前图层，在"默认"选项卡中，单击"注释"面板中的"文字"命令按钮 **A**，在文字输入框中书写技术要求，并填写标题栏和明细栏，结果如图 9-117 所示。

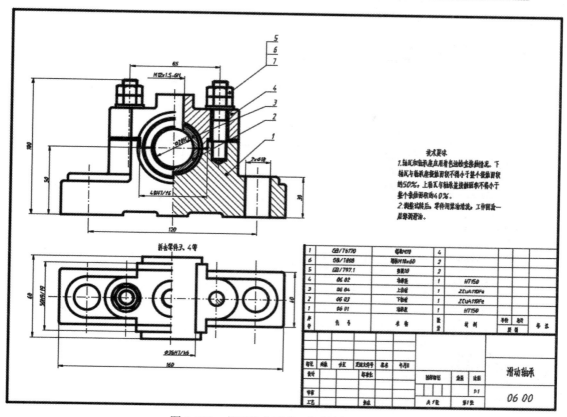

图 9-117　书写技术要求、标题栏和明细栏

9.2.3　根据已有的零件图拼装二维装配图

如果之前已经绘制好了组成装配体的各个零件的零件图，就可以根据这些零件图拼装成装配图，不需要从头开始一步步绘制。

本节以铣刀头的装配图（见图 9-118）为例，讲述根据已有的零件图拼装二维装配图的一般方法与步骤。

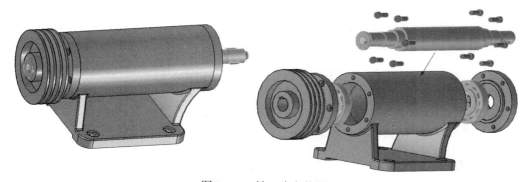

图 9-118　铣刀头立体图

❶ 用前面所讲的方法绘制铣刀头各零件的零件图，并将其保存在指定的目录下，方便以后调用。铣刀头整个装配体包括 15 个零件。其中，螺栓、轴承、挡圈等都是标准件，可以根据规格、型号从用户建立的标准图形库调用或按国家标准绘制。轴的零件图如图 9-119 所示，底座零件图如图 9-120 所示，其他零件的零件图如图 9-121 和图 9-122 所示。

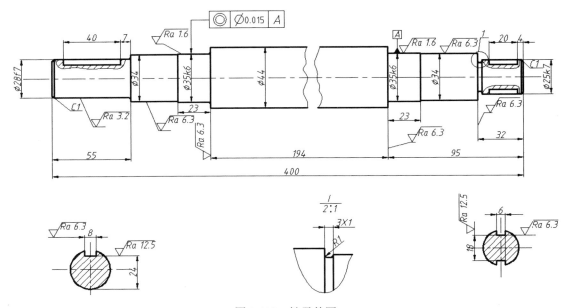

图 9-119　轴零件图

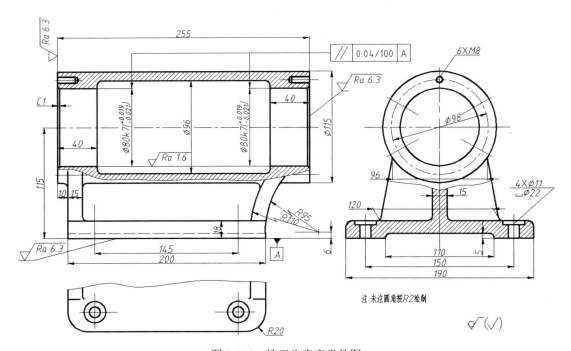

图 9-120　铣刀头底座零件图

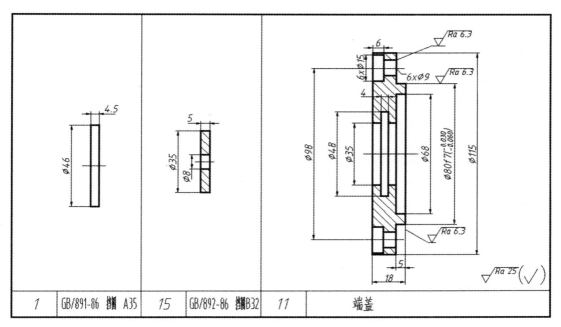

图 9-121 垫片、挡圈和端盖零件图

| 1 | GB/891-86 挡圈 A35 | 15 | GB/892-86 挡圈B32 | 11 | 端盖 |

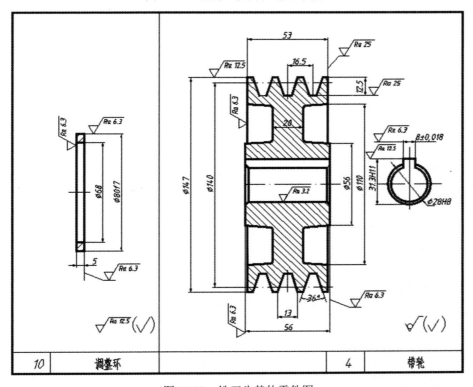

图 9-122 铣刀头其他零件图

| 10 | 调整环 | 4 | 带轮 |

❷ 选择主视图。部件的主视图通常按工作位置画出，并选择能反映部件的装配关系、工作原理和主要零件的结构特点的方向作为主视图的投射方向。将铣刀头（见图9-118）的轴线

方向作为主视图的投射方向，并作剖视，可以清楚地表达各主要零件的结构形状、装配关系及工作原理。

❸ 插入底座。在"视图"选项卡中，单击"选项板"面板中的"设计中心"图标按钮▦，打开"设计中心"窗口，如图 9-123 所示。在文件夹列表中找到铣刀头零件图的存储位置，在内容显示框中选择要插入的图形文件，如铣刀头底座零件图（图 9-120.dwg），按住鼠标左键不放，将图形文件拖入绘图区空白处，释放鼠标左键，座体零件图就被插入绘图区了。

图 9-123 "设计中心"窗口

❹ 插入左端盖。用同样的方法，插入左端盖。为了保证插入准确，应充分使用缩放命令和对象捕捉功能，利用擦除和修剪命令删除或修剪多余的线条，修改后的图形如图 9-124 所示。

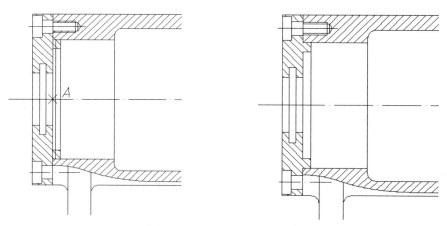

图 9-124 插入底座及左端盖

❺ 插入螺钉和左端轴承。插入螺钉，删除、修剪多余的线条，如图 9-125 所示。注意相邻两个零件的剖面线方向和间隔，以及螺纹联接等要符合制图标准中装配图的规定画法。插入左端轴承，并修改图形，如图 9-126 所示。

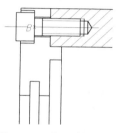

图 9-125　插入螺钉

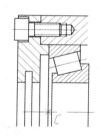

图 9-126　插入左端轴承

❻ 重复以上步骤，依次插入右端轴承、端盖和螺钉等，并修改图形，如图 9-127 所示。

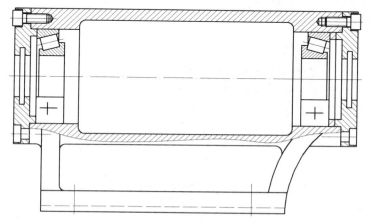

图 9-127　插入右端轴承、端盖、螺钉等

❼ 插入轴，修改后如图 9-128 所示。

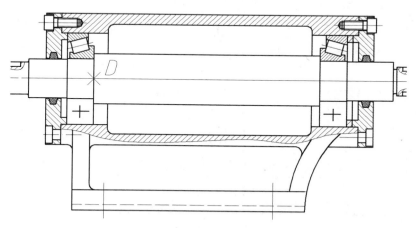

图 9-128　插入轴

❽ 插入带轮及轴端挡圈，按规定画法绘制键，如图 9-129 所示。

❾ 绘制铣刀、键，插入轴端挡板等，如图 9-130 所示，并对图形局部进行修改。用相同的方法拼装出装配图的左视图。

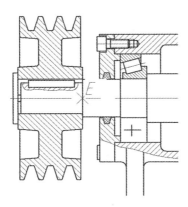

图 9-129　插入带轮及轴端挡圈

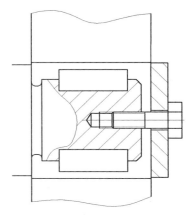

图 9-130　绘制铣刀、键，插入轴端挡板等

⑩ 标注装配图尺寸并书写明细栏。对于装配图中的所有零件都必须编写序号，其中相同的零件采用同样的序号，一般只标注一次。装配图中的序号应与明细栏中的序号一致，明细栏中的序号自下往上填写，最后书写技术要求，并填写标题栏，结果如图 9-131 所示。

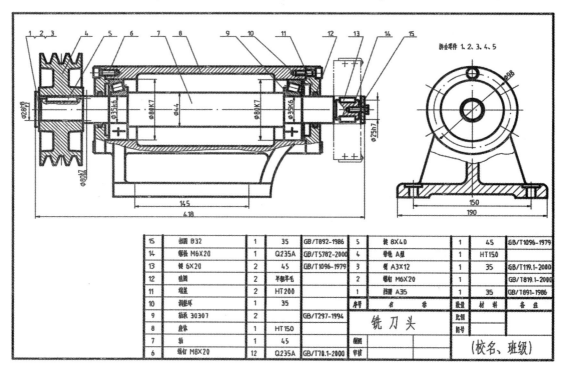

图 9-131　铣刀头装配图

9.3　课后练习

绘制如图 9-132 所示的台钳零件图，并通过拼装法绘制如图 9-133 所示的台钳装配图。

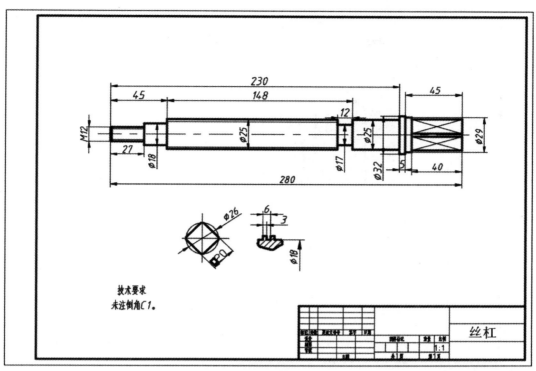

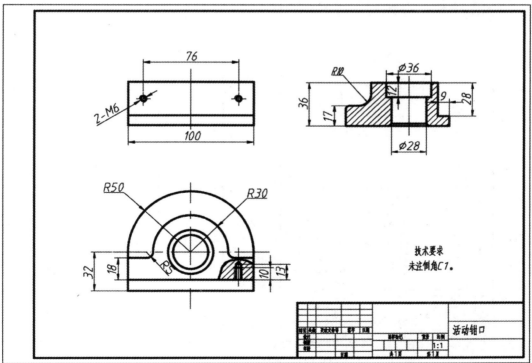

图 9-132　台钳零件图

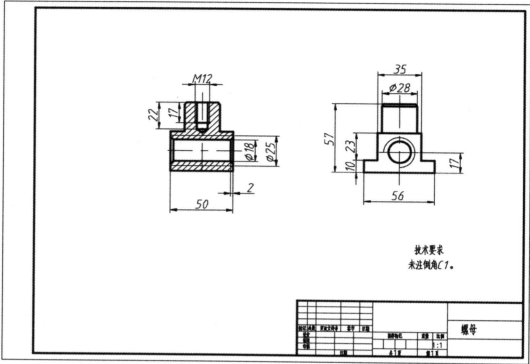

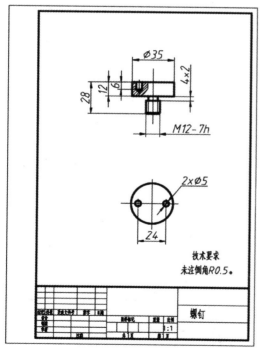

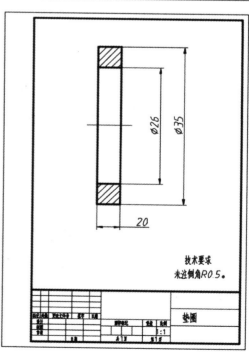

图 9-132　台钳零件图（续）

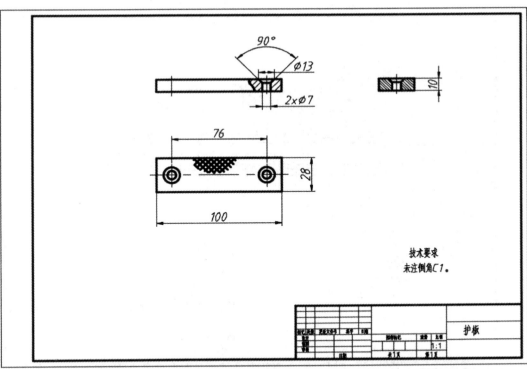

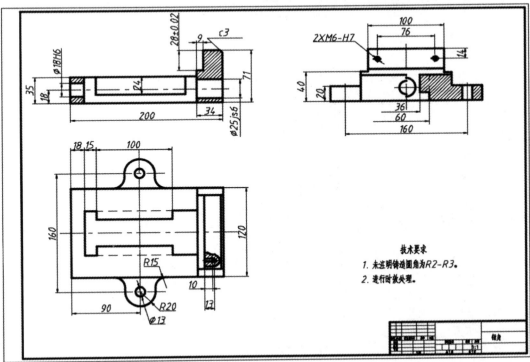

图 9-132　台钳零件图（续）

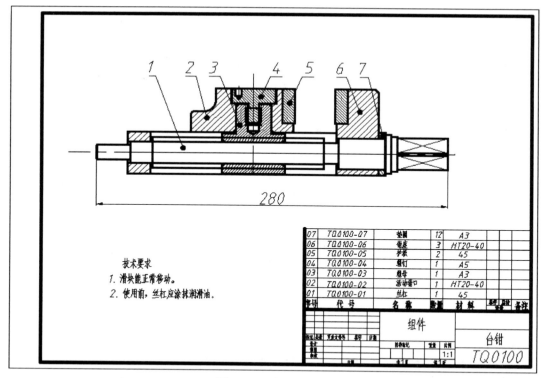

技术要求
1. 滑块能正常移动。
2. 使用前，丝杠应涂抹润滑油。

07	TQ0100-07	垫圈	12	A3		
06	TQ0100-06	钳座	3	HT20-40		
05	TQ0100-05	护板	2	45		
04	TQ0100-04	螺钉	1	A5		
03	TQ0100-03	螺母	1	A3		
02	TQ0100-02	活动钳口	1	HT20-40		
01	TQ0100-01	丝杠	1	45		
序号	代 号	名 称	数量	材 料	单件 总计	备注

			组件		台钳
标记 处数	更改文件号	签字 日期			
设计			阶段标记	重量 比例	TQ0100
审核				1:1	
工艺			共1张	第1张	

图 9-133   台钳装配图

参考文献

[1] 汤爱君，段辉，陈清奎，等.AutoCAD 2017 中文版工程制图[M]. 北京：机械工业出版社，2018.

[2] 詹建新，李小敏.AutoCAD 2020 机械设计与三维绘图从新手到高手[M]. 北京：清华大学出版社，2021.

[3] 邵为龙.AutoCAD 2022 快速入门、进阶与精通[M]. 北京：清华大学出版社，2022.

[4] 马鹏程，胡仁喜.AutoCAD 2022 中文版从入门到精通[M]. 北京：人民邮电出版社，2022.

[5] 周涛，刘浩，吴伟.AutoCAD 2020 机械设计从入门到精通（实战案例视频版）[M]. 北京：化学工业出版社，2022.

[6] 张倩，卢建洲. 中文版 AutoCAD 2022 从入门到精通[M]. 北京：化学工业出版社，2022.

[7] 陈广华，胡仁喜，刘昌丽，等.AutoCAD 2022 中文版标准实例教程[M]. 北京：机械工业出版社，2022.

反侵权盗版声明

电子工业出版社依法对本作品享有专有出版权。任何未经权利人书面许可，复制、销售或通过信息网络传播本作品的行为；歪曲、篡改、剽窃本作品的行为，均违反《中华人民共和国著作权法》，其行为人应承担相应的民事责任和行政责任，构成犯罪的，将被依法追究刑事责任。

为了维护市场秩序，保护权利人的合法权益，我社将依法查处和打击侵权盗版的单位和个人。欢迎社会各界人士积极举报侵权盗版行为，本社将奖励举报有功人员，并保证举报人的信息不被泄露。

举报电话：（010）88254396；（010）88258888

传　　真：（010）88254397

E-mail：dbqq@phei.com.cn

通信地址：北京市万寿路 173 信箱
　　　　　电子工业出版社总编办公室

邮　　编：100036